규석기 시대에 재미있고 읽기 쉬운

반도체 길라잡이

류장렬 지음

The Semiconductor Guide Fun and easy to read in Silicon Stone Age

청문각

머리말

산업의 쌀, 전자 산업의 꽃이라 불리는 반도체는 개인용 컴퓨터와 모바일 기기, 가전, 디스플레이, 자동차 등 전 산업에 없어서는 안 되는 필수품으로, 반도체 없는 세상은 감히 상상도 할 수 없게 되었다. 반도체 산업은 여러 산업 중 부가 가치가 가장 높은 분야로, 고도의 기술 집약적이고 성장 속도가 빠르며 자원이나 에너지가 적게 드는 산업인 반면, 큰 시설이 필요하며 연구 개발에 대한 투자비가 많이 소요되어 위험 요소가 비교적 큰 산업이기도 하다.

반도체에서 일어나는 현상을 발견한 것은 19세기 초부터였다. 즉, 1839년 패러데이Faraday, Michael는 황화은의 저항률이 금속의 경우와는 반대로 온도 상승에 따라 감소된다는 사실을 발견하였으며, 같은 해에 베크렐Becquerel, Antoine Henri은 어느 재료와 전해질의 경계면에 빛을 비추면 전압이 발생한다는 광기전력 효과photoelectric effect를 발견하였다.

그 후, 여러 과학자에 의해서 반도체에서 내부 광전 효과와 정류 작용이 일어난다는 것을 발견하면서, 1920년에 아산화구리(Cu_2O)를 이용한 정류기가 시험 제작되었고, 1923년에 셀렌 정류기selenium rectifier가 발표되는 등 20세기 초까지는 반도체 소자로서 주로 정류기가 개발되었으나, 반도체 자체의 동작 원리에 대해서는 명확히 이해하지 못하였다.

1926년에 슈뢰딩거Schrödinger, Erwin에 의해 파동 방정식이 발표되고, 이것이 활용됨으로써 반도체에서의 현상이 하나하나 규명되기 시작하였다. 이러한 여러 발견을 거쳐 마침내 1947년, 존 바딘John Bardeen, 월터 하우저 브래튼Brattain, Walter Houser에 의해 점 접촉 트랜지스터가 발견되었고, 이어서 쇼클리Shockley, William Bradford에 의해 p-n 접합 이론이 발표되고, 접합 트랜지스터가 발명되면서 본격적인 반도체 시대로 접어들게 되었다. 이어서 1958년 미국의 킬비Jack, Kilby, S.와 노이스Noyce, Robert Norton가 집적 회로 기술을 독자적으로 발명하였으며, 이것이 오늘의 집적 회로 시대로 발전하게 되었다.

1980년대 초 한국에서 반도체 산업이 태동될 때, 누구도 성공할 것이라고 생각하지 않았다. 반도체에 대한 선진 기술과의 격차, 막대한 투자 재원 확보, 고급 기술 인력의 확보가 어려웠고, 엄청난 설비 투자, 시장 전망의 불투명성 등이 그 이유였다. 1983년 초, 당시 한국은 소득 수준 2,000불, 인구 2,500만 명의 인프라가 전혀 없던 불모지나 다름없는 열악한 상황에서 64 Kb DRAMdynamic random access memory을 개발하게 된 것이 오늘의 반도체 강국의 기반이 되었다고 볼 수 있으며, 1998년 세계 최초의 256 Mb DRAM을 개발하면서 반도체 강국의 기초가 된 것이다. 256 Kb DRAM을 개발해 1988년 첫 흑자를 낸 후, 많은 연구 개발을 거쳐 마침내 1993년 메모리 반도체 분야에서 세계 시장 점유율 1위를 차지한 데 이어 1998년에 세계 최초로 256 Mb DRAM 개발에 성공하면서 한국은 반도체 강국으로 우뚝 서게 되었다. 2000년 512 Mb, 2001년 1 GbGigabit를 개발한 후, 드디어 2002년 2G 낸드 플래시 메모리NAND flash memory를 개발하게 되었고, 이어 2005년 16 Gb, 2006년 32 Gb 메모리 개발에 성공함으로써 7년 연속으로 1년에 집적도 2배를 달성하는 쾌거를 이루게 되었다.

2013년 한국은 세계를 상대로 반도체를 수출하여 515억 1,600만 달러의 성과를 이룩하였다. 이것은 세계 시장 점유율 16%를 차지하는 것으로 미국에 이어 2위의 기록을 세우게 되었다. 한국이 2위로 올라선 것은 반도체 산업에 진출한 1980년대 이후 30년 만의 일이다. 불과 30년 전 외국의 반도체 기술을 복사하여 이룩한 반도체 산업이 2013년 세계 시장 점유율 2위, 2014년 기준 한국 업체가 DRAM 시장에서 70%에 육박하는 점유율을 올리는 등 놀라운 성장을 보인 것이다. 물론 여기에는 메모리 분야에서 독보적인 1위의 기록이 크게 기여한 것으로 한국에서의 반도체 수출 비중이 석유 화학 제품에 이어 2위이며, 그 차이는 아주 미미하여 앞으로 1위를 기록할 것으로 예측된다. 1990년대 후반부터 기술력이 향상되고, 생산 체제 고도화 단계에 접어들어 단일 품목으로 가장 큰 수출을 하는 효자 종목이 되었고, 그 역할은 현재까지 지속되고 있다. 반도체 산업은 국민 경제에 큰 기여를 하고 있으며, 국제적 위상을 높이는 데 적지 않는 역할을 하고 있다. 이제 반도체 산업은 국가의 기반 산업이 되어서 반도체 없이는 어느 제품도 경쟁력이 떨어지는 산업으로 자리 잡게 되었다. 앞으로 대한민국은 반도체를 더욱 발전시켜야 한다.

이 책은 이공계 대학의 기초 반도체 공학 강좌의 1개 학기용으로 사용할 수 있으며, 반도체가 무엇인지 궁금하거나, 인문 사회계를 전공하여 이공계의 전문 지식이 부족함에도 반도체에 대하여 알고자 하는 일반인, 반도체를 전공해 볼지를 고민하고 있는 중고등학생, 이공계 신입생 등이 비교적 쉽게 접근해 볼 수 있도록 서술하였다. 고등학교의 과학 지식만으로 이해할 수 있도록 서술하였으며, 전문 용어 등도 가능한 한 쉽게 풀어 쓰려고 노력하였다.

그리고 이 책을 쓰면서 국내외 관련 서적을 참고하였기에 이들 저자 분들에게 감사를 드리며, 또 이 책이 출간될 수 있도록 애를 써 주신 청문각 관계자 여러분에게 심심한 감사의 말씀을 드린다. 또 교정과 수정에 많은 도움을 준 반도체실의 여러 학생들에게도 고마움을 전한다.

아무쪼록 이 책을 읽어 보는 모든 이에게 조금이나마 도움이 되었으면 하는 바람이다.

2016년 9월

저자 **류장렬**

차례

CHAPTER 1 규석기 시대의 정보화 사회와 반도체

CHAPTER 2 반도체란 무엇인가

차례

CHAPTER 3 정보 기기에 사용되는 반도체

CHAPTER 4 집적 회로가 만들어지기까지

CHAPTER

1

규석기 시대의 정보화 사회와 반도체

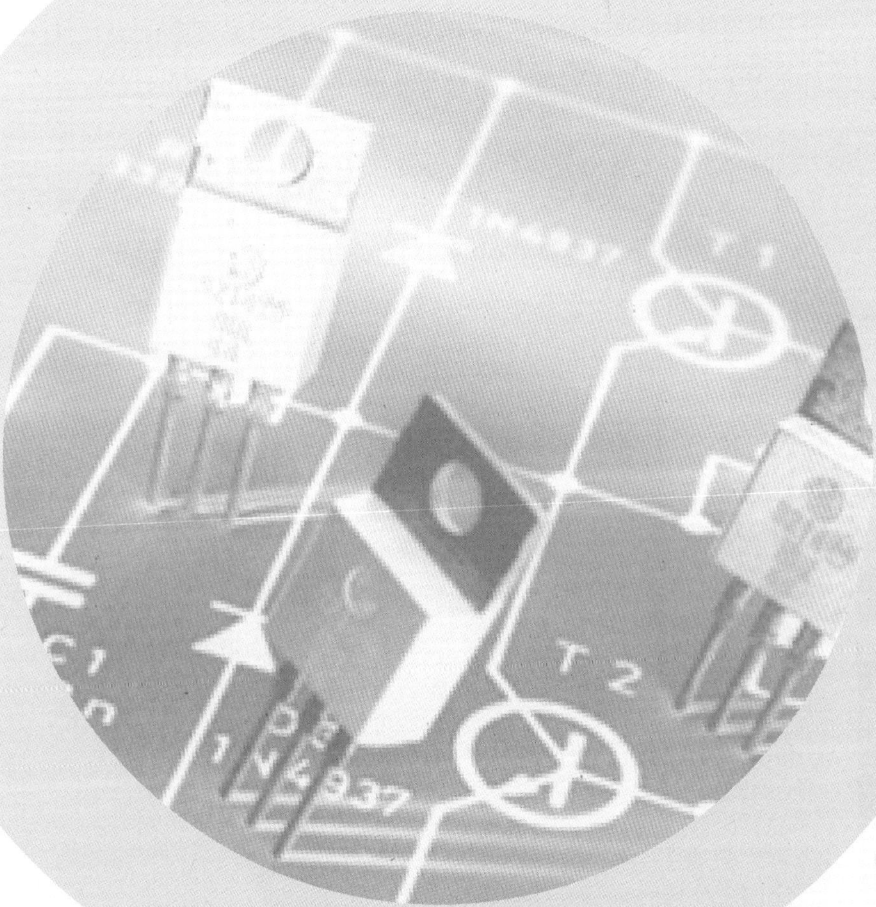
T 1
T 2

1 규석기 시대로

1 제1의 물결 _ 농경 문명

우리는 보통 도구의 사용을 중심으로 인류의 역사를 분류할 때, 석기 시대, 청동기 시대, 철기 시대의 순으로 나열하는데, 기원전 약 10,000년에서 5,000년 전 이곳저곳을 떠돌면서 수렵과 채취에 의존하던 인류는, 한곳에 정착하여 곡물을 가꾸고 가축을 기르는 농업으로 전환하였다. 석기와 청동기 등을 사용하여 그 효율성을 알게 된 인류는 여러 종류의 철기를 개발하여 사용하면서 농업 생산성이 높아지게 되어 하나의 문명으로 오랫동안 자리 잡게 되었다. 이와 같은 농경 생활의 시작을 엘빈 토플러(Alvin Toffler)는 '제1의 물결'이라고 명명하였다.

고대 인류 역사상 공동생활을 만족시키면서 그 하부 구조의 기능을 담당해 온 사회적 기술은 바로 수렵 기술, 농업 기술일 것이다. 수렵 사회를 형성하는 사회적 기술은 대개 돌도끼, 활, 창, 발화(發火) 기술, 언어였는데 이 가운데 돌도끼와 언어가 중추적 기술로 사용되었을 것이며, 이 수렵 기술은 수렵 사회를 형성하는 기반이 되었다. 수렵 사회가 상당히 오래 계속된 후에는 사회적 기술로서 농업 기술이 출현하여 토지를 경작하는 농기구, 기술·정보를 전달하는 문자, 농사를 짓는 데 필요한 물을 논과 밭에 대는 관개(灌漑) 기술, 천문학 등이 결합하여 농업 기술을 기반으로 한 농업 사회가 형성된 것이다.

그림 1.1 원시인의 생활
(a) 불의 사용 (b) 수렵 기술 (c) 돌의 사용

(a)

(b)

(c)

2 제2의 물결 _ 산업 혁명

농업 사회에서 공업 사회로 옮아가는 과정에서 중심이 된 기술은 생산 혁명의 상징인 증기 기관 등의 동력 기관이었고, 이 동력 기관을 중심으로 방적기 등의 기계 기술, 이를 배경으로 한 자연 과학 그리고 이러한 과학 기술을 보급하고 전파하는 인쇄 기술 등이 복합적으로 조합되어 사회적 기술로서의 공업 기술이 형성되었다. 이 단계에서의 특징은 인간의 육체적 능력을 극대화하기 위한 기술로서 인간의 육체적 힘을 대체하는 효과를 가져왔다고 할 수 있다.

약 200년 전 영국을 중심으로 시작된 산업 혁명은 제조업 중심의 2차 산업으로 전환하여 석탄과 석유 등 화석 연료의 에너지를 사용하여 생산성을 높인 제2의 물결이 도래하게 되었다.

그림 1.2에서 보여 주는 것과 같이 화석 연료를 사용한 증기 기관과 내연 기관은 사람의 힘을 보조해 줌으로써 인류가 자연적인 제약 조건을 벗어나 보다 편리하게 삶을 영위할 수 있게 되었으며, 결국 우리가 살고 있는 현재의 정치, 경제, 사회, 교육 등의 각종 제도도 이 산업 혁명의 결과라고 볼 수 있다.

증기 기관은 열을 공급하여 생긴 압력으로 실린더의 피스톤을 움직여 동력을 얻는 기관을 말하는데, 증기 기관이 발명됨으로써 인류 문명이 획기적으로 바뀌게 되었다. **내연 기관**은 연료를 연소시켜 발생한 열에너지를 기계적 에너지로 변환시켜 주는 장치를 말하는데, 이들이 커다란 역할을 하였다.

증기 기관
증기 기관(蒸氣機關)은 외연 열기관으로, 수증기의 열에너지를 기계적인 일로 바꾸는 장치이다. 1705년 영국의 발명가 토머스 뉴커먼이 발명했고, 1769년에 제임스 와트가 개량했다. 기계 작동을 위해 끓는 물을 이용하는 아이디어는 2,000년의 오랜 역사를 가지고 있는데, 초기 장치들은 실용적인 동력 발생로들이 아니었으나, 설계가 진보함에 따라 유용한 동력을 발생시킬 수 있게 되었다. 석탄 또는 나무 연료를 얻을 수 있는 곳이면 어디든지 제조하여 기계 장치의 광범위한 동력 사용을 가능하게 하였다.

내연 기관
기관의 내부에서 연료를 연소시켜 여기에서 발생하는 에너지를 직접 이용하여 기계를 움직이게 하는 기관으로, 사용하는 연료에 따라 가스 기관, 석유 기관, 디젤 기관 등으로 나뉜다. 오늘날의 자동차가 대표적인 예이다.

그림 1.2 **석탄과 석유로 산업 혁명이**

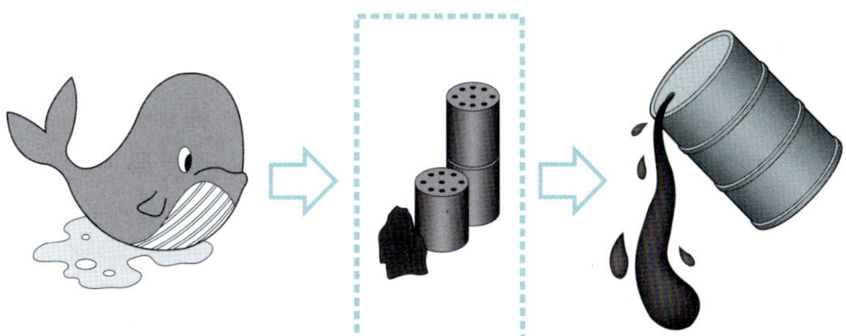

3 제3의 물결 _ 규석기 기반 정보화 시대

20세기 후반에 진입하면서 선진국을 중심으로 제조업에서 서비스 산업으로 급속히 이동하게 되었는데, 토플러Toffler, Alvin는 이것을 "제3의 물결"이라고 하였다. 정보 통신 기술을 기반으로 한, 금융, 유통 등의 첨단 서비스 산업은 물건의 생산보다는 정보의 생산과 가공, 교류가 중요한 핵심 가치가 되었는데, 이와 같이 정보의 생산과 교류가 경제의 주요 수단이 되는 사회 구조를 **정보화 사회**Information society라고 부르고 있다.

정보화 사회
정보가 유력한 자원이 되고 정보의 가공과 처리에 의한 가치의 생산을 중심으로 사회나 경제가 운영되고 발전되어 가는 사회로, 정보 사회, 지식 사회라고도 한다.

과거에는 제품의 생산 능력의 높고 낮음에 따라 문명의 발달 여부를 판단하였으나, 현재와 미래의 경제 구조에서는 정보의 생산, 보유, 활용 능력이 경제 활동의 주요 지표가 되리라고 보는 것이다.

과거에는 인류의 활동 가치인 제품의 생산 능력을 기반으로 하는 문명이었다면, 앞으로 펼쳐지는 사회에서는 컴퓨터 내에서 보관되고, 가공된 정보가 광속에 가까운 속도로 이동하여 전달이 되는 정보 시스템이 경제의 기반이 되고 있다. 이러한 문명의 전환은 농경 사회에서 산업 사회로 전환될 때보다 정치, 경제, 사회, 문화, 교육 등의 각 부문에서 획기적인 사회 구조의 변화를 예상해 볼 수 있는 것이다. 정보화 사회의 물결이 세차게 불어오고 있음을 느낄 수 있다.

이제, 정보화 사회의 핵심 도구는 철기가 아니라, 석기(石器)가 되었다. 인류는 다시 석기 시대로 돌아가고 있다. 다시 옛날의 석기 시대로 돌아가는 것일까? 여기서 석기라고 하는 것은 화강암이나 퇴적암을 말하는 것일까? 아니다. 지구에 존재하는 여러 재료 중 거의 30%를 차지하고 있는 규석(硅石)을 말하는데, 이 규석은 강가나 바닷가에 깔려 있는 모래를 말한다. 이것은 규소가 산소와 결합한 **산화물**oxide이며, 이를 가공하여 얻어지는 순수한 **규소**silicon는 컴퓨터와 각종 정보 기기의 핵심 부품인 **반도체 칩**semiconductor chip의 바탕 재료가 되고 있다. 반도체 칩에 대해서는 다음에 자세히 설펴볼 것이다.

산화물
산소와 다른 원소와의 화합물을 통틀어 산화물이라고 하는데, 주로 산소의 다른 원소에 대한 친화력 때문에 발생한다.

반도체는 우리의 일상생활에 커다란 변혁을 가져왔다. 아주 작은 장난감에서부터 가전제품, 컴퓨터, 휴대폰, 로봇, 우주선에 이르기까지 기존의 제품보다 더 작고, 가볍고, 적은 에너지를 소모하면서도 속도는 더 빠르게 동작하고, 기억 용량은 엄청나게 늘어나고 있다. 구석기 시대에 시작한 우리의 문명은 철기 시대를 거쳐 규석기 시대the silicon stone age로 진입하여 인류 문명의 새로운 패러다임paradigm으로 흐르고 있다.

패러다임이란 어느 한 시대의 사람들의 견해나 생각을 지배하고 있는 이론적 틀이나 개념의 집합을 뜻하는데, 정말 획기적인 인류 문명의 전환이 아닐 수 없다.

그림 1.3 **규석기 시대의 정보화 사회**

2 정보화 사회로

1 정보

디지털 시대에 살고 있는 현대에 있어 정보information는 가장 흔히 사용하고 있는 용어 중 하나이다. 정보에 대한 공학적 개념은 데이터data의 개념으로 생각해 보면, 수학적으로 '0'과 '1'로 이루어진 전기 신호적 체계로 설명할 수 있다.

사회 과학에서는 원시 데이터raw data를 특정 목표 또는 목적을 위해 가공하여 변환시킨 것을 정보라 하고 있다. 또한 사전적 정의를 바탕으로 정보에 대한 정의를 내리게 되면, **정보**란 "인간이 주변의 환경과 상호 교류를 통해, 단순한 여러 사실들을 특정의 목적을 위해 특정의 도구tools를 이용하여 처리하여 가공한 것"으로 정의할 수 있다.

그러나 정보의 사회적 활용 기준으로 본다면, 정보는 근본적으로 인간이 생활하는 데 필요한 것을 의미한다. 일상적인 생활, 즉 자동차를 운전할 때, 타인과 대화를 할 때, 인간은 항상 자신의 동작과 주변 환경 및 상

그림 1.4 정보란 무엇인가

대방의 변화에 대한 내용을 즉시 인식하고, 그 인지된 내용과 원하는 것과의 차이를 비교하여 행동의 방향, 정도 그리고 종류를 수정하거나 보완하여 원하는 목적을 달성하기 위한 최적의 노력을 기울이게 되는 것과 같이 '인간과 외부 환경 사이 또는 인간과 인간 사이에 교환되는 내용, 즉 인간이 외부로부터 인지된 것'을 **정보**라고 규정할 수 있다.

2 정보화

정보화란 정보가 중심이 되어 가치를 만들어 내는 사회·경제적 활동이나 경향을 가리키는 것으로 과거의 농업 사회, 공업 사회에서는 가치를 만들어 낼 때에 물질과 에너지가 가장 중요한 자원이 되었던 것처럼 현대의 정보화 사회에서는 정보가 가장 중요한 자원이 되는 것이다. 산업 구조는 제조업 중심의 구조에서 정보 산업, 두뇌 산업 중심의 구조로 변환되고 있다. 정보화 사회의 도래는 이전에는 상상에 지나지 않았지만, 이제 급격한 정보 통신 기술의 발전에 따라 현실적인 것으로 받아들여지고 있다.

정보화와 정보화 시대
지식과 자료 등을 정보의 형태로 가공하여 가치를 높이는 것을 정보화라 하는데, 정보화 시대는 1980년대에 적용되어, 정보의 움직임이 물리학적 움직임보다 빨라진 기간에 적용되는 용어이다.

정보화 사회에 대해서는 상반되는 두 가지 이미지를 생각해 볼 수 있다. 하나는 정보 통신 네트워크가 사회의 모든 곳으로 뻗어가 정보를 매개로 사람들을 쾌적하고 효율적이며 창조적인 생활을 할 수 있게 하는 사회의 모습이고, 다른 하나는 정보나 컴퓨터에 의해서 사람들이 지배되고 많은 사람이 억압적인 생활을 하는 사회의 모습이다. 어느 쪽 사회인가에 따라 정보화에 대한 평가도 달라질 것이다.

오래전 인류의 역사를 보면 문자를 만들어 쓰고, 이를 종이에 기록하여 배포하거나 보관하였던 것이 오늘에 이르는 것도 많이 볼 수 있다. 책을 출판하는 일은 매우 어려운 일이라 주로 종이 위에 직접 손으로 쓰는데 만족해야 하였다. 이러한 어려움을 극복하고자 동양과 서양을 막론하고 종이와 활자를 이용하여 책을 인쇄하여 배포하기 시작하였다.

아날로그와 디지털의 차이
전기적인 신호는 그 형태에 따라 아날로그와 디지털로 구분된다. 아날로그는 연속되는 값으로 표현되는 정보를 말하고, 디지털은 모든 정보를 서로 다른 숫자로 표시한다. 아날로그 정보는 소리나 전압처럼 시시각각 그 세기가 변하므로 아주 미세한 차이도 나타낼 수 있지만 정확성이 다소 떨어지는 문제점이 있다. 반면 디지털 정보는 미리 정해진 숫자로 정보를 나타내므로 정확성이 높다.

이제는 디지털 기술을 이용하여 키보드만 두드리면 누구나 정보를 만들 수 있게 되었다. 최근 들어서 많은 정보 시스템의 기능이 **아날로그**analog 신호 처리에서 **디지털**digital 신호 처리로 바뀌었다. 왜 디지털 시스템으로 바뀌고 있을까? 아날로그 시스템은 주어진 단순 기능만 수행할 수 있으나 디지털 시스템은 다양한 기능을 수행할 수 있다.

컴퓨터의 예를 들어 보자. 컴퓨터는 디지털시계도 만들 수 있고, 인터넷 전화도 할 수 있으며 또한 무궁무진하게 그 기능을 바꿀 수도 있다. 기능을 바꿀 수 있다는 것은 "프로그래밍programming한다."라는 말과 같다. 다양한 명령어를 적절히 조합하면 여러 기능을 수행할 수 있다. 우리는 중학교에서 "If(조건) then (A) else (B)"라는 문장을 공부한 적이 있다. 만일 어떤 조건이라면 A를 수행하고 그렇지 않으면 B를 수행하라는 것, 즉 특정의 조건만 주면 여러 가지 다른 동작을 통하여 원하는 결과를 얻을 수 있다. 디지털 시스템에서 우리가 원하는 기능을 수행할 수 있는 프로그램을 짜서 이를 기억 소자에 저장하여 놓고 그 내용에 따라 명령어를 수행하면 되는데, 이때 다양한 명령어의 조합으로 수많은 기능을 처리할 수 있다.

물론 아날로그 시스템으로도 간단한 명령어를 처리할 수 있으나, 명령어의 개수가 증가하면 처리가 어려워지고 또한 처리 과정에서 점차적으로 왜곡distortion과 잡음noise 등의 영향으로 명확한 결과를 얻기 어려울 뿐만 아니라 무엇보다도 기억 기능이 없는 것이 커다란 단점이다. 여기에서 왜곡이란 정보를 가공할 때, 원래의 신호가 찌그러져 제대로 된 정보를 처리할 수 없는 경우에 쓰이는 말이다.

3 정보화 사회

산업 사회 이후에 등장한 사회적 기술은 정보 기술(IT information technology)이다. 정보 혁명에 의한 사회 전반의 변혁은 이미 경험한 산업 혁명의 그것보다 급진적일 뿐만 아니라, 보다 광범위한 변화가 되리라는 것은 기술의 기하급수적 성장 추세로 보아 쉽게 짐작할 수 있다. 정보란 글이나 말로 전달되는 메시지나 재료 또는 음악까지 모두 포함한 일련의 사회 활동의 표시라고 할 수 있는데, 정보화 사회는 사회의 대다수 사람들이 농업, 공업, 생산업에 종사하기보다는 정보를 창출하여 저장하고, 관리하며 보급하는 일에 종사하고 있는 사회라고 말할 수 있다. 정보화 사회의 기반인 정보 기술의 대표적인 것은 컴퓨터 기술과 정보 통신 기술을 들 수 있다.

정보 기술 중에서도 획기적인 것이 바로 컴퓨터와 통신의 결합에 의한 컴퓨터 통신 기술일 것이다. 반도체의 고집적화에 의한 컴퓨터의 대중화, 즉 소형화, 저가격화, 고성능화(고속화, 대용량화)가 가져온 개인용 컴퓨터 등의 보급, 컴퓨터의 시스템화, 네트워크화, 기술의 발달로 인해 종래의 집중 처리 방식에서 분산 처리 방식으로 발전하고 있고, 이에 따른 컴퓨터의 활용과 확대, 컴퓨터 기반의 통신을 디지털화한 새로운 형태의 미디어의 출현은 정보화 사회를 획기적으로 발전시키게 된 근본 요인이 되고 있다.

집중 처리 방식
처리할 데이터를 일정한 분량이 될 때까지 모아서 한꺼번에 처리하는 방식

분산 처리 방식
네트워크로 연결된 컴퓨터에 의해 데이터를 처리하거나 다른 컴퓨터와 협동하여 데이터를 교환 처리하는 방식

중앙 집중 처리 방식에 의한 '한정된 정보화 사회'를 제1차 정보 혁명이라 하고, 누구나 컴퓨터를 이용할 수 있는 분산 처리 방식에 의한 '고도 정보화 사회'를 제2차 정보 혁명이라고도 하는데, 이 고도 정보화의 기반이 되는 요소는 바로 컴퓨터와 통신의 결합에 의한 정보 통신 분야의 뉴미디어 산업으로서 공장 자동화, 사무 자동화 그리고 사회의 자동화를

제1차 정보 혁명과 제2차 정보 혁명
컴퓨터의 발명과 그 이용·보급의 단계가 제1차 정보 혁명이다. 제2차 정보 혁명의 배경으로는 반도체 기술의 경이적인 발달, 컴퓨터의 소형화, 정보 처리·전달 기술의 다양화 등을 들 수 있다.

그림 1.5 **정보화 사회**

가능하게 해 줄 산업인 것이다. 따라서 정보 사회의 정보 기술은 지금까지의 기술이 인간의 육체적 능력을 극대화시키는 수단이었던 것과는 달리 인간의 정신 능력을 확장시키는 역할을 담당하게 되었다고 할 수 있다.

4 디지털 시대로

1947년 미국의 Moore 대학에서 세계 최초의 전자계산기인 에니악(ENIAC)이 개발되었는데, 이 ENIAC과 관련한 사항은 뒤에서 다시 언급할 것이다. 이 컴퓨터의 핵심 부품은 진공관으로 구성되어 있다. 진공관에 관해서는 1.5절에서 자세히 살펴볼 것이다. 그러나 이것이 개발되어 활용되면서 여러 가지 문제점들이 생기게 되었고, 이런 문제점을 해결하기 위하여 거의 같은 시기에 미국의 벨연구소에서 일하던 과학자 쇼클리Shockley, William Bradford, 죤 바딘Bardeen, John, 브래튼Brattain, Walter Houser에 의해서 최초의 트랜지스터가 고안되어 개발되었다.

윌리엄 브래드퍼드 쇼클리
(William Bradford Shockley, 1910~1989)

미국의 물리학자이다. 영국 런던에서 태어났으나, 부모는 미국인이었던 이유로 미국 캘리포니아 주에서 자랐다. 1932년 캘리포니아 공과 대학에서 학사를 졸업하고, 1936년 MIT에서 박사 학위를 받는다. 존 바딘, 월터 하우저 브래튼과 함께 트랜지스터를 공동 발명했고, 1956년 p-n 접합의 전자론적 연구 등 전자 연구에 이바지한 공로로 노벨 물리학상을 수상했다. 1950년대와 60년대 새로운 트랜지스터 디자인을 상업화하려 한 그의 노력은 실리콘 밸리의 탄생으로 이어졌다.

실리콘 밸리(Silicon Valley)

미국 캘리포니아 주 샌프란시스코 동남부 지역의 계곡 지대에 있는, 실리콘 반도체를 제조하는 업체가 많이 모여 있는 첨단 기술 연구 단지이다. 오늘날에는 반도체 생산뿐만 아니라, 반도체가 만들어 내는 온갖 종류의 마이크로일렉트로닉스 관련 기업도 대거 참여, 첨단 기술 분야에서의 기술 혁신, 벤처 비즈니스, 벤처 캐피털에 의해서 일대 산업 복합체가 형성되어 있다.

트랜지스터의 개발과 활용으로 1970년대 미국의 **실리콘 밸리**Silicon Valley를 중심으로 커다란 변혁이 일어나게 된다. 사실상 이것이 앞에서 언급한 '제3의 물결'의 시작을 알리는 동기가 된 것이다. 캘리포니아 주에 위치한 실리콘 밸리는 연중 비가 거의 내리지 않아 낮은 습도를 유지하는 지역으로 반도체 산업에 적합한 환경을 제공할 뿐 아니라, 주변에 명문 대학이 자리 잡고 있어서 우수한 인력 확보가 용이한 입지 조건으로 자본과 벤처 기업이 몰려들어 세계의 반도체 중심으로 자리 잡고 있다.

반도체 칩과 PC의 생산으로 컴퓨터 혁명의 기초가 이루어졌으며, 또 이것이 계기가 되어 인터넷, 휴대 전화, 무선 통신망 등이 출현하면서 '디지털digital 혁명'이라는 말이 나오게 되는데, 이것은 개인의 생활은 물론 산업 활동, 인간 사회의 경제 시스템에도 커다란 변화를 일으키게 되었다.

IT와 인터넷Internet이 중심이 된 디지털 기술의 확산은 데이터베이스database의 확장으로 이어져 정보의 바다sea of data를 만들었으며, 생산자와 소비자 쌍방 사이의 정보 교류가 가능하게 되었다. 여기서 **데이터베이스**란 여러 사람에게 공유되어 사용될 목적으로 통합 관리되는 정보의 집합체를 말한다. 또한 경제 활동에 있어서도 시간과 공간의 제약을 받지 않고, 전자 상거래의 시스템을 구축하면서 유통비용을 획기적으로 절감하는 계기가 된 것이다.

역시 디지털 시대의 핵심은 인터넷이라고 볼 수 있다. 1969년 미국의 국방성이 군사 목적으로 UCLA와 스탠퍼드 대학에 있는 컴퓨터를 연결하여 활용한 것이 시작인데, 점차 군사 목적에서 학술 목적으로 전환되면서 오늘날의 인터넷으로 발전하게 된 것이다. 이것은 1990년에 팀 버너스 리가 월드 와이드 웹인 "WWW World Wide Web"를 창시하여 사용하였고, 1995년부터 상업적인 인터넷이 등장하면서 디지털 혁명의 촉진제가 되었다.

1980년대 대중화하기 시작한 개인용 컴퓨터는 보통 사람들의 정보의 축적과 함께 발전을 가속화하였으며, 1990년에 들어 성능이 향상된 인터넷은 정보의 전달 방법과 속도에서 혁명적 변혁기에 이르러 세계 거의 모든 국가 사람들의 사고방식과 생활 양식을 바꾸는 대변혁이 일어나게 된 것이다.

거기에 인터넷 기반 **전자 상거래** electronic business transaction는 어떤가? 전자 상거래란 "컴퓨터를 이용하여 인터넷이나 PC 통신에 접속하여 물건을 사고파는 행위"를 말하는데, 전 세계를 하나의 거대한 시장으로 하고, 마치 이웃과 거래하듯이 하면서 상거래로 세계 경제의 흐름을 바꾸어 놓고 있다. 전자 상거래의 활성화는 국내 시장의 개방과 더불어 세계의 시장이 하나로 통합되는 환경 변화가 이어져 급격한 디지털 경제권으로의 재편이 불가피하게 되었다. 더욱이 우리는 무역을 생존 수단으로 하고 있어 전 세계를 상대로 한 디지털 경제가 우리에게 주는 시사점은 크다.

그림 1.6에서 보여 주는 것과 같이 최근에는 미국, 캐나다의 북미, 중국 등 아시아, EU 27개국, 뉴질랜드 등의 오세아니아 등 전 세계적으로 발

데이터베이스(database)
여러 가지 업무에 공동으로 필요한 데이터를 유기적으로 결합하여 저장한 집합체로, 데이터를 효율적으로 처리하기 위하여 개발된 것이다. 같은 데이터가 중복되는 문제를 없앨 수 있으며, 업무가 확대되어도 새로 파일을 준비할 필요가 없다는 장점이 있다.

팀 버너스 리(Tim Berners-Lee)
1976년 옥스퍼드 대학교 퀸스 칼리지 물리 학과를 우등으로 졸업한 후, 1980년에 제네바에 있는 유럽원자핵공동연구소의 분자물리학실험실에서 소프트웨어 개발자로 일하게 되었다. 그곳에서 여러 지역에 흩어져 있는 많은 컴퓨터들 간에 정보를 통합하고 교환하는 문제와 씨름했다. 1990년 그가 만든 월드 와이드 웹(World Wide Web/WWW) 시스템은 연구소 내에서 이용되기 시작했고, 1991년 여름에는 인터넷을 통해 일반에 공개되었으며, 문자, 음향, 화상 정보는 물론 동영상까지 간단하고 직접적인 방식으로 전송할 수 있는 능력을 갖추게 되어, WWW는 점차 연구자들이 정보를 교환하는 수단에서 벗어나 수백만의 사람이 이용하는 국제적 통신 매체, 통상 수단, 사회적 현상으로 자리 잡게 되었다.

더글러스 엥겔버트(Dougles Engelbart)
우리가 사용하고 있는 컴퓨터 마우스는 1960년대 더글러스 엥겔버트에 의하여 고안되었는데, 그는 1961년 스탠퍼드연구소에서 마우스 개발에 착수해 1968년 세계 최초의 마우스를 완성했다. 그가 만든 마우스는 아래에 2개의 톱니바퀴가 달려 있었으며, 재질은 목재로 직육면체였다.

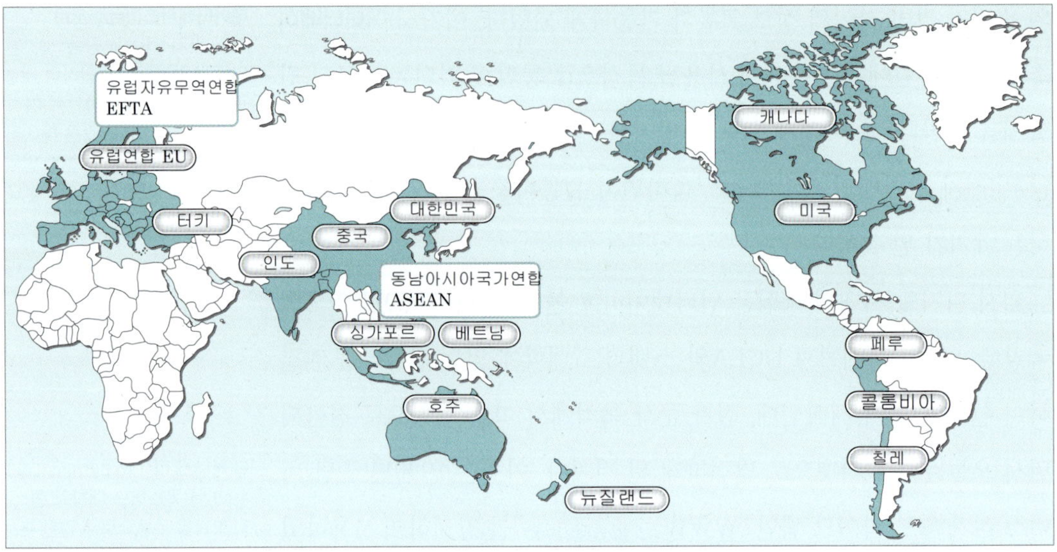

그림 1.6 **FTA 체결국과 협상국**

효가 되었거나 협상 중인 **자유 무역 협정**(FTA Free Trade Agreement) 국가가 많아지면서, 2014년 기준 세계 3위권으로 우리의 경제 영토가 계속 늘어나는 추세에 있어 인터넷 기반 전자 상거래는 더욱 힘을 발휘할 것으로 기대하고 있다. **자유 무역**이란 2개국 이상의 나라가 공동으로 무역상의 규제를 풀어 서로 무역을 확대하는 것을 말하는데, 이것은 기업에게 무한히 펼쳐지고 있는 세계 시장을 향해 진출할 수 있는 기회를 제공받는 것이나 다름없다. 우리나라의 수출 기업들이 비싼 관세를 물지 않고 외국에 공장을 세워 현지에서 생산 판매한다면, 세계 제1위의 생산품을 더 많이 팔 수 있게 되니까 무역이 더욱 활발해지고 일자리가 늘어나는 등 경제 발전에 좋은 영향을 줄 수 있다. 또 소비자 입장에서 보면 관세를 낮게 부과하기 때문에 수입 물가가 싸져서 질 좋은 외국산 물건을 쉽게 구입할 수 있으니, 좀 더 풍요로운 생활을 할 수 있지 않을까?

자유 무역 협정(FTA, Free Trade Agreement)
국가 간 상품의 자유로운 이동을 위해 모든 무역 장벽을 완화하거나 제거하는 협정을 말하는데, 영문 머리글자를 따서 FTA로 약칭한다. 특정 국가 간의 상호 무역 증진을 위해 물자나 서비스 이동을 자유화시키는 협정으로, 나라와 나라 사이의 제반 무역 장벽을 완화하거나 철폐하여 무역 자유화를 실현하기 위한 양국 간 또는 지역 사이에 체결하는 특혜 무역 협정이다.

실제로 그림 1.7에서는 체결국과의 교역량 증가 추이를 보여 주고 있는데, 2010년 교역량이 14.7% 증가에서 2013년 36.0%로 증가하고 있음을 보여 주고 있다. 수출입 비중도 FTA 체결국을 중심으로 빠르게 바뀌고 있는 중이다.

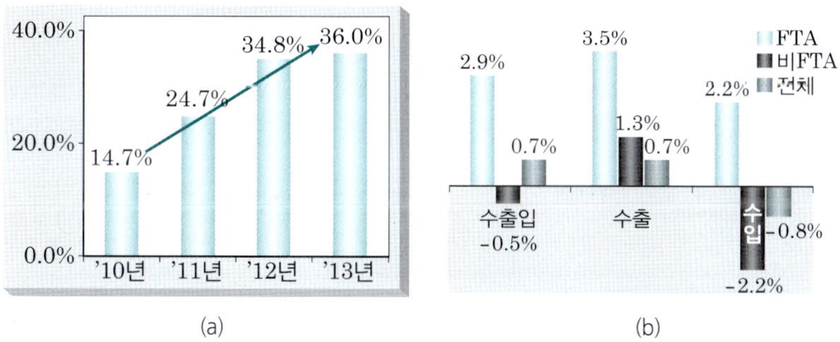

그림 1.7 **FTA 체결국**의 (a) 교역 증가 추이와 (b) 체결/비체결국의 수출입 증감률(2013년)

1993년 인터넷 이용자가 300만 명이었던 것이 2005년 10억 명에 달하고 있고, 1997년 연간 80억 달러이었던 전자 상거래 실적이 2005년 100조 달러를 넘어서며 세계 경제의 거대 시장으로 변모하고 있는 중이다. 그래서 산업 혁명으로 생겨난 각종 기계들이 인간의 육체적 힘을 바꾸어 놓은 것이라면, 디지털 시대의 각종 정보 기기들은 인간의 지식을 확장하는 결과를 낳게 된 것이라고 보는 것이다. 이러한 연유로 많은 학자들은 21세기를 일컬어 **지식 정보화 사회**Knowledge_Informatization Society라고 부르고 있다. 이러한 커다란 변모는 세계에서 대한민국이 주도하고 있다. 이것은 대한민국이 인터넷망을 가장 잘 갖추어 놓고 있으며 반도체를 가장 잘 만드는 나라이기 때문일 것이다.

5 사람이 사는 곳은 어디나 반도체가

우리 주변에는 컴퓨터가 너무 많이 있다. 대부분의 직장에서는 거의 모든 업무가 컴퓨터로 처리되고 있다. 그뿐만 아니라 휴대 전화는 성인이면 거의 한 대씩 가지고 있는 세상에서 살고 있다. 이러한 컴퓨터와 휴대 전화의 핵심 부품으로 반도체가 사용되고 있는데, 반도체를 잘 만드는 우리나라가 그만큼 정보의 가공과 유통 측면에서도 세계적인 국가가 된 것이다.

우리 주위에 반도체로 되어 있는 또 다른 것을 살펴볼까? 카메라, TV,

그림 1.8 **생활 정보화 기기**

냉장고, 세탁기 등 전자제품은 물론, 자동차, 항공기 등 운송 수단에서 의료 기기, 조명 기구, 군사용 무기에 이르기까지 대부분의 도구에서 반도체가 중요한 부품으로 활용되고 있다. 최근 미국의 한 벤처 기업이 개발한 기술로 사물과 사물 사이의 정보가 서로 소통할 수 있도록 한 지능형 기술인 **사물 인터넷**(IoT Internet of Things)이라는 것이 출현하여 기대를 모으고 있다. 생활 속의 사물들을 유·무선망으로 연결하여 정보를 공유하는 기술이다. 주위에 널려 있는 대부분의 사물에 반도체를 장착하여 인터넷으로 연결하고자 하는 기술이 등장한 것이다. 다시 말하면 사람, 사물, 공간, 데이터 등 모든 것이 인터넷으로 서로 연결되어 정보가 생성, 수집, 공유 및 활용되는 인터넷망이라고 할 수 있다. 개인, 산업, 공공 부문에서 사용자가 사물들이 제공하는 서비스를 인터넷을 통하고 지능적인 사물을 활용하여 창조적이고 경제적이며 사용자에게 편익을 주는 기술이다. 이것은 사물에 센서 데이터 취득이 가능한 구조의 인터넷을 연결한 기술로, **빅 데이터** Big Data를 중심으로 주목받기 시작하였다.

사물 인터넷
생활 속 사물들을 유무선 네트워크로 연결해 정보를 공유하는 환경으로, 가전제품, 전자 기기뿐만 아니라 헬스 케어, 원격 검침, 스마트 홈, 스마트 카 등 다양한 분야에서 사물을 네트워크로 연결해 정보를 공유할 수 있다.

어느 정보 기술 자문 회사에 따르면 2009년까지 사물 인터넷 기술을 사용하는 사물의 개수는 9억 개였으나 2020년까지 이 수가 260억 개에 이를 것으로 예상된다. 사물 인터넷은 2020년까지 전 세계 기업의 총이익을 21%나 끌어올리는 잠재적 기술로 주목받고 있다. 그림 1.9에서는 사물 인터넷을 잘 설명해 주고 있는데, 스마트 센서 smart sensor가 사물과

빅 데이터(Big Data)
디지털 환경에서 생성되는 데이터로, 그 규모가 방대하고, 생성 주기도 짧고, 형태도 수치 데이터뿐 아니라 문자와 영상 데이터를 포함하는 대규모 데이터를 말한다. 빅 데이터 환경은 과거에 비해 데이터의 양이 폭증했다는 점과 함께 데이터의 종류도 다양해져 사람들의 행동은 물론 위치 정보와 SNS를 통해 생각과 의견까지 분석하고 예측할 수 있다.

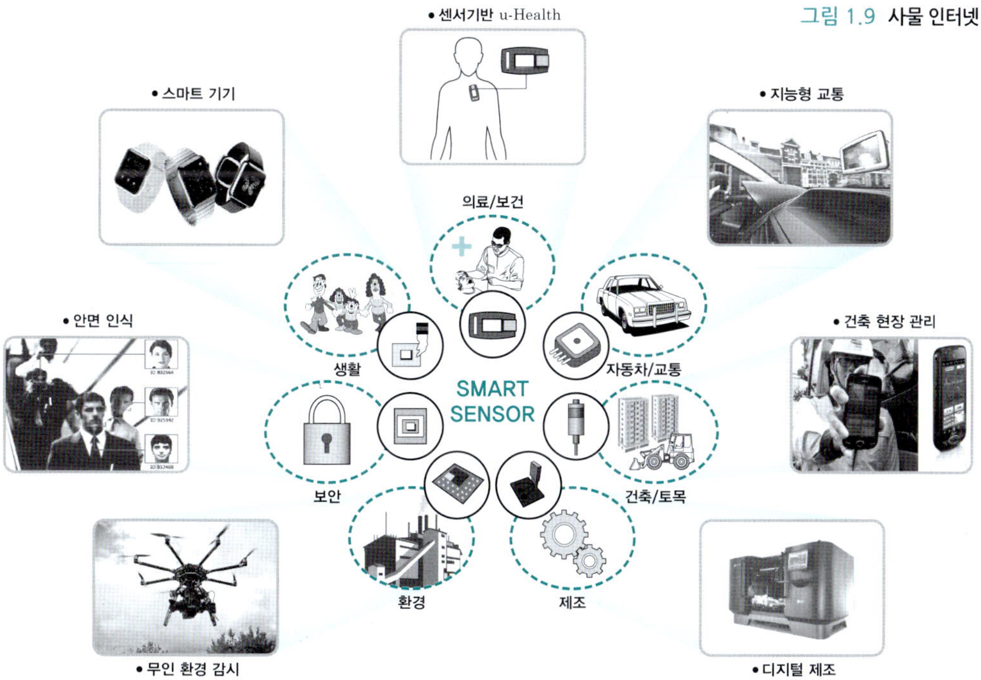

그림 1.9 사물 인터넷

사물 사이에 장착되어 정보를 서로 교환하도록 하는 것이다. 의료 보건, 지능형 교통망, 건축, 디지털 기기 제조, 무인 환경 감시, 보안 등의 분야에 적용될 수 있다. 쉽게 접할 수 있는 예를 들어 보자. 버스 정류장에 있는 인공 지능 버스 안내 시스템도 일종의 사물 인터넷의 예인데, 이것은 버스 안에 있는 단말기와 인공위성을 통하여 주변의 다른 버스에 정보를 보내 주면 이 정보를 이용하여 버스의 도착 시간을 알 수 있도록 한 것이다.

스마트 팜smart farm 서비스는 농촌 지역의 비닐하우스의 내부 온도와 습도의 조절, 급수와 배수, 사료 공급 등의 원격 제어를 통한 지능형 관리 시스템과 스마트 폰을 활용한 가정 내 전력 제어, 검침 등의 서비스가 있다. 또한 내장된 센서를 이용하여 사용자의 칫솔에 대한 움직임을 분석하여 양치 습관 등의 정보를 스마트 폰이나 태블릿 기기 등으로 전송하여 분석하는 것 등도 사물 인터넷의 한 유형으로 볼 수 있다. 그 외에 헬스 케어, 스마트 카 등 다양한 분야에 접목이 될 것으로 예측하고 있다. 이 모든 것이 규석으로 된 반도체 없이는 상상할 수 없는 일들이다.

반도체는 전자 및 정보 기기 산업에만 국한해 있지 않다. 모든 산업의 필수 부품이 되고 있어 해외로 수출하는 거의 모든 제품의 경쟁력이 되고 있다. 국가의 기반 산업이 된 것이다. 예를 하나 들어 볼까? 자동차에 사용되는 부품 중 반도체가 차지하는 비중이 꾸준히 증가하고 있다. 기계 산업이던 자동차가 기계 산업인지, 전자 산업인지 구분하기 어려운 상황까지 오고 있고, 더욱이 미래에는 컴퓨터의 제어를 통하여 보다 안전하고 효율적인 운행을 하는 무인 자동차 시대가 곧 도래할 것으로 믿고 있다. 이쯤 되면 자동차 산업은 전자 산업이라 할 수 있지 않을까?

어느덧 우리의 일상생활에서 필수품이 되어 버린 스마트 폰smart phone은 어떤가? 더욱 가벼워지고 얇아지면서 지능도 뛰어난 기기로 거듭나고 있다. 이제 반도체 없이는 경쟁력을 얻기 어려운 시대가 되고 있다.

메모리(memory)
필요한 정보를 필요한 시간 기억하는 장치인 반도체 소자로, 단지 메모리 또는 기억 장치라 하면 RAM을 가리키는 일이 많다. RAM은 기록·판독을 할 수 있는 기억 장치이고, ROM은 판독 전용의 기억 장치이다.

마이크로프로세서(microprocessor)
연산 장치와 중앙 처리 장치의 제어 기능을 하나의 칩 속에 집적하여 연산과 제어를 실행할 수 있도록 한 소자로, 한 개의 대규모 집적 회로로 이루어지며, 마이크로컴퓨터의 중앙 처리 장치로 작동한다. 마이크로컴퓨터를 비롯하여 프린터, 단말기, 디스크 및 각종 전자제품에 쓰인다.

이들 컴퓨터나 휴대 전화기에는 정보를 저장하는 **메모리**memory와 **마이크로프로세서**microprocessor라는 부품이 들어가 작동하고 있는데 이 메모리는 정보를 기억하는 소자이며, 마이크로프로세서는 컴퓨터의 여러 기능을 갖는 장치를 하나의 반도체 조각에 모아 놓은 것을 말한다.

삼성전자가 90년대 후반, 세계 최초로 일 기가비트 디램(1Gb DRAM)이라는 기억 소자(메모리)를 개발하였는데, 이 소자는 손톱만 한 크기의 반도체 칩에 트랜지스터와 커패시터capacitor가 10억 7,000만 개가 들어가 있다. 커패시터는 전기를 저장할 수 있는 소자인데, 충전과 방전 기능을 가지고 있는 전자 소자이다. 한 쌍으로 구성된 트랜지스터와 커패시터는 기억 소자의 기본 셀cell이 되고 있다. 요즘에 사용하는 스마트 폰에는 어마어마한 크기의 기억 소자가 들어가 있다. 마이크로프로세서는 정보를 가공하여 처리하는 반도체라고 할 수 있으며 여기에도 기억 소자가 많이 들어가 있다. 그러므로 반도체 또는 그 기술은 정보를 가공하고 처리할 뿐만 아니라 정보를 창출하고, 전달하는 영역에도 이용되고 있다. 어떤가? 이쯤 되면, 우리가 살고 있는 현대를 **규석기 시대**silicon stone age라고 해도 큰 무리는 없을 것이다.

❖**반도체에 데이터를 저장할 때** '0'**과** '1'**로 저장**(0 **또는** '1'**을** 1 bit)

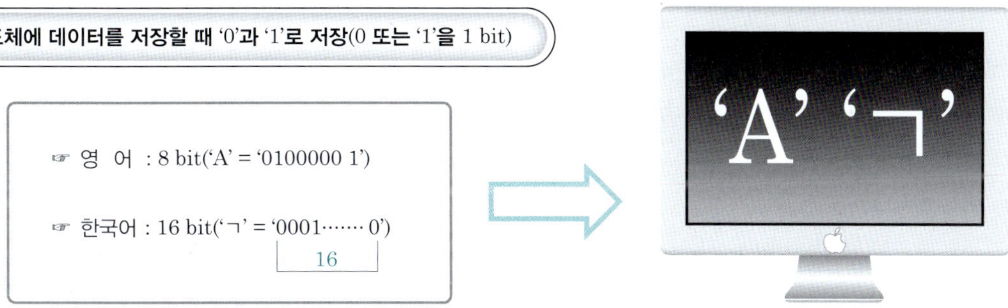

그림 1.10 정보를 처리할 때 2진수 사용

인류가 살아온 청동기, 철기 시대를 원자의 시대라고 한다면, 현대를 살고 있는 우리의 규석기 시대는 컴퓨터를 창출하면서 비트Bit, binary digit의 시대를 낳고 말았다. 비트는 이진수의 줄임말이며, 2진수 '0' 또는 '1' 중 어느 하나의 값을 가지게 되는 데, 컴퓨터가 어떤 정보를 처리할 때 가장 작은 단위의 2진수의 값을 말한다. 영어와 숫자를 컴퓨터로 처리하고자 할 때, 여덟 자리의 2진수 조합인 8비트, 즉 1바이트byte가 필요하며, 한글은 하나의 문자를 처리하는 데 16비트, 즉 2바이트가 필요하다. 8개의 비트가 모이면 이것이 1바이트가 된다. 그림 1.10에 나타낸 것과 같이 영문자 'A'는 "01000001", 즉 8개의 '0'과 '1'로 구성된 1바이트의 2진수 조합으로 영문자 'A'를 우리가 보는 모니터에 나타나도록 약속한 것이다. 이렇듯 비트는 디지털 정보에서 쓰이는 최소 단위를 말한다.

1980년대에는 **개인용 컴퓨터**(PCpersonal computer)의 성능은 매우 열악하였다. 컴퓨터의 두뇌라 할 수 있는 **중앙 처리 장치**(CPUcentral processing unit)의 성능이 엄청 떨어지는 칩을 사용했기 때문인데, 속도도 5~10 MHz 정도밖에 안 되었다. 그러나 최근 인텔에서 출시한 어느 모델은 무려 3.7 GHz나 되니, 무려 1,000배의 속도 차이가 나고 있다. 이 비트라는 것이 정보화 시대에서 정보를 생산하고 가공하여 유통하는 데 큰 역할을 하는 하나의 요소가 되고 있다. 정보화 시대를 지탱하고 있는 두 개의 기둥이 바로 규석과 비트라고 해도 과언이 아닐 것이다.

일반적으로 전자 시스템(전자 정보 기기)은 "**정보**data를 어떤 방법으로

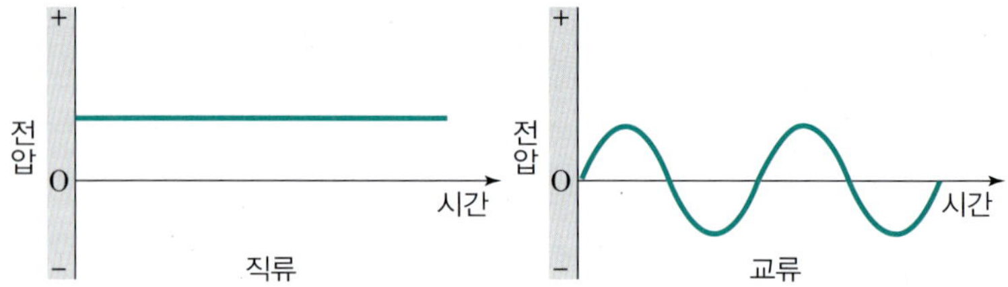

그림 1.11 **아날로그와 디지털 정보**
발전기에서 나오는 직류와 교류의 파형

처리할까"하는 기능을 가지고 있는데, 데이터의 종류에 따라 **아날로그**analog 데이터를 처리하는 아날로그 시스템과 **디지털**digital 데이터를 처리하는 디지털 시스템으로 나누어지고 있다. 옛날 원자의 시대에는 아날로그 정보를 처리하여도 무방하였으나, 비트의 시대는 디지털 정보를 디지털 시스템으로 처리하는 것이 중요해진 것이다. 모든 것이 디지털화하고 있다. 현대의 정보화 시대에서는 정보를 가공하여 저장하고 유통하는 등의 다양한 기능을 수행하는 것이 중요한데, 디지털 기술이 이것을 잘 해줄 수 있기 때문이다. 이리 보아도, 저리 보아도 주변에는 온통 반도체가 자리 잡고 있다.

6 반도체와 관련한 단위에 대하여

흔히 컴퓨터의 성능을 말할 때도 비트 혹은 바이트라는 말을 한다. 여기서 비트와 바이트에 대한 단위를 한 번 생각하고 가자.

일반적으로 바이트는 byte로 쓰든지 머리글자의 대문자 B만을 쓰고, 비트는 bit로 쓰든지 소문자 b만 쓰고 있다. 개인용 컴퓨터에서 메인 메모리가 256메가, 512메가 하는 것은 512 MB로 표기해야 맞다. 이처럼 PC, 휴대폰, 디지털카메라 등의 전자 기기의 시스템에서 사용하는 단위는 기본적으로 바이트(B~byte~)를 쓰고 있다. 그러나 반도체에서는 비트를 사용한다. 언론에서 "삼성전자가 512메가를 세계 최초로 개발하였다."라고 할 때, 512메가의 의미는 "512 Mb DRAM" 혹은 "512 M bit DRAM"으로 이해해야 한다.

아날로그 숫자의 킬로와 디지털 시스템에서 사용하는 킬로의 의미는 조금 다르다. 원래 킬로는 10^3을 나타내지만, 비트나 바이트의 경우는 2^{10}, 즉 1,024를 나타내는 것이다. 이것은 디지털 시스템에서는 2진수를 사용하기 때문에 10^3에 가장 가까운 것이 2^{10} 즉, 1,024인 것이다. 그러므로 1메가비트도 10^6이 아니라, $1\ K \times 1\ K = 2^{10} \times 2^{10} = 1{,}024 \times 1{,}024 = 1{,}048{,}576$비트가 되는데, 이것이 1 Mb로 되는 것이다.

그렇다면 비트가 왜 컴퓨터의 성능을 좌우할까? 보통 16비트 CPU라 하면 데이터의 처리 단위가 16개로 묶여 있음을 의미한다. 즉, 한 번에 읽거나, 쓰거나 계산하는 데이터의 길이가 16비트라는 뜻이다. 당연히 32비트 단위로 처리하는 것에 비하여 속도가 1/2로 떨어지게 되는 것이다.

이왕에 나왔으니 반도체에서 쓰이는 다른 단위 몇 개를 더 알아보자. 반도체 칩을 만들 때 **웨이퍼**를 이용하여 만들고 있는데, 웨이퍼의 지름이 중요하다. 이것은 생산 수율과 직결되기 때문이다. 웨이퍼의 지름이 큰 것을 사용하면 수율이 높아져 생산성을 향상 시킬 수 있게 되는 것이다. 여기서 웨이퍼의 지름을 이야기 할 때 보통 인치(inch)를 사용하는데 종래에는 8인치의 것을 사용였으나, 최근에는 12인치의 웨이퍼를 사용하고 있다.

웨이퍼(wafer)
다결정의 실리콘 기둥인 잉곳(ingot)을 얇게 썰어 놓은 실리콘이나 갈륨, 비소 등 단결정(單結晶) 막대기를 얇게 썬 원형 판을 말한다. 120~200[mm] 정도의 원주상으로 결정을 성장시켜서 0.5~1.5[mm] 정도로 가공하며, 주로 직경이 5인치(125[mm]), 8인치(200[mm]), 12인치(300[mm])의 것이 사용된다. 반도체는 웨이퍼 상에 회로 패턴을 전사하여 제조한다. 보통 1장의 웨이퍼에 같은 칩의 회로 패턴이 바둑판의 눈금처럼 여러 개 나열되어, 노광이나 에칭 등의 처리를 한 후 사각형으로 잘라 내면 칩이 된다.

그림 1.12 (a) 웨이퍼 (b) 웨이퍼의 종류

(a)

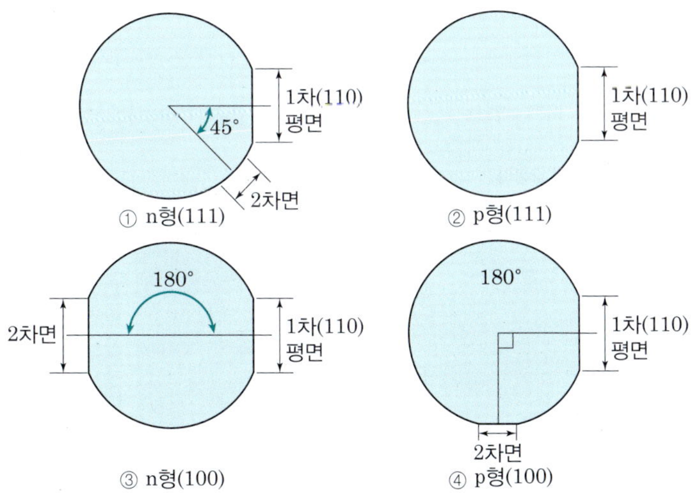

(b)

8인치에서 12인치의 웨이퍼로 바꾸면 제조 설비도 모두 바꾸어야 하니, 그러자면 투자비용도 많이 들 것이다. 요즈음에 사용하고 있는 12인치 웨이퍼는 인치 대신에 밀리미터(mm) 단위를 사용하는 특이한 현상이 일어나고 있다. 12[inch] × 25[mm] = 300[mm]로 300[mm] 웨이퍼라고 부르고 있는 것이다. 아마 이것은 우리가 반도체 강국으로 발돋움하고 있는 증거가 아닌가 생각한다. 최근에는 450[mm]의 직경을 갖는 웨이퍼가 등장하고 있다. 웨이퍼의 직경이 300[mm]에서 450[mm]로 커지면 생산량은 2.5배 증가한다.

그림 1.12 (b)에서 다양한 웨이퍼의 종류를 보여 주고 있는데 종류에 따라 특성도 다르기 때문에 집적 회로를 제조할 때 반드시 웨이퍼의 종류를 선택해서 사용해야 한다.

또 하나 예를 보자. 반도체를 만들 때는 청정실에서 여러 공정을 거쳐 만들게 된다. 그림 1.13과 같이 언론에서 반도체 회사가 나올 때 흰색 가운을 입고, 마스크와 장갑을 끼고 에어 샤워air shower실을 통과하는 장면을 보았을 것이다. 반도체는 미세한 공정을 수행하기 때문에 먼지 등 이물질의 혼입을 최대한 막아야 한다. 심지어 사람에게서 나는 땀도 막아야 한다. 그래서 청정도를 유지해야 하는 것이다. 여기서 청정실의 청정도를 나타내는 단위로 클래스class를 사용하고 있다. 이것은 1[m^3]당 10[μm] 이상의 크기를 갖는 먼지가 몇 개가 있는가를 나타내는 수치이다. class 10이란 1[m^3]당 10[μm] 이상의 크기를 갖는 먼지가 10개가 있다는 뜻이다.

그림 1.13 **반도체 청정실**

3 반도체란 도대체 무엇일까

1 실리콘이란

그림 1.14 규석 덩어리

우리는 앞에서 규석이라는 말을 사용하였다. 규석의 화학적 용어는 SiO_2, 즉 산화물(酸化物oxide)이다. 이 산화물을 잘 가공하면 **실리콘**Silicon 물질인 규소(硅素)를 얻을 수 있는데, 이 실리콘 원소는 부싯돌이라는 라틴어 Silex라는 말에서 유래되었다. 반도체에 사용하고 있는 용어나 원소들 중 몇 가지는 우리말로 번역되어 쓰이고 있으나, 대부분은 번역하지 않고 그대로 쓰고 있다. 우리말로는 규소이나, 원어는 실리콘이다. 이 책에서는 규소와 실리콘을 혼용하여 사용하는데 두 가지 말은 같은 말이다.

실리콘 하면 제일 먼저 무엇이 생각날까? 그림 1.15에서 나타낸 것과 같이 성형 수술(코, 가슴 등)에서 사용하는 보형물이 생각날까? 아니면 미국 서부에 위치한 캘리포니아 주 산호세 지역의 **실리콘 밸리**Silicon Valley가 생각날까? 어느 쪽이든 그럴 수도 있겠다. 실리콘은 지구에 존재하고 있는 물질 중 산소 다음으로 많아 거의 30%를 차지하는 무한의 자원으로 우리 주변의 모래, 바위, 흙 등에서 그 성분을 쉽게 채취할 수 있으며, 심지어 동물의 깃털, 발톱 등에도 함유되어 있는 물질이다. 이러한 순수한 실리콘에 여러 화합물을 넣으면 유리, 고무, 오일, 실리콘 접착제 등 여

(a)

(b)

그림 1.15 실리콘 성분의 (a) 보형물 (b) 접착제

러 물질을 만들어 낼 수도 있다. 이렇듯 주변에 널려 있는 모래 속의 성분인 실리콘이 손톱만 한 작은 반도체로 만들어져 정보화 사회의 주역으로 작용하여 인간의 생활 패턴을 변화시키는 역할을 한다니, 어찌 신기하지 않을 수 있을까?

그래서 일단 반도체를 이해하기 전에 실리콘이라는 물질을 알아야 한다. 물론 제2장에서 자세히 살펴볼 것이지만, 여기서도 가볍게 살펴보자. 실리콘은 **단결정**single crystal의 형태로 존재하고 있고, 주기율표상의 기호는 Si으로 표기되며, 원자 번호가 14번인 실리콘 원소는 원자핵 주위에 14개의 전자가 궤도 운동을 하고 있는데, 이중 4개의 전자가 가장 바깥 궤도에서 운동하고 있다. 우리는 이 4개의 전자를 **가전자**valence electron라고 하는데, 이 4개의 전자로는 실리콘이 지구 상에서 물질로 존재하기는 불안정한 상태에 있다. 그래서 8개의 전자를 가지고 있어야 안정한 상태로 존재할 수 있는 것이다. 실리콘 원소당 4개의 전자를 더 넣어 주면 8개가 되므로 안정해질 것이다.

이것은 **옥텟 규칙**Octet rule으로 설명할 수 있을 것이다. 이것은 원자핵 주위의 궤도를 돌고 있는 전자 중 최외각 궤도에 있는 가전자가 8개일 때 매우 안정하게 된다는 규칙이다. 예외가 있기 때문에 옥텟 법칙이라고 하지 않는다. 대부분의 원자의 경우 옥텟 규칙을 따라 결합하기 때문에 많은 화학 결합을 이해하는 데 매우 유용하게 쓰이고 있는 규칙이다.

실리콘 원소는 어떻게 하여 8개의 전자를 가질 수 있을까? 그들은 자신과 같은 처지에 있는 동, 서, 남, 북에 위치하고 있는 원소와 가전자를 1개씩 서로 주고받아 8개의 가전자를 확보하여 안정한 상태로 존재하고 있다. 이와 같이 가전자를 1개씩 주고받는 결합을 **공유 결합**covalent bond이라고 하며, 그림 1.16에서 이를 설명하고 있다.

단결정
석영이나 보석의 원석 같은 광물은 종종 단결정으로 존재하는데, 특히 규소와 게르마늄이 결합된 단결정은 트랜지스터, 정류기, 집적 회로 등의 고체 전자 소자에 사용된다.

가전자
원자의 가장 바깥쪽 궤도를 돌고 있는 전자로, 원자가 전자라고 한다. 화학 결합에 관여하며 원자가와 같은 화학적 성질을 결정한다.

옥텟 규칙(Octet rule)
원자는 최외각 껍질이 완전히 채워지거나 전자 8개를 가질 때, 더 높은 에너지를 갖는 전자가 없을 때 가장 안정하다는 규칙이다.

공유 결합
2개의 원자가 서로 전자를 방출하여 전자쌍을 형성하고, 이를 공유함으로써 생기는 화학 결합을 말한다. 대부분의 유기 화합물과 일부 무기 화합물에서 볼 수 있다.

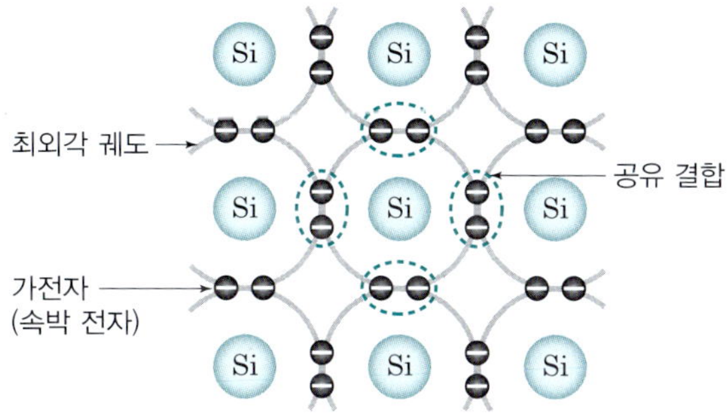

그림 1.16 실리콘 원소와 공유 결합

2 반도체가 바로 이것이었네

반도체 하면 무엇이 생각날까? 언론에서 보아온 흰 방진복을 입고 거울 같은 둥근 원판을 보여 주는 화면이나, 다리가 달린 검은 손톱만 한 플라스틱이 생각날까? 아니면 고장 난 컴퓨터 속을 들여다보면 복잡한 기판(PCB)에 있는 여러 부품이 생각날까?

그림 1.17 실리콘의 둥근 원판과 IC

물질은 크게 전류가 잘 흐르는 **도체**(導體)와 전류가 흐르지 못하는 **절연체**(絶緣體) 혹은 **부도체**(不導體)로 나눌 있는데, 금속류, 즉 알루미늄, 금, 은, 구리 등은 도체에 해당한다. 반도체는 전류의 흐름이 중간 정도인 물질을 말한다. **반도체**(半導體)는 영어의 Semiconductor를 번역한 것으로 Semi(半)와 conductor(導體)의 합성어라고 볼 수 있다. 우리는 흔히 전기가 잘 통하면 도체, 그렇지 않으면 부도체라고 하고 있는데, 반도체는 전기가 통하기도 하고 안 통하기도 하는 정체 모를 성질의 물질이다. 다시

말하면 순수한 상태에서는 전기가 통하지 않는 부도체나 다름없지만, 인공적인 조작, 즉 빛, 열, 특정의 불순물 등을 공급하면 전류가 통하는 도체가 되는 것이다. 물론 금속과 같은 도체보다는 전류가 덜 흐르는 성질의 물질이기는 하지만, 부도체이던 물질이 조작에 의하여 전류가 흐르니 도체의 반열에 올랐다고 보아도 좋다. 이러한 성질 때문에 도체 앞에 '반(1/2)'이라는 이름이 붙게 된 것이다.

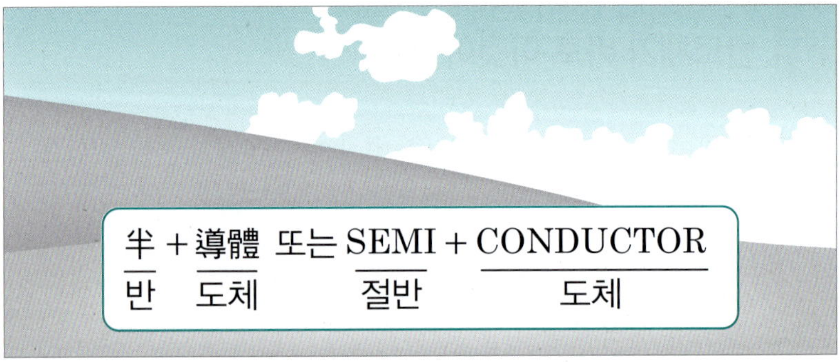

그림 1.18 **반도체의 의미**

결국, 반도체는 이런 것이었네!

"원래는 거의 전기가 통하지 않지만
빛이나 열을 가하거나 불순물을 주입해 주면 전기가 통하고
또한 그 양도 조절할 수 있는 물질"

4 우리의 반도체 산업

1 불모지에서 꽃을 피우다.

산업의 쌀, 전자 산업의 꽃이라 불리는 반도체는 개인용 컴퓨터와 모바일 기기, 가전, 디스플레이, 자동차 등 모든 산업에 없어서는 안 되는 필수품으로 반도체 없는 세상은 감히 상상도 할 수 없게 되었다. 반도체 산업은 여러 산업 중 부가 가치가 가장 높은 분야로, 고도의 기술 집약적이고, 성장 속도가 빠르며 자원이나 에너지가 적게 드는 산업인 반면, 큰 시설이 필요하고 연구 개발에 대한 투자가 많이 소요되어 위험 요소가 비교적 큰 산업이기도 하다. 1950년 이전에는 반도체 물질로 게르마늄(Ge)을 사용하였으나, 1950년 이후부터 재료의 우수한 온도 특성과 무한한 자원의 존재감으로 실리콘이 반도체 재료의 주축을 이루게 되었고, 이런 이유로 최근의 반도체 산업이 **실리콘 산업**silicon industry이라고도 불리게 된 것이다.

반도체 산업과 실리콘(silicon) 산업
컴퓨터, 텔레비전 등과 같은 전자제품에 들어가는 반도체를 생산하는 산업을 반도체 산업이라고 하는데, 이 반도체 재료로 실리콘을 가장 많이 사용하고 있으므로 실리콘 산업이라고도 한다.

한국의 전자 산업, 특히 반도체 산업은 1960년대 미국의 코미(komy) 그룹의 투자를 시작으로 시그네틱스, 페어차일드, 모토로라 등이 설립하여 운영하였으나, 노동 집약적인 단순한 조립 생산의 단계에 머무르는 수준으로 부품을 들여와 겨우 라디오 정도를 만드는 초보적인 수준에 그쳤다. 당시 반도체란 그 단어 자체가 생소한 분야였기 때문에 모두 어리둥절한 시기를 보내기도 하였다. 더욱이 1970년대에 들어서며 국내 노동력의 질적 향상과 더불어 임금 상승의 가속화 때문에 단순한 조립 생산의 형태로는 이 분야 산업 발전을 기대할 수 없는 상황에 직면하였다. 그래서 정부가 나서서 전자 산업, 특히 반도체 산업의 육성 정책을 강력히 추진하면서 산업의 기반이 만들어지게 되었다.

당시 국내에서는 시계에 들어가는 칩을 생산하고 있던 '한국반도체'라는 회사가 부천에서 공장을 가동하고 있었다. 이 회사는 CMOS 기술을 이용하여 국내 최초의 집적 회로를 개발하겠다는 야심찬 계획을 추진하였으나, 제1차 석유 파동으로 인한 원자잿값 폭등과 과다한 투자가 원인이 되어 심각한 경영난에 휩싸여 뜻을 이루지 못하게 되었다.

이에 1974년 국내 대기업이 출사표를 던졌다. 한국반도체를 인수하기로 결정한 것이다. 그러나 1980년대 초 한국의 반도체 산업이 태동될 때, 그 누구도 성공할 것이라고 생각하지 않았다. 반도체에 대한 선진 기술과의 격차, 막대한 투자 재원의 확보, 고급 기술 인력의 확보가 어려웠고, 엄청난 설비 투자, 시장 전망의 불투명성 등으로 큰 모험이 뒤따르게 되기 때문이었다. 1983년 초, 반도체 산업으로의 진출을 최종 결심하면서 64 Kbit DRAM의 연구 개발을 시작하게 된 것이다. 당시 반도체 강국이었던 일본의 조롱거리의 상대였을 뿐 아니라, 한국은 소득 수준 2천 불, 인구 25,000,000명으로 적었고, 숙련된 기술자가 없는 등 인프라가 전혀 없던 불모지나 다름없는 열악한 상황에서 일본의 온갖 방해와 조롱을 받으며 6개월 만에 64 Kb DRAMdynamic random access memory을 개발하게 된 것이 오늘의 반도체 강국의 기반이 되었다고 볼 수 있다.

그림 1.19에서는 한국의 반도체 역사의 흐름을 보여 주고 있는데, 삼성이 1974년 부천에 있는 '한국반도체'를 인수한 후, 9년 정도 지나, 고 이병철 회장의 도쿄 선언으로 반도체 사업에 진출하면서 오늘의 반도체 산업국이 되는 계기를 마련하게 된 것이다. 그리고 1998년 세계 최초의

그림 1.19 한국의 반도체 역사

(a) 1974년 한국반도체 (b) 고 이병철 회장의 동경 선언 (c) 256MDRAM 개발 주역 황창규 사장

256 Mb DRAM을 개발하면서 반도체 강국의 기초가 된 것이다. 참으로 어려운 여건 속에서 미래를 통찰하는 한 기업가의 열정어린 개척 정신으로 오늘의 반도체 산업이 대한민국에 뿌리 내릴 수 있었던 것이다.

그러나 일본의 덤핑 공세에 따른 가격 급락으로 64 Kb DRAM은 엄청난 적자를 보게 되었다. 그럼에도 불구하고 우리 민족의 인내와 끈기, 근면과 도전 정신으로 256 Kb DRAM을 개발해 1988년 첫 흑자를 낸 후, 16 Mb, 64 Mb DRAM을 차례로 개발하는 데 성공하였고, 마침내 1993년 메모리 반도체 분야에서 세계 시장 점유율 1위를 차지한 데 이어 1998년에 세계 최초로 256 Mb DRAM 개발에 성공하면서 한국은 반도체 강국으로 우뚝 서게 되었다.

2000년 512 Mb, 2001년 1 Gb Gigabit를 개발한 후, 드디어 2002년 2 G **낸드 플래시 메모리** NAND flash memory를 개발하게 되었고 이어 2005년 16 Gb, 2006년 32 Gb 메모리 개발에 성공함으로써 7년 연속으로 1년에 집적도 2배를 달성하는 쾌거를 이루게 되었다. 이것은 소위 '황의 법칙'이 입증되는 결과이기도 하다. 반도체 강국인 미국의 '무어의 법칙'을 대체하는 놀라운 결과인데 무어의 법칙은 1965년 인텔의 창업자인 고든 무어가 주장한 것으로 '반도체의 집적도가 18개월마다 2배씩 증가한다.'라는 것이다. 이것보다 6개월을 단축한 것이니 놀라운 일이 아닐 수 없다. 2006년 이후에도 반도체 고집적 고용량화는 계속 이어지고 있다.

1990년대 이후 한국의 반도체 산업은 급속한 발전을 이룩하게 되어

고든 무어(Gordon Earle Moore)

세계 최대의 컴퓨터 프로세서 세소업체인 인텔(Intel)의 설립자 중 한 사람으로, 컴퓨터의 성능이 일정한 주기마다 급격히 향상된다는 이른바 '무어의 법칙(Moore's law)'은 그의 인생과 철학을 단적으로 보여 주는 너무나 유명한 법칙이다. 1929년 미국 캘리포니아 주 샌프란시스코에서 태어난 무어는 어린 시절부터 각종 실험과 탐구를 좋아했다. 중학생 시절에 흑색화약을, 고등학생 시절에는 니트로글리세린을 직접 제조하는 등, 특히 화학 분야에 대단한 재능과 흥미를 가지고 있었다. 1950년에 버클리대를 졸업한 후, 캘리포니아 공과 대학교 대학원에 입학, 화학 및 물리학 박사 학위를 받게 된다. 학업을 마친 무어는 존스 홉킨스대 응용물리학연구소의 연구원으로 잠시 근무하기도 했다.

낸드 플래시 메모리(NAND Flash Memory)

전원이 꺼지면 저장된 자료가 사라지는 D램이나 S램과 달리, 전원이 없는 상태에서도 메모리에 데이터가 계속 저장되는 플래시 메모리의 일종으로, 데이터의 저장 및 삭제가 자유롭다.

그림 1.20 무어의 법칙과 황의 법칙

모든 산업에서 필수적으로 사용하는 부품의 기반 기술로 자리 잡게 되었고, 이러한 기반 기술의 기여에 힘입은 반도체 산업은 괄목할 만한 성장을 이룩하였으며, 반도체 소자의 고성능화, 고집적화, 대량 생산 체제의 확립 등으로 실용화의 근간이 될 수 있었다.

현재 반도체 산업의 성장으로 한국에서 직·간접적으로 반도체 산업에 종사하는 인력은 거의 백만 명에 접근할 정도로 많은 인력을 보유하는 산업 분야가 되고 있다. 더욱 첨단화되고 있는 만큼 고급 일자리 창출을 주도할 수 있는 산업임을 입증하는 것이다.

그림 1.21에서는 반도체 소자가 응용되는 산업 분야를 보여 주고 있는데, 항공기, 계측 장비, 자동차, 각종 제어 장치, 정보 기기 등 여러 분야에서 쓰여지고 있음을 알 수 있다.

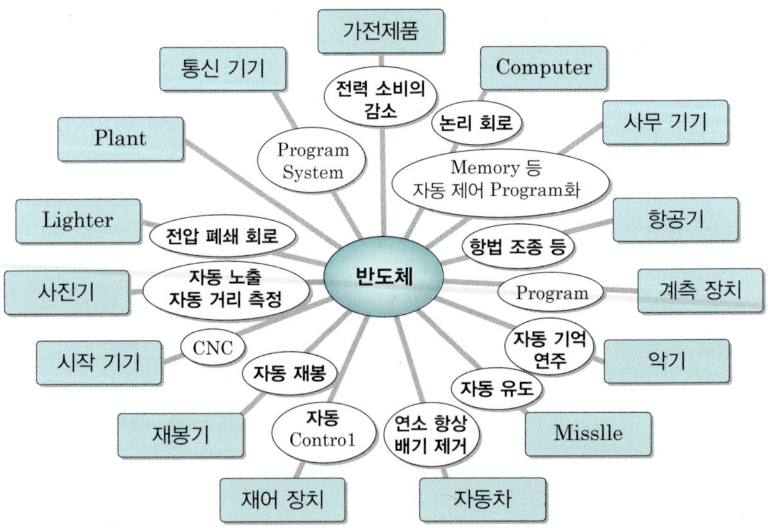

그림 1.21 반도체의 응용 산업

2 반도체 강국 대한민국

2013년 한국은 세계를 상대로 반도체를 수출하여 515억 1,600만 달러의 수출 성과를 이룩하였다. 이것은 세계 시장 점유율 16%를 차지하는 것으로, 미국에 이어 2위의 기록을 세우면서 일본을 3위로 밀어 내었다. 한국이 일본을 제치고 2위로 올라선 것은 반도체 산업에 진출한 1980년대 이후 30년 만의 일이다. 우리의 반도체 산업이 결국 일을 해낸 것이다. 불과 30년 전 외국의 반도체 기술을 복사하여 이룩한 반도체 산업이 2013년 세계 시장 점유율 2위라는 놀라운 성장을 보인 것이다. 물론 여기에는 메모리 분야에서 독보적인 1위의 기록이 크게 기여한 것으로, 한국에서의 반도체 수출 비중이 석유 화학 제품에 이어 2위이며 그 차이는 아주 미미하여 앞으로 1위를 기록할 것으로 예측된다. 우리가 앞으로 지켜야 할 커다란 자산으로 참으로 자랑스러운 일이다.

그림 1.22 한국과 일본의 반도체 시장 점유율 추이

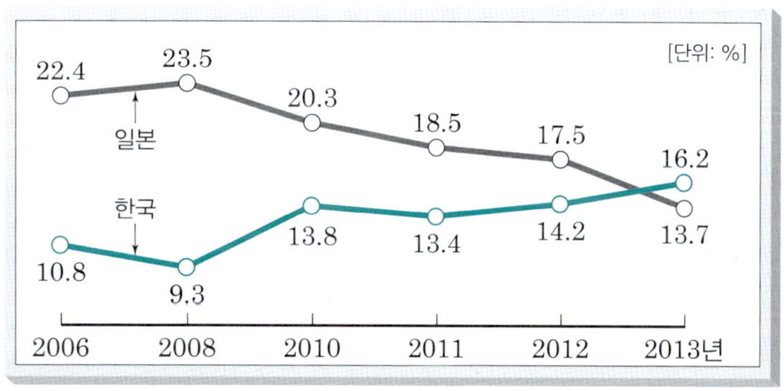

3 반도체의 강국은 어디로 흘러갈까

2013년 세계 반도체 시장 규모는 3,149억 달러를 기록하였다. 2013년 기준 대한민국의 예산 3,700억 달러를 감안할 때, 이것과 맞먹는 막대한 액수이다. 최근 5년간 5~7% 이상의 성장을 이어 왔고 앞으로도 이 추세

그림 1.23 **세계 반도체 시장 전망**

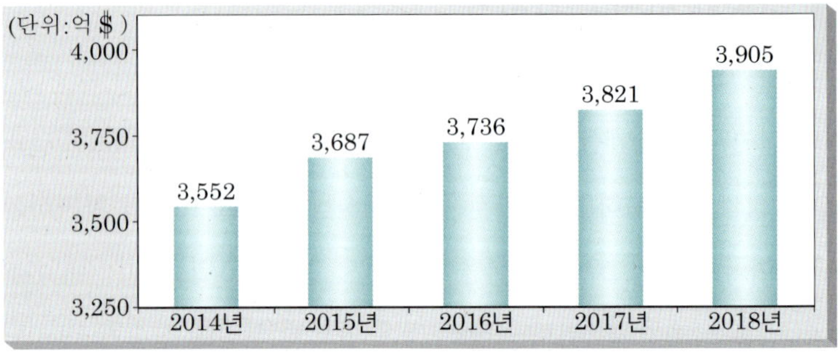

는 계속 이어질 것으로 예측하고 있다. 실제로 세계의 반도체 시장 규모는 그림 1.23에서 보여 주는 것과 같이 2014년에는 3,500억 달러 규모에서 2018년에는 3,900억 달러 규모로 확대될 것으로 예측하고 있다.

반도체 강국!, 대한민국 기업의 선전은 눈부시다. 2013년 기준 기업별 세계 시장 점유율은 삼성전자가 2위, SK하이닉스가 4위에 올라섰다. 삼성은 작년 7% 이상의 성장으로 1위 인텔과의 격차를 크게 줄였는데, 그 원인으로 지목되는 것은 PC 시장의 위축 등으로 볼 수 있다. 인텔이 마이너스 성장을 기록하고 말았다. SK하이닉스 또한 40%라는 경이로운 성장을 보이며, 첫 5위권 내 이름을 올렸다.

반도체 시장의 전통적 강국은 미국으로, 미국은 1970년대 반도체 기술을 주도하였다. 인텔, 텍사스 인스트루먼트(TI), 모토로라, 페어차일드 등 미국 기업의 독무대였는데, 인텔은 1970년대 DRAM 생산 1위 기업이었다. 특히, 우리 기업들이 메모리 반도체에 강하지만 미국 기업은 90% 이상이 비메모리(시스템 반도체, 주문형 반도체)에서 매출을 올리고 있다. 세계 반도체 시장에서 비메모리 반도체는 80%를 차지한다. 중앙 처리 장치(CPU)의 개발로 세계적으로 이름을 올린 인텔, 새롭게 부상하고 있는 마이크론, 오랜 역사의 텍사스 인스트루먼트(TI) 등이 반도체 산업의 선두 그룹에 속하는 기업이다.

일본 기업은 어떤가? 미국 마이크론에 합병된 엘피다를 제외하고 도시바, 르네사스만 10위권에 이름을 올렸는데 그나마 매년 순위가 떨어지고 있다. NEC, 히타치, 도시바, 마쓰시타 등 일본 업체들은 1981년 반도체 회사의 상위 10위 명단에 올리며, 반도체 시장의 주도권이 미국에서 일본으로 넘어 왔음을 선언하였다. 일본 기업들은 한때 세계 DRAM 생산량의 75%를 차지하기도 하였다. 일본인들 특유의 근면성이 바탕이 된 것으로 볼 수 있다. 이때가 일본 반도체 산업의 전성기였다. 80년대 말 일본의 반도체 산업은 세계 시장을 석권하다시피 하여 1988년 세계 시장 점유율은 51%로 타의 추종을 불허했고, 1990년대 세계 10위권 내 일본 기업의 수는 6개에 이르게 되었다. 그 후, 일본은 잃어버린 10년을 맞게 되었고, 지금도 그것의 후유증을 심하게 앓고 있다. 설상가상 엄청난 자연재해의 발생으로 많은 어려움을 겪고 있는 일본, 20년이 지난 지금의 일본에서는 무슨 일이 일어나고 있는가?

1990년대 후반 들어 시장의 판도가 다시 바뀐다. 삼성전자가 과감한 투자로 DRAM 시장을 석권하게 되면서 한국의 메모리 반도체 시장 점유율은 54.7%로 부동의 1위로 올라서게 된다. 특히 2014년 기준 DRAM 시장에서 한국 업체의 세계 시장 점유율은 70%에 육박하는 성과를 올렸다. 시스템 반도체 분야에서도 2013년 기준 대만을 제치고 4위로 올라서는 성과를 올렸다. 그동안 반도체 시장의 중심이 PC에서 모바일 중심으로 옮겨 가는 추세에 맞추어 스마트 폰 시장을 장악한 한국 기업들이 스마트 폰의 핵심 부품에 대한 공급을 크게 늘리면서 한국의 점유율을 크게 올려놓았다. 이제는 투자 여력을 비메모리 반도체에 집중해야 하고, 이것이 현실화되고 있는 우리의 반도체 산업은 곧 세계 1위 자리를 확보할 수 있을 것이다.

현재 우리의 반도체 산업은 위기이자 기회의 시기에 있다. 유럽을 비롯한 세계 경제의 성장이 둔화되고 있고, 중국이 무서운 속도로 우리의 자본과 기술, 인력 등에서 추격하고 있는 시점에서 잘 잡으면 흥하고, 놓치면 끝없는 추락이다. 다시 한 번 우리 민족의 근면과 성실, 끈기를 되살려 변화와 혁신, 그리고 창조를 통하여 우리의 자랑스러운 반도체 산업

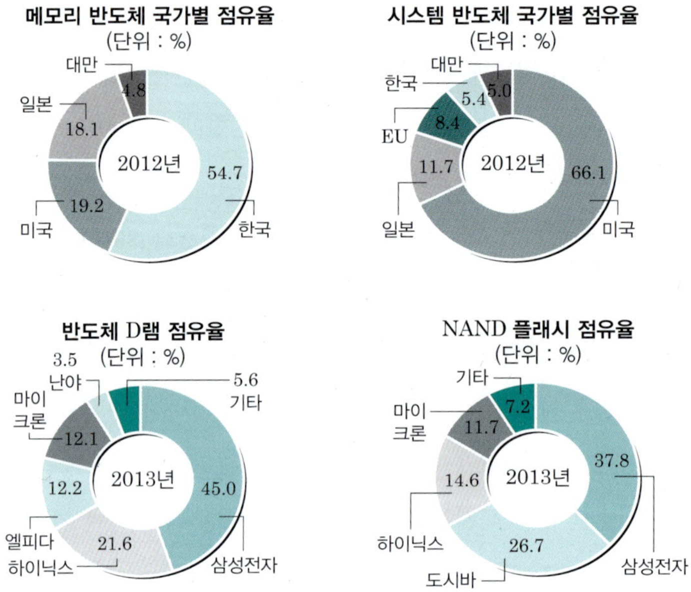

그림 1.24 **국가별 반도체 점유율 분포**

이 제2의 부흥기를 맞이할 수 있도록 우리 모두 노력해야 할 것이다.

그림 1.24에서 세계 반도체 시장의 국가별, 기업별 점유율을 보여 주고 있는데, 시스템 반도체의 경우는 미국이 2012년 기준 66%를 점하고 있으나, DRAM이나 NAND 플래시의 점유율은 대한민국이 단연 앞서고 있음을 알 수 있다.

5 트랜지스터 시대

1 진공관에서부터

전기 신호의 증폭을 위하여 개발한 것이 진공관식 트랜지스터이었다. 1904년 영국의 과학자 플래밍Fleming, John Ambrose이 2극 진공관을 발명한 후, 1906년 미국인 발명가 포레스트Forest, Lee de는 전파를 증폭, 수신, 검출하는 3극 진공관의 개발에 성공하였다. 3극 진공관의 발명으로 인류는 처음으로 기계적인 조작 없이 전류의 흐름을 제어할 수 있게 되었고 증폭으로 필요한 장거리 전송이 가능해지게 되었다. 전류의 흐름에 관계하던 전화, 전신, 라디오, TV까지 모두 이용할 수 있는 핵심 부품으로 전자공학 시대의 개막을 알리는 서곡이었다.

진공관의 원리는 무엇일까? 진공관 속에는 필라멘트filament라는 금속선이 있다. 전자의 이동을 쉽지 않게 하는 특성을 가지고 있어 열을 발생시키고, 빛을 낼 수 있는 물질이다. 형광등이 나오기 전에 주로 사용하였던 백열등에서 빛을 내는 부분이 바로 필라멘트이다. 백열등에 전기를 공급하면 열과 동시에 빛이 나오게 되는데 빛을 이용하는 것이 백열등이다. 마찬가지로 진공관에 전기를 인가하면 빛과 열이 동시에 나지만, 열만 이용하는 것이 진공관이다. 필라멘트가 뜨겁게 달아오르면 금속으로부터 전자가 튀어나오는 현상이 생기는데, 이것을 **전자 방출**electron emission 현상이라고 하고, 이때의 전자를 열전자hot electron라고 부른다.

진공관
유리나 금속 등의 용기에 몇 개의 전극을 봉입하고 내부를 높은 진공 상태로 만든 전자관아다. 음극을 가열하여 열전자를 방출하고 양극을 음극에 대하여 양(+)의 전위로 하면, 전자는 양극에 이르러 전류가 흘러서 증폭, 검파, 정류, 발진 등의 작용을 한다.

전자 방출
진공관이나 광전관의 음극에서 전자가 방출되는 현상을 말한다.

그림 1.26 (a)에서와 같이 2극 진공관의 경우, 양극에 (+)전압을 공급하면 음극에서 발생한 열전자가 양극으로 이끌려 가니까 양극에서 음극으로 전류가 흐르는 것이다. 전자는 항상 (+)전압이 있는 곳으로 이동하기 때문이다. 그 반대의 전압을 인가하면 전류가 흐르지 않는다. 오늘날의 다이오드의 기능을 하는 것이다. 한편 3극 진공관은 2극관의 중간에 금

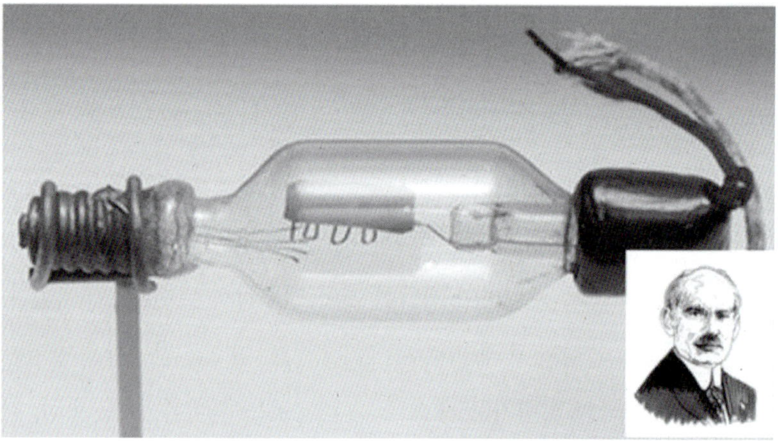

그림 1.25 1906년 포레스트가 발명한 3극 진공관

속으로 만들어진 그물망을 설치한 것으로 이것을 그리드grid라고 한다. 2극관에서와 같이 전압을 인가한 상태에서 그리드에 음(-)의 전압을 공급하면 양극으로 끌려가던 전자의 일부가 반발하여 되돌아오게 된다. 여기서 그리드에 인가한 전압의 크기를 달리 하면 반발하여 되돌아오는 전자의 수가 달라져 전류의 크기가 변화되는 원리이다. 즉, 전자가 흐를 수 있는 이동 통로의 폭을 조절함으로써 흐르는 전자의 개수를 조절하는 것이 기본 원리이다. 이는 그림 1.26 (b)에서 보여 주고 있다.

과학 기술의 발전은 빠르고 정확한 계산 능력을 요구하면서 전자 공

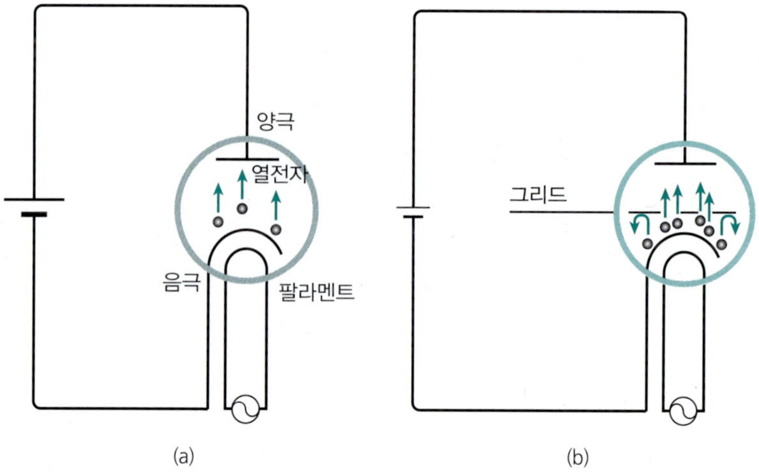

그림 1.26 진공관의 구조
(a) 2극관 (b) 3극관

그림 1.27 **에니악(ENIAC)** 1946년 미국 펜실베이아 대학에서 만든 세계 최초의 진공관식 컴퓨터

학은 이것에 비례하여 눈부신 발전을 이룩하기 시작한 것이다. 이러한 노력으로1947년 미국의 Moore 대학에서 세계 최초의 전자계산기인 ENIAC이 개발되었다. 그림 1.27에서 보여 주고 있는 이 진공관 계산기는 무게가 50톤, 면적은 280[m^2]나 차지하였다. 무려 19,000개나 되는 진공관이 사용되었고, 150[kWh]의 전력이 소모되면서 옆에 있지 못할 정도로 엄청난 열이 발생하였다. 이것이 원인이 되어 약 30분마다 진공관이 하나씩 타버리는 문제가 발생하고 있어서 이것이 또 다른 전자 소자의 발명을 앞당기는 계기가 되었다. 이 컴퓨터의 성능은 초당 5,000번의 연산을 할 수 있을 정도였으며 당시 가격도 백만 달러를 호가하였다.

2 트랜지스터

진공관은 부피가 크고, 부품인 필라멘트가 녹아서 끊어지는 일이 많아 신뢰성이 떨어지게 되었다. 이 문제를 해결한 것이 바로 트랜지스터의 개발이다. 1947년 미국의 벨연구소에서 일하던 과학자 쇼클리Shockley, William Bradford, 죤 바딘Bardeen, John, 브래튼Brattain, Walter Houser이 고안하였다. 당시의 물질은 실리콘이 아닌 게르마늄 물질을 사용하여 만들었는데, 게르마늄 평판에 금 박편을 접촉시킨 점접촉 트랜지스터의 개발에 성공하게 된 것이다. 마침내 반도체 재료를 이용한 정보 기기의 핵심소자인 트랜지스터transistor가 탄생하는 순간이었다. 진정한 반도체 시대의 개막인 셈이었다. 이 연구에 참여한 쇼클리, 브래튼, 물리학자 바딘은 노벨상 공동 수상자로 선정되어 수상하였다.

빌 게이츠(Bill Gates)

미국의 기업인으로, 어렸을 때부터 컴퓨터 프로그램을 만드는 것을 좋아했다. 13세 때부터 프로그래밍을 시작하여 1974년 대학생 시절 프로그래밍 언어인 BASIC을 개발하였다. 하버드 대학의 법학과를 다니다가 자퇴하고 1975년 폴 앨런과 함께 마이크로소프트 회사를 공동으로 창립하였다. 이 회사에서 개발한 마이크로 소프트웨어 덕분에 오늘의 개인용 컴퓨터를 사용할 수 있게 된 것이다.

트랜지스터가 세상에 처음 나왔을 때 사람들은 이것의 의미를 알지 못했다. 연구소 발표 기사는 뉴욕 타임즈 단신 기사로 몇 줄 등장한 정도였으나 이 작은 소자는 라디오, 텔레비전, 컴퓨터 등 정보 기기와 가전제품의 기능이 도약하는 일대 혁명을 가져왔고 반도체 시대를 여는 역사적인 사건으로 역사에 기록되었다. 마이크로소프트의 창시자인 빌 게이츠는 '타임머신이 발명된다면 가장 가보고 싶은 과거'로 트랜지스터가 개발된

그림 1.28 트랜지스터와 전자 회로

순간을 꼽기도 하였다.

그러나 트랜지스터 역시 단점은 있었다. 트랜지스터 자체의 문제라기보다는 많은 트랜지스터와 전지 부품들을 서로 연결해 주어야 다양한 기능을 가진 하나의 전자 기기를 만들 수 있는데, 제품이 복잡할수록 트랜지스터끼리 서로 연결해야 하는 연결점(접촉점)이 기하급수적으로 증가하게 되고, 바로 이 연결점들이 제품을 고장 내는 주요 원인이 되었던 것이다. 이때 여러 개의 전자 부품들을 한 개의 작은 반도체 속에 집어넣는 방법을 연구한 사람이 있었다. 바로 미국 TI사의 기술자, 킬비Kilby Jack S.와 당시 페어차일드 반도체 회사에 근무하는 노이스Noyce, Robert Norton가 그들인데, 이들은 이 기술을 독자적으로 발명하게 된 것이다. 그 후, 이들은 합의하여 공동 개발한 것으로 하였다.

트랜지스터(transistor)
규소, 게르마늄 등의 반도체를 이용해서 전기 신호를 증폭하여 발진시키는 반도체 소자로, 세 개 이상의 전극이 있다.

1968년 노이스는 무어Moore, Gordon Earle와 함께 현재 세계 최대의 정보 회사인 인텔을 설립한 인물이다. 킬비는 집적 회로를 발명한 공로가 인정되어 2000년 노벨 물리학상을 수상하였다. 노벨상은 고인에게는 수여하지 않는다.

그러면 트랜지스터는 어떤 일을 할까? 순수한 반도체에 두 종류의 불순물을 주입하여 재료의 성질을 변화시킨 두 개의 반도체 조각을 잘 조합하면 전류를 증폭amplification시키거나 스위치switch 역할을 하는 반도체 소자인 트랜지스터transistor를 만들 수 있다. 이 트랜지스터를 손톱만 한 작은 반도체 면적에 수십 억 개로 집적(集積integration)하여 특정의 기능을 갖는 전자 회로를 만들 수 있는 것이다. 증폭은 장거리 전송으로 지친 정보를 키워 주는 기능이고 스위치는 디지털 정보의 처리에 중요한 기능이다.

트랜지스터는 거리에 관계없이 서로의 정보를 교환할 수 있는 인간의 욕구에 의해서 발명된 것이다. 예전부터 인간은 수많은 전쟁을 치러야 했다. 그때마다 승리에 대한 갈망으로 무선 통신이 필요하였고, 또한 경쟁 체제에 돌입한 세계 경제에서 무엇보다도 정보의 빠른 전달이 경쟁에서 이기는 첩경임을 알게 되었다. 음성 신호를 전기적 신호로 바꿀 수 있으면 장거리 통신이 가능한데, 이때 중간 중간 약해진 전기 신호를 증폭시켜 주는 일이 필요하였다. 이 일을 트랜지스터가 잘 할 수 있다. 또한 요즈음은 디지털 시스템으로 정보 기기가 만들어지고 있는데, 이 디지털 시스템을 동작시키는 회로가 바로 스위치 회로이다. 스위치란 형광등을 키거나 끌 때 누르는 그 스위치를 말한다. 스위치의 동작은 두 가지라는 것을 우리 모두 잘 알고 있다. 스위치를 올리거나 내리는 두 가지 행위 말이다. 디지털 회로를 스위치 회로라고 한다. 왜냐하면 디지털 회로는 2진수의 원리가 기본이기 때문이다. 2진수는 숫자가 두 개밖에 없으므로 두 가지 행위의 동작에 적합한 수의 체계를 말한다. 이것도 트랜지스터가 잘 수행할 수 있다.

3 집적 회로의 시대

앞서 살펴본 바와 같이 노이스와 킬비는1958년 트랜지스터, 저항 등 여러 개의 전자 부품을 한 개의 작은 반도체 조각에 집어넣는 방법을 개발하고, 이를 집적 회로(集積回路, IC Integrated Circuit)라 명명하여 오늘에 이르고 있다.

집적 회로(IC, Integrated Circuit)
두 개 이상의 회로 소자 모두가 기판 위나 기판 내에 서로 분리될 수 없도록 결합한 전자 회로이다. 크기가 작으면서도 동작 속도가 빠르고 전력 소비가 적으며, 가격이 싸다는 이점이 있다.

집적 회로란 반도체 소자를 개별적으로 배치하여 연결하는 것이 아니라, 수십억 개의 트랜지스터를 모아 쌓아 둔 덩어리를 말한다. 하나의 반도체 조각에 수십 억 개의 트랜지스터를 배치하고 이들을 연결하여 거대한 디지털 회로를 만들어 사용하므로 기존의 개별 트랜지스터 접속에서 오는 단점을 해결하게 된 것이다. 여기서 집적이란 '모아서 쌓는다.'라는 의미이다. 집적 회로에서는 트랜지스터와 같이 저항Resistor, 커패시터Capacitor도 하나의 칩에 집적시키고 있다. 이렇듯 반도체의 핵심소자인 트랜지스터는 1906년 진공관의 모습으로 발명되어 1947년 비로소 트랜지스터의 모습을 갖추었고, 1958년 반도체로 만든 트랜지스터가 집적된 오늘의 IC로 발전한 것이다. 그림 1.29는 트랜지스터의 변천 과정을 나

1906년 진공관 1947년 트랜지스터 1958년 집적 회로

그림 1.29 트랜지스터의 변천 과정

타낸 것이다.

여기서 집적도는 집적된 트랜지스터의 개수에 따라 다른데, LSI, VLSI, ULSI로 구분하고 있다. 정확히 몇 개 이상이면 LSI라고 정해진 것은 없으나, 대략 표 1.1과 같이 분류한다.

표 1.1 집적 회로의 종류 및 소자의 수

종 류	명 칭	소자의 수	면 적
SSIsmall scale integration	소규모 집적 회로	100개 이하	
MSImedium scale integration	중규모 집적 회로	100~1,000개	
LSIlarge scale integration	대규모 집적 회로	1,000~10,000개	2~6 mm^2
VLSIvery large scale integration	초대규모 집적 회로	10,000~100,000개	5~9 mm^2
ULSIultra large s cale integration	극초대규모 집적 회로	100,000개 이상	10 mm^2

집적 회로가 개발된 지 50여 년이 지난 2006년 삼성전자에서는 기존의 반도체 기술을 뛰어넘는 신개념의 CTFCharge Trap Gate 낸드 플래시 기술을 독자적으로 개발하여 미래 반도체 기술의 당면 과제인 '극초미세화, 초고용량화, 초고성능화'를 동시에 달성하여 차차세대 반도체 기술인 테라Tera(1 tera는 1,024 Gb) 시대를 열 수 있게 되었다. 이 CTF 기술은 기존과 같이 반도체에 전하를 저장하는 것이 아니라 절연체 물질인 실리콘나이트라이드(SiN) 물질에 전하를 저장함으로써 정보를 기억시키는

원리의 신기술인데, 핵심 신소재인 SiN 물질은 실리콘에 질소를 처리한 물질이다. 기존 실리콘 물질을 이용한 32 Gb, 256 Gb 등의 메모리 소자에는 기억의 기본 단위인 셀cell의 크기가 너무 작기 때문에 한계점에 도달한 것이다.

기존의 반도체 기술로 기억 소자를 만들 경우, 셀과 셀 사이에 간섭 효과가 발생하여 소자의 기능을 떨어뜨리게 되는 것인데, 이 CTF 기술은 간섭 효과를 없애면서도 기존의 용량 극대화를 위하여 사용하던 복층 구조로 인한 박막(薄膜slim)화의 제약을 해결하여 반도체 소자의 부피를 80%나 줄이는 데도 성공한 기술로 정말 대단한 기술이다. 끝없는 혁신으로 반도체 강국이 될 날이 머지않아 보인다.

그림 1.30에서는 칩당 트랜지스터의 개수로 CPU의 역사를 보여 주고 있다.

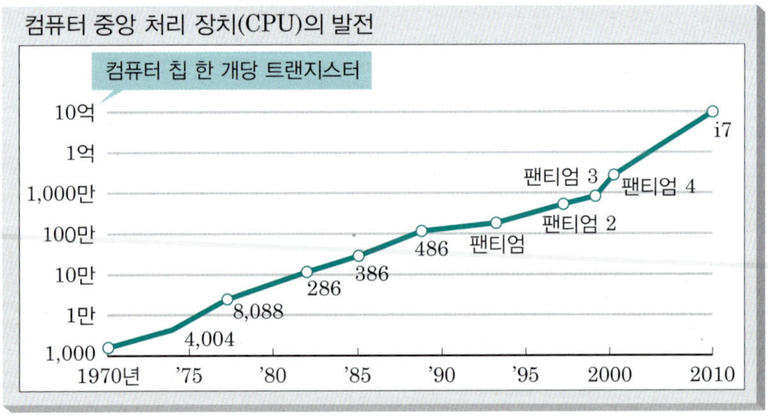

그림 1.30 **중앙 처리 장치의 개발사**

01 학 · 습 · 문 · 제

01. 농경 문명과 산업 혁명의 배경에 관하여 설명하시오.

02. 제3의 물결이란 어떤 문화적 의미를 갖는 것인지 설명하시오.

03. 정보(data)와 디지털(digital)의 의미를 비교 설명하시오.

04. 정보화 사회란 말을 사용하는 이유는 무엇인가?

05. 전자 상거래가 발달하는 이유가 무엇인가?

06. 비트(bit)의 기술적 의미와 사회적 의미는 무엇인가?

07. 실리콘(silicon) 물질에 관하여 설명하시오.

08. 반도체란 간략히 말하면 무엇인가?

09. 반도체의 응용 산업에 관하여 설명하시오.

10. 트랜지스터를 개발한 세 명의 과학자에 대하여 설명하시오.

11 트랜지스터가 개발된 동기는 무엇인가? 또 이것이 개발되면서 사회는 어떻게 변혁이 되었는가?

12. 집적 회로가 개발된 동기는 무엇인가? 또 이것이 개발되면서 사회는 어떻게 변혁이 되었는가?

13. 대한민국의 반도체 역사를 간략히 설명하시오.

14. 정보화 시대에 반도체의 역할에 대하여 설명하시오.

15. 집적 회로는 집적도에 따라 분류하는데, 그 종류를 설명하시오.

16. 현대의 정보화 사회가 앞으로 어떻게 변화될 수 있는지 설명하시오.

17. 현대의 정보화 사회와 규석기 시대를 접목하여 비교 설명하시오.

CHAPTER

2

반도체란 무엇인가

1 전기의 성질

2 물질의 특성

3 반도체의 모습

4 반도체의 작동 원리

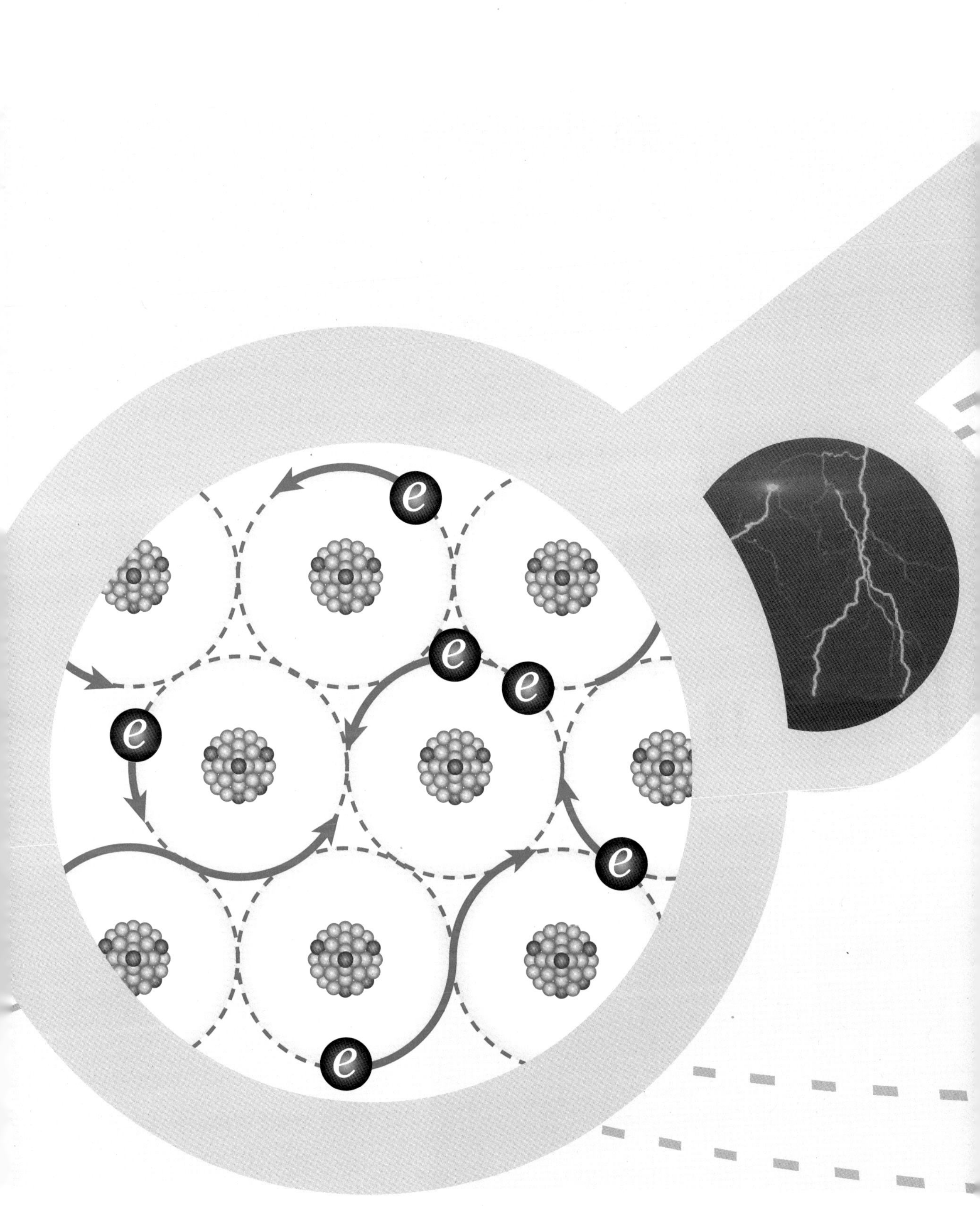

1 전기의 성질

반도체를 이해하기 위해서 우리는 고등학교 때 익힌 기초적인 전기에 대하여 복습할 필요가 있다. 반도체 물질도 결국은 전기가 흘러야 의미가 있는 것이니까. 전기가 흐르는 원리는 이미 배운 바와 같이 전자의 이동이다. 전자는 음의 전기를 띠고 있고, 전자가 흘러가는 반대 방향으로 전류가 흐르는 것이다. 여기서 전자electron라는 것이 어떠한 역할을 하는지 앞으로 소개되는 자유 전자free electron라는 말에 주목하여 보자. 어떤 물질이든 이 자유 전자가 있어야 전기가 흐르니 말이다.

1 벼락이 떨어지는 이유는 무엇일까

우리 주변에서는 건전지가 많이 사용되고 있다. 건전지는 전기를 담아 둔 그릇으로 텔레비전의 리모컨, 카메라 등에 넣어서 편리하게 쓰는 것이다. 요즈음은 전기를 이용하여 자동차를 달리게 하고, 우주선에서 쓸 전기를 태양에서 얻어 전기 그릇에 담아 쓰기도 한다. 태양 전지가 그것이다. 또 어떤 전기는 밤이 되어 깜깜하게 되면 우리의 방에 형광등이나 LED등을 켜서 공부도 하고, 심심할 때 텔레비전을 켜서 재미있는 연속극을 볼 수 있게도 한다. 이 모든 것이 전기의 힘이다. 이와 같이 전기는 우리에게 참 좋은 일을 많이 하고 있다.

그림 2.1 **벼락**

그런데 언젠가 여름철에 벼락이 치는 것을 경험해 본 적이 있을 것이다. 정말 무섭다. 벼락도 전기이다. 벼락을 통하여 전기의 정체를 살펴보자. 벼락전기는 어떻게 만들어지는 것일까?

그림 2.2 무서운 벼락이 떨어지고 있다.

우리가 살고 있는 땅에는 수증기가 있다. 이 수증기가 바람을 타고 하늘로 올라가서 벼락구름이 될 시커먼 구름을 만들게 되는데, 이때 수증기가 차가워져서 얼게 된다. 하늘은 정말 춥다. 이 얼음 알갱이들 사이에 격렬한 운동이 벌어져 마찰이 일어나면서 커다란 얼음 덩어리들 사이에 음전기(⊖전기)가 생기게 되고, 이들이 벼락구름의 아래 방향으로 모이게 된다. 그림 2.3 (a)와 (b)를 보면 쉽게 이해할 수 있을 것이다.

우리가 살고 있는 땅 위에는 공기가 많이 있다. 땅속인 지하에는 음전기가 많이 살고 있는데, 그 땅 표면에는 양전기(⊕전기)가 생기게 된다. 자연 현상으로 생기는 이것을 과학자들은 **정전기 유도**electrostatic induction**현상**이라고 한다.

정전기 유도 현상
도체나 유전체에 대전체를 가까이 가져갈 때, 전기장의 영향으로 물체의 표면에 전하가 유도되는 현상으로, 정전 유도 또는 정전 감응이라고도 한다.

정전기 유도 현상이란 정전기를 띠고 있는 물체를 전기가 없는 물체에 접근시키면 정전기를 띤 물체의 전기력 때문에 전기가 없는 물체의 표면에 전기가 생기는 현상을 말한다. 하나의 예로 플라스틱 책받침을 옷에 문질러서 머리카락에 가까이 가져가면 머리카락이 책받침 쪽으로 향하는 것을 경험하였거나 들어 본 적이 있을 것이다. 이와 같은 현상을 정전기 유도 현상이라고 한다. 하늘에 떠 있는 구름 속에는 음전기, 땅에는 양전기가 우리가 마시는 공기를 가운데 두고 서로 마주보고 있는 모양새이다. 이렇게 되면 벼락이 떨어질 준비가 된 것이다. 벼락이 떨어지는 곳은 매우 위험하다. 그러나 벼락이 떨어지지 않는 곳도 있다. 조건이 맞아야

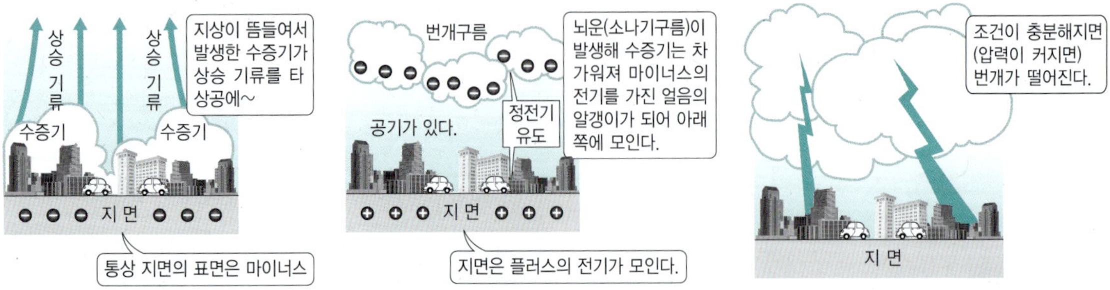

(a) 지면의 수증기가 올라간다.

(b) 벼락구름에 음전기가 모이고, 지면에 양전기가 모인다.

(c) 벼락이 떨어진다.

그림 2.3 **벼락이 떨어지는 원리**

벼락
벼락은 공중의 전기와 땅 위의 물체에 흐르는 전기 사이에 방전 작용으로 일어나는 자연 현상이다. 벼락은 봄철과 가을철 사이, 공기 상층과 하층의 온도차가 클 때 발생한다. 또 햇빛이 강한 날은 하층 공기가 가열되어 대기가 매우 불안정해지고 적란운이 형성되면서 발생하기도 한다. 보통 4~5만 A(암페어)의 위력을 가지지만, 최고 수십만 A에 이르기도 한다.

떨어지기 때문이다.

벼락은 왜 치는 것일까?

우리가 마시고 있는 공기는 산소와 질소 등으로 이루어져 있는데, 이들은 전기를 통하지 못하는 물질, 즉 절연체insulator인 것이다. 절연체는 전기를 통할 수 없는 플라스틱, 사기, 고무 등을 말하는데, 공기도 일종의 절연체이다. 이 공기 절연체가 깨질 때 벼락이 치게 되는데, 이렇게 되기 위해서는 구름에 있는 음전기가 집중적으로 한곳으로 모이고, 한편으로는 땅 위의 양전기가 한곳으로 모이게 되는 조건에서 벼락이 치게 되는 것이다. 결국, 음전기와 양전기가 집중적으로 모이는 곳의 공기가 갈라지면서 그 틈새로 벼락구름에서 땅으로 전기가 통하는 것이 **벼락**이다. 이것은 벼락구름 위에서 공기 압력, 즉 **기압**atmospheric pressure이 음전기에 가해져서 땅으로 떨어지는 것이다. 역시 그림 2.3을 연상하면서 생각하면 쉽게 이해할 수 있을 것이다.

2 전기는 어떻게 생겼을까

전기electricity는 우리에게 편리한 생활이 되도록 큰 힘을 주지만, 한편으로는 무서운 존재이기도 하다. 전기에 감전되는 경우가 있기 때문이다. 감전이 되지 않는 경우도 있다. 조건이 맞아야 하기 때문이다.

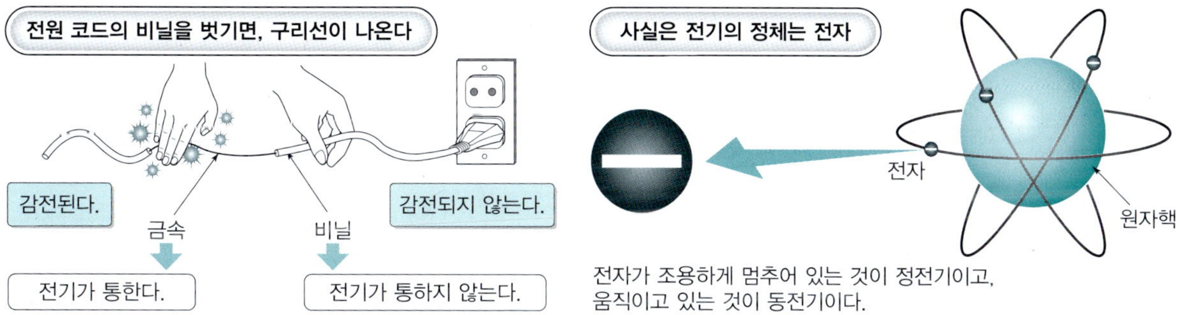

(a) 감전되면 위험하다.

(b) 전기의 정체는 전자이다.

그림 2.4 **전기**

전기라고 하는 것은 무엇일까? 이것은 **전자**electron의 이동이라고 할 수 있다. 그러나 이것만으로 전기를 이해하기는 어렵다. 전자는 전기를 만드는 아주 작은 알갱이로 이 알갱이들이 모여 전기를 만드는 것이다. 우리 눈으로는 그 존재를 확인할 수 없는 아주 미세한 입자particle이다. 이 전자들이 모여 흘러가는 상태를 **전류**electric current라고 한다.

한강에 가 본 적이 있는가? 강에는 물(H_2O)이 모여 흘러내려가고 있다. 이 물은 높은 곳에서 낮은 곳으로 흘러내려간다. 이 물의 흐름을 수류water stream라고 하는 것과 같이 전자의 흐름을 전류라고 한다.

중학생일 때 원자atom라는 말을 들어 보았을 것이다. 원자는 우리 지구 상에 존재하는 물질을 구성하는 근본이다. 원자는 그림 2.5 (a)와 같이 양전기를 띠고 있는 원자핵 주위에 음전기를 띠는 전자를 끌어당기면서 일정한 궤도 운동을 하고 있는데, 이 궤도의 수는 원자핵 주변의 전자의 개수에 따라 다르다. 어떻든 전자들이 궤도 운동하고 있는 원자들끼리 서로 어울려 물질을 만들게 된다.

그림 2.5 (b)는 우리가 마시고 있는 물의 분자 구조를 나타낸 것이다. 물은 화학식으로 H_2O이다. 수소인 H 원자 두 개와 산소인 O 원자 한 개가 결합하여 하나의 물 분자를 이루고 있는 것이다. 이렇듯 전자는 물질을 구성하는 데 큰 역할을 하고 있다.

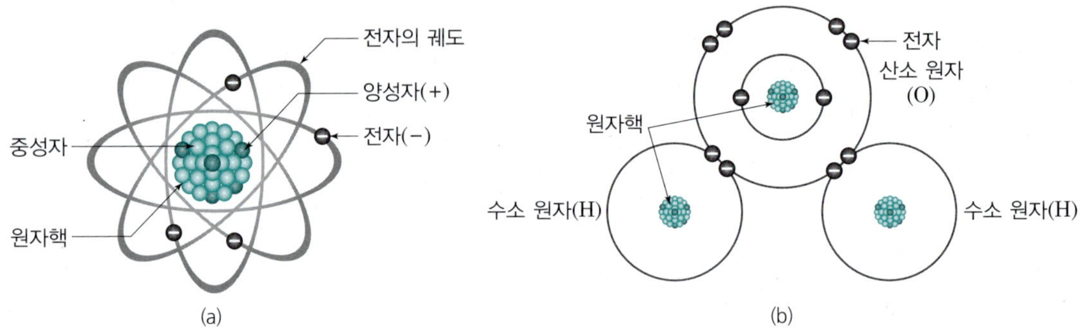

그림 2.5 (a) 원자와 (b) 물 분자의 모양

전자에는 움직이는 것과 움직이지 못하는 것이 있는데, 움직이지 못하는 전자, 즉 정지해 있는 전자에 의해서 만들어지는 전기를 **정전기**static electricity라고 부른다. 앞 절에서 공부한 벼락의 원리가 바로 정전기 현상이다. 그야말로 음(⊖)전기와 양(⊕)전기가 서로 마주보고 정지해 있으면서 그 사이에서 전기적인 힘을 띠게 되는데, 이것을 **대전**(帶電electric charge)하고 있다고 한다. 앞서의 정전 유도 현상과 같은 것이다. 벼락 외에 또 하나의 예로 책받침을 옷에 문질러 머리카락에 갖다 대 보면 머리카락을 구성하고 있는 원자 속에 갇혀 있던 전자가 빠져나가면서 양전기를 띠고, 이 전자를 받은 책받침은 음전기로 대전하여 정전기를 만들고, 이 힘으로 머리카락이 책받침으로 끌려 올라가게 되는 것이다. 그림 2.6은 이 현상을 잘 설명해 주고 있다.

동전기(動電氣)와 정전기(靜電氣)
동전기 전선 등 도체를 타고 흘러 다니는 전기로, 우리가 일반적으로 사용하는 전기를 말한다. 동전기에는 가정 전기나 공장 전기와 같은 교류 전기와, 건전지, 충전지, 자동차 배터리 등과 같은 직류 전기가 있다.
정전기 전하가 정지 상태로 있어 전하의 분포가 시간적으로 변하지 않는 전기를 말한다. 옷을 벗을 때 생기는 마찰 전기와 천둥 · 번개가 그 대표적인 예이다.

한편, 움직이는 전자에 의해서 만들어지는 전기를 동전기(動電氣)

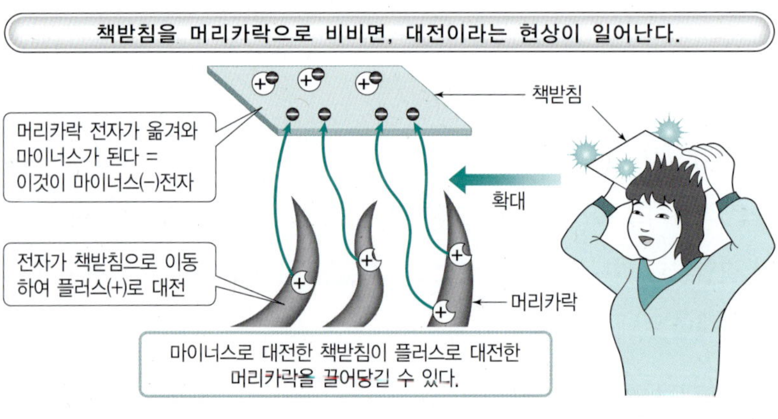

그림 2.6 머리카락에 정전기를 느껴요.

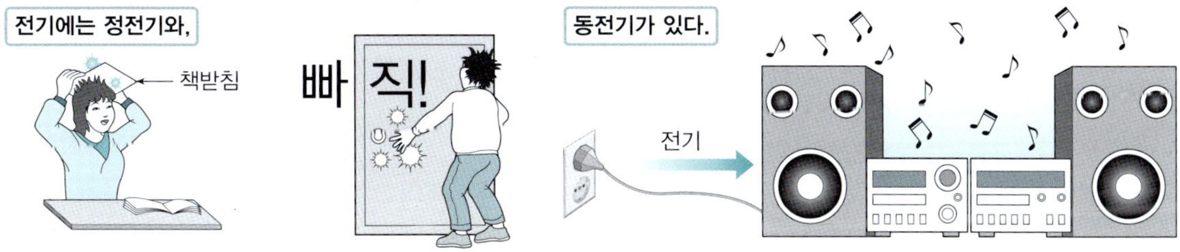

그림 2.7 전자가 몰려와서 전자 기기를 작동시킨다.

dynamic electricity라 하는데, 이것은 움직일 수 있는 전자가 어떤 힘에 의해 이동하는 상태에서 얻어지는 전기를 말한다. 그림 2.7에서와 같이 가정의 벽에 있는 콘센트에서 오디오, 텔레비전, 냉장고 등의 전자제품으로 전자가 이동해 와서 이들 전자 기기에 힘을 주니까 작동이 되는 것이다. 이동하는 전자가 있어서 이들 전자 기기가 작동하는 것이다.

3 전기란 무엇이 흘러 만들까_ 전하

물체가 대전되어 전기적 성질을 띠거나 전류가 흘러 전구에 빛이 나는 현상은 전하(電荷electric charge)라는 실체로 설명할 수 있다. 정전기뿐만 아니라 모든 전기 현상은 전하에 의해 일어나는데, 이 모든 전기 현상의 근원이 되는 실체가 전하이다. 대전(帶電)되어 있는 물체는 '전하를 가진다.' 또는 '하전(荷電) 상태에 있다.'라고도 한다. 전하의 크기를 전기량이라고 하며, 일반적으로 기본 전하량의 표기는 e로 하고 그 값은 1.602×10^{-19}[C]의 정수 배가 된다. 전하는 음(-)과 양(+)으로 구별하고 있으며, 그 분포에 따라 여러 가지 전기 현상이 일어난다. 분포 상태의 변화가 일어나지 않을 때는 정전하(靜電荷electrostatic charge) 상태에 있는 것이며, 전하가 이동하는 현상이 전류이다. 이것은 전위(電位)가 높은 곳에서 낮은 곳으로 전하가 연속적으로 이동하는 현상을 말한다. 전하의 양, 즉 전기량은 정전하 사이에 작용하는 힘, 즉 인력 또는 반발력의 크기로 측정할 수 있다. 또 전류가 되어 1초 동안에 이동하는 양으로 정의하기도 한다.

전하
물체가 띠고 있는 정전기의 양을 전하라고 한다. 같은 부호의 전하 사이에는 미는 힘이, 다른 부호의 전하 사이에는 끄는 힘이 작용한다. 한 점에 집중되어 있는 것을 점전하라고 하며, 이것이 이동하는 현상이 전류이다.

보통 물체가 대전되어 있지 않다는 것은 그 어디를 취해도 음과 양의 전하를 지닌 입자의 수가 같은 경우를 뜻하며, 대전체는 어떤 원인으로 이들이 음과 양으로 분리된 것을 말한다. 전하는 쿨롱이라는 단위를 사용한다. 쿨롱coulomb은 국제단위계의 전하의 단위로, 쿨롱Coulomb, Charles Augustin de의 이름을 따서 사용하게 된 것이다. 국제단위계에서는 초와 암페어의 곱인 유도 단위로 쓴다. 1쿨롱은 1암페어의 전류가 1초 동안 흘렀을 때 이동한 전하의 양을 나타낸다. 즉, 단위 시간당 이동한 전하의 양을 말하며, 기호 [C]로 표기한다.

쿨롱(Coulomb, Charles Augustin de, 1736~1806)
프랑스의 물리학자로, 1785년 비틀림 저울을 발명, 이것을 이용해서 대전체 및 자극 간의 힘을 측정하고, 유명한 '쿨롱의 법칙'을 발견하여, 정전기학, 자기학에 정량적 기초를 남겼다.

4 전기적인 위치의 차와 압력이란?

2개의 서로 다른 전하의 그룹, 즉 전자가 많이 있는 상태의 음(−)전위와 전자 부족 상태의 전하가 많이 있는 양(+)전위를 금속선으로 연결시키면, 전자가 많이 있는 부분에서 전자가 부족한 부분인 양극으로 자유전자가 이동하면서 전기적 일을 하게 되는데, 이때 두 개의 전하 그룹에서 각각 '일할 수 있는 능력'을 **전위**potential라고 한다. 또 두 전하 사이에서 '일할 수 있는 능력의 차이'를 **전위차**(電位差potential difference) 또는 **전압**(電壓voltage)이라고 한다. 물이 높은 곳에서 낮은 곳으로 흐르는 것처럼 전하는 전위가 높은 곳에서 낮은 곳으로 이동한다고 하였다. 이때 높은 곳과 낮은 곳의 차이가 전위차, 즉 전압이다. 낮은 곳보다 높은 곳에서 떨어지는 물이 더 많은 에너지를 가지고 있듯이, 전압이 클수록 더 많은 전기 에너지를 가지고 있는 것이다. 그리고 높이 차이가 없으면 물이 흐르지 않듯이 전압이 0이면 전류가 흐르지 않는다. 전압의 크기를 나타내는 단위는 볼트[Vvolt]이다. 1[V]는 1[C]의 전하가 두 점 사이에서 이동하였을 때에 한 일이 1[J]일 때의 전위차이다. 1[J]은 1[N(뉴턴)]의 힘으로 물체를 힘의 방향으로 1[m]만큼 움직이는 동안 하는 일 또는 그렇게 움직이는 데 필요한 에너지를 나타낸다. 열과 일에 대해 업적을 남긴 영국의 물리학자 줄Joule, James Prescott의 이름을 따서 붙여졌다. 1[J]은 다음의 차원을 갖는다.

$$1[J] = 1[N \cdot m] = 1[kg \cdot m^2/s^2] \text{ (MKS 단위)}$$

줄(Joule, James Prescott, 1818~1889)
영국의 물리학자로, 전류를 통하여 생기는 열량에 관한 법칙을 밝히고, 열에너지와 일과의 관계를 실측하여 '줄의 법칙'을 발견하였다.

5 전자와 자유 전자의 차이점은 무엇일까?

앞에서 살펴본 것과 같이 전기에는 정전기와 동전기가 있음을 알았다. 전기가 통한다는 것은 물질 속에 있는 전자가 이동하여 생기는 것이다. 이때 전자가 이동하여 전자제품을 잘 작동시키기 위해서는 전자가 어느 힘에 묶여져 있지 않고 자유롭게 움직일 수 있어야 한다. 이것을 사람들은 **자유 전자**free electron라 부르고 있다. 즉, 전자가 원자라는 집 울타리 속에 갇혀 있지 않고, 자유롭게 움직일 수 있다는 뜻이다.

이와 같이 자유로운 전자가 있는가 하면, 어떤 힘에 이끌려 원자 집 속에 원자핵과 어울려 있으면서 그곳에서만 궤도 운동을 하는 묶여진 전자가 있다. 전자를 끌어당길 수 있는 힘을 가지면서 하나의 집을 구성하는 요소를 **원자핵**atomic nucleus이라고 한다. 잘 알고 있는 바와 같이 우리 지구는 태양계에서 정해진 궤도만을 공전하여 한 바퀴 돌고 나면 365일이 된다. 이와 같이 태양이 잡아당기는 힘으로 지구가 지구의 궤도를 돌고 있듯이 원자핵에 묶여진 전자는 원자핵을 중심으로 정해진 궤도만을 운동하고 있다. 원자핵을 태양에 비유할 수 있다.

그러면 원자핵에 묶여져 있는 전자와 자유 전자는 어떤 차이가 있을까? 결국, 이 둘은 같은 것이다. 다만, 어느 조건을 가하면 원자에 묶여져 있던 전자가 떨어져 나와 자유롭게 되어 자유 전자가 되는 것이다. 우리가 살고 있는 이 지구 상에는 많은 물질들이 존재하고 있다. 이들 물질 속에 있는 원자에 전자가 어떻게 묶여져 있는가에 따라서 자유 전자로 되기가 쉽기도 하고, 어렵기도 하다. 이것은 물질의 종류에 의해서 자유 전자로 되기 쉬운 전자가 많이 있기도 하고, 적게 있기도 하다는 것이다. 결국, 전자와 자유 전자의 차이점은 물질의 종류에 있다고 보아도 좋겠다. 반대로 이야기 하면 물질이 서로 다른 것은 전자의 수가 다르기 때문이라고 할 수 있는 것이다.

예를 들어 볼까?

우리가 흔히 볼 수 있는 구리는 자유 전자가 많이 있어 전기를 잘 통할 수 있는 물질이어서 전기선으로 사용하고 있다. 이러한 물질을 **도체** conductor라고 한다. 자유 전자로 되기 쉬운 전자가 많이 있는 물질 구조를 가지고 있는 것이다. 반대로 절연체인 공기는 그 구성 요소가 산소(O_2)와 질소(N)로, 이들은 그 원자에 갇혀 있는 전자가 자유 전자로 되기가 대단히 어려운 구조를 하고 있다. 이것을 그림 2.9 (b)에서 설명해 주고 있다.

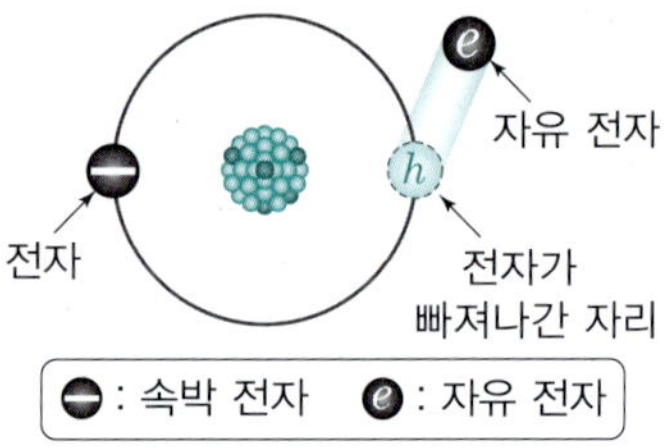

그림 2.8 **전자와 자유 전자**

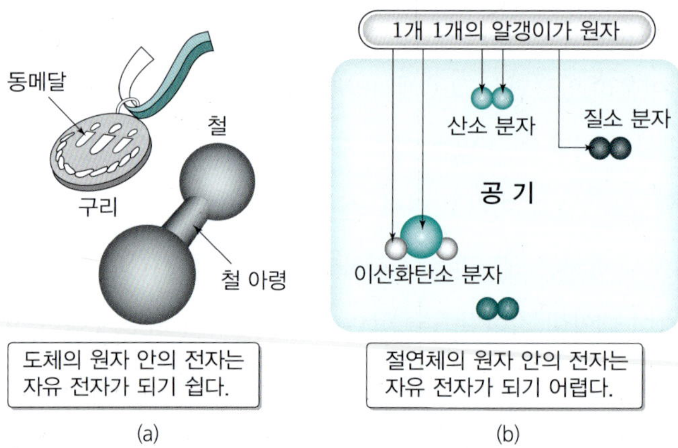

그림 2.9 **자유 전자**가 (a) 많은 도체 (b) 없는 절연체

이와 같이 물질 내에 있는 '전자가 자유 전자로 되기 쉬운가 혹은 어려운가'에 따라, 또는 '물질 속에 있는 원자와 원자가 서로 어울려 결합하는 방법'에 따라서 도체와 절연체로 나눌 수 있는 것이다. 여기서 과학자들은 사람이 어떤 종류의 절연체를 잘 조작하면 도체와 절연체의 중간적 성질을 갖는 물질을 만들 수 있다고 생각하게 되었는데, 이것이 앞으로 주목하여 살펴볼 **반도체** semiconductor라는 이름의 물질이 된 것이다. 도체

보다는 자유 전자의 흐름이 절반(1/2) 정도 덜 흐른다는 뜻이다. 물론 절연체보다는 전자의 흐름이 절반(1/2) 정도 더 잘 흐른다는 뜻이기도 하다. 반도체에 대해서는 뒷장에서 더욱 자세하게 살펴보겠다.

6 미아가 된 자유 전자는 어떻게 생겨서 뛰어 돌아다닐까

이제 전자에 대한 이해의 폭이 넓혀졌으니, 지금부터는 여러분들과 함께 물질 속으로의 여행을 시작해 볼 것이다. 우리가 현미경이 달린 아주 작은 캡슐을 타고 물질 속을 헤집고 다닐 수 있다면 물질 속의 구조를 쉽게 이해할 수 있을 것이다. 그러나 과학자들이 밝혀낸 이론과 실험 등을 통하여 상상 속의 캡슐을 타고 물질 속을 살펴보자.

앞에서 전기선으로 사용하고 있는 구리 이야기에서 자유 전자가 많이 있으면 전류가 흘러 전기를 만든다는 것을 알게 되었다. 그러면 이 전류의 근원인 자유 전자는 어떻게 생기는 것일까? 우리 지구에 존재하는 모든 물질은 원자핵의 힘으로 전자를 끌어당겨 한 가족을 이루며 살고 있는 원자와 원자들이 서로 어울려 결합하면 물질이 되는 것이다. 물론 결합의 조건이 맞지 않으면 물질로 되기 어려울 것이다. 원자와 원자들이 어울릴 때는 여러 가지 방법으로 어울리고 있다. 원자들이 어울리는 방법이 여러 가지이기 때문에 지구에는 여러 종류의 물질이 생기는 것이다. 앞에서 이야기한 구리는 금속metal이라고 부르고 있는데, 이것은 원자와 원자가 서로 어울려 결합할 때, **금속 결정**metal crystal이라는 방법으로 어울려 구리를 만들게 된다.

금속 결정
금속 원자의 모임으로 이루어진 결정으로, 금속이나 합금처럼 금속 원자가 격자를 이루어 금속 결합으로 구성되어 있는 결정을 말한다.

이제 상상 속에 있는 미세 현미경이 달린 캡슐을 타고 금속 안으로 들어가 볼까?

금속 안으로 들어가 보면 금속을 구성하는 모든 원자는 규칙적으로 배열되어 있는데, 어떤 원자핵 주위를 돌고 있는 전자 중 몇 개는 이웃하는 원자 집으로 놀러가서 그 원자핵 주위를 서성거리며 느슨하게 돌기 시작한다. 금속의 물질을 구성하는 원자 마을은 이웃집과 너무 좋은 사이를 만들고 싶어 하는 성질이 있다. 원자핵 주변을 느슨하게 돌고 있는 어떤 전자는 바로 자기의 집인 원자내의 원자핵을 떨어져 나올 수 있다. 왜냐하면 원자핵 주위에 돌고 있는 전자가 너무 많이 있기 때문에 그중에서 원자핵과의 결합력이 미약한 어떤 전자들은 느슨하게 돌다가 외부의 작은 힘에 의해서도 떨어져 나올 수 있다. 이런 일이 연쇄적으로 일어나면 원자핵 주위를 돌고 있는 어떤 전자들은 자신이 어느 집의 원자핵과 어울려 살았는지 잊어버리게 되어 떠돌이 신세가 된다. 결국, 어느 집에도 속하지 않아 원자 주위를 떠도는 미아가 되는 것이다.

우리는 어렸을 때 사람들이 많이 있는 대공원 등에서 어머니 손을 놓쳐 본 적이 있거나 그런 일에 대해 들어 본 경우가 있을 것이다. 정말 걱정이 많이 들었을 것이다. 자신의 집이 어디인지 모르면 참 불쌍한 생각이 들것이다. 이 불쌍한 미아가 바로 자유 전자인 것이다. 이는 그림 2.10에서 잘 보여 주고 있다. 금속이 전기를 잘 통하고 열도 잘 전달하는 것은 모두 자유 전자를 많이 가지고 있기 때문이다. 이와 같이 자유 전자를 많이 가지고 있어서 전기를 잘 통하게 하는 물질이 바로 도체라는 것이다.

나트륨 물질은 어떨까?

나트륨은 은백색의 부드러운 금속으로 자연 속에서 여러 화합물의 형태로 존재한다. 특히 식염인 염화나트륨NaCl은 바닷물이 증발하여 소금

그림 2.10 미아가 된 자유 전자가 물질 속을 돌아다닌다.

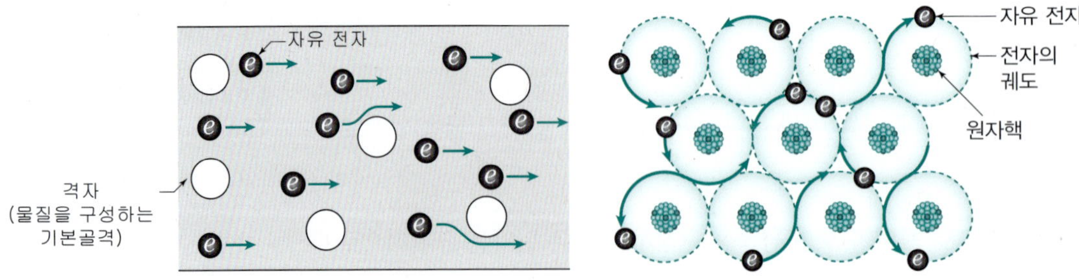

(a) 구리선 안에서 전자의 운동

(b) 금속에서 전자의 운동

이 돌로 변한 암염(岩鹽)과 바닷물에 많이 있는데, 바닷물의 용해 성분 중 약 31%가 나트륨이다. 1807년 데이비Davy, Sir Humphrey가 녹인 수산화나트륨NaOH을 전기 분해하여 최초로 나트륨 원소를 찾아내었다. 나트륨은 가장 흔한 알칼리 금속이며 지구에서 6번째로 많은 원소로, 지각의 2.8%를 이루고 있다. 물보다 가벼우며, 실온에서 칼로 자를 수 있고, 저온에서는 잘게 부서지는 특징이 있다. 또한 열과 전기를 잘 전도하며, 금속 표면에 빛을 비추었을 때, 빛에너지가 전자에 충돌하여 전자가 방출되는 현상이 있다. 나트륨은 원자 번호가 11번이다. 마지막 궤도에 전자 1개가 운동하고 있다. 1개의 전자로는 나트륨 물질이 불안한 상태에 있다. 불안한 상태를 해결할 수 있는 것은 마지막 궤도에 운동하고 있는 전자, 즉 가전자를 버리는 것이다. 그러기에 원자핵의 속박으로부터 이탈하여 자유롭게 움직이는 자유 전자가 쉽게 될 수 있는 것이다. 1개의 전자를 내버리면 안정해 지는데, 그러면 원자의 중성 조건이 깨진다.

나트륨 원자 1개를 끄집어내어 자세히 보면, 전자가 뛰쳐나오니까 전기적으로 중성의 성질이 없어지는 것으로 생각하지만, 곧바로 다른 원자에서 뛰쳐나온 전자가 오기 때문에 여전히 중성의 조건을 지키며, 나트

나트륨
열을 가하여 녹인 수산화나트륨(NaOH)을 전기 분해하여 얻는 알칼리 금속 원소이다. 바닷물, 광물, 암염 등에 다량으로 들어 있으며, 동물의 몸 안에서 생리 작용에 중요한 역할을 한다. 원자로의 냉각제 · 환원제, 합금 금속, 촉매 등으로 널리 쓰인다. 원소 기호는 Na, 원자 번호는 11, 원자량은 22.99이다.

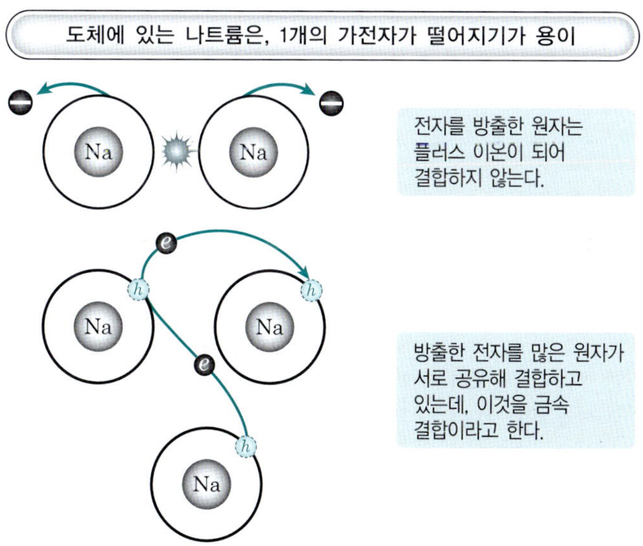

그림 2.11 나트륨 원자

륨이라는 물질이 안정한 상태를 유지하게 되는 것이다. 도체인 금속 결정은 자유 전자로 되거나 혹은 속박되거나를 반복하는 성질이 있다고 볼 수 있다. 이를 그림 2.11에서 보여 주고 있다.

그러면 이 자유 전자들은 어떻게 뛰어 돌아다니면서 여러 전자제품을 작동시키거나 LED등에 불을 켜는 것일까?

그림 2.12와 같은 실험을 해 볼까? 한쪽은 소형 건전지와 구리선으로 전구를 연결하고, 또 한쪽은 비닐끈으로 전구를 연결하면 어떻게 될까?

"구리선으로 연결하면 불이 들어오고, 비닐끈으로 연결하면 당연히 불이 켜지지 않지. 당연하지 않아!"

옳은 말이다.

전기에는 양전기와 음전기가 있다는 것을 우리는 이미 알고 있다. 1.5볼트짜리 건전지는 자유 전자에게 이동해 갈 수 있는 힘을 주게 되고, 금속인 구리선 안에는 음의 전하를 띤 자유 전자들이 있고, 이들이 양의 전하 쪽으로 끌려가면서 불을 켜 주고 없어지게 된다. 음의 전하가 끌려가는 것은 양의 전하보다 몸무게가 적게 나가기 때문이다. 몸무게가 많이 나가는 사람과 줄다리기 경기를 하면 몸무게가 작은 사람이 끌려가는 경험을 해 보았을 것이다. 이 이치와 같은 것이다. 그림 2.12를 보면서 생각하면 쉽게 이해할 수 있을 것이다.

그림 2.12 **불이 들어오는 원리** 자유 전자가 움직여 불이 들어온다.

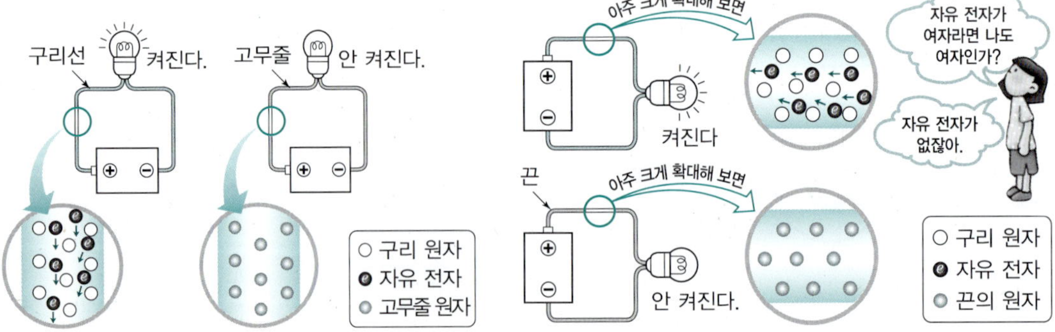

7 어떻게 하면 전류가 흐를 수 있을까

그동안 전기에 대하여 많은 것을 알았다. 전기의 세계는 참 재미있다. 이제 전자가 흐를 수 있는 조건을 함께 찾아보자.

앞에서 대전이라고 하는 것은 정전기가 생긴 상태라고 하였는데, 이것은 음전기로 대전되었다면 전자가 증가한 상태이고, 양전기로 대전되었다면 그만큼 전자가 감소되었다는 것을 나타내는 것이다. 앞서의 벼락 예에서 벼락구름 밑쪽에 음전기가 모여 있다면, 땅 위에는 그만큼의 음전기가 없어지는 것을 의미하는 것이다. 대신에 없어지는 음전기만큼 양전기가 생기게 되는 것이다. 이러한 상태에 있는 음전기 또는 양전기 하나하나의 전자를 전하라고 하였다.

그러면 이 전자들을 어떻게 흐르게(이동하게) 할 수 있을까? 전자의 흐름을 전류라고 하였다. 결국, 이것은 전하의 흐름이 전류인 셈이다. 모든 물질이 전류가 통하는 것은 아니다. 절연체는 전기를 통하지 않는다. 그렇다고 절연체가 대전하지 않을까? 그렇지 않다. 책받침은 절연체이지만 전자가 이동해서 대전하고 있다. 보통 절연체에는 자유 전자가 없다. 이 자유 전자가 없다면, 전류도 생기지 않을 것이다. 결국, 전류가 흐를 조건은 대전하고 있는 물질이라면 전자 즉, 전하가 어떤 압력을 받아야 흐를 수 있고, 자유 전자가 있는 물질이라도 압력을 주어야 전자가 움직여 전류가 생기게 되는 것이다. 그림 2.13에서 이것을 설명해 주고 있다.

앞에서 벼락이 떨어지는 원리를 살펴보았다. 벼락은 대전 현상이라고 하였다. 이것만으로 전류가 만들어지지 않는다. '어떤 물질 내에 전자가 있는가?' 또 '그 물질에 압력pressure이 가해지고 있는가?'에 따라 전류가 만들어지기도 그렇지 않기도 하는 것이다. 전자가 존재하는 어떤 물질에 압력이 주어지면 전자들은 자기들이 옮겨 갈 장소를 탐색하게 된다. 그 물질이 길게 늘어져 있다면 전자들은 자기들이 옮겨 갈 목적지를 향하여 이동하여 결국 전류를 만들게 되는 것이다.

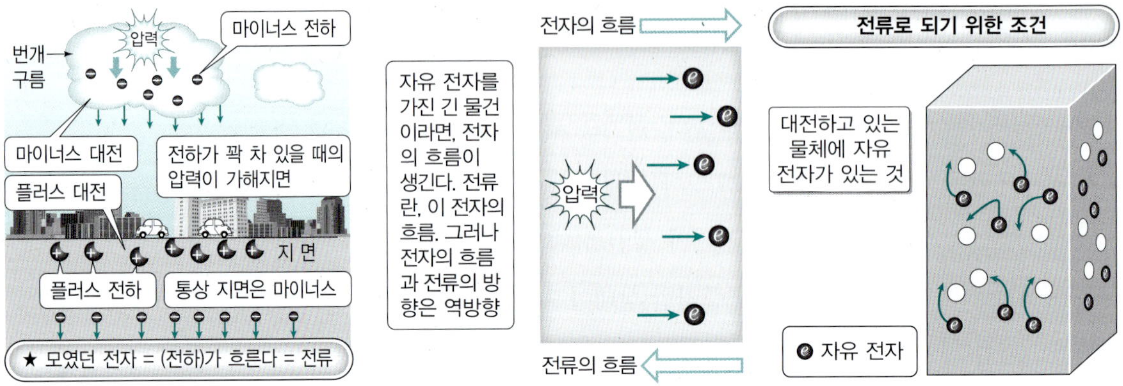

(a) 절연체

(b) 도체

그림 2.13 물질에 압력을 가해 주면 전류가 흐른다.

그러면 압력을 가한다는 것은 어떻게 하는 것일까? 물리적으로 압력이라고 하는 것은 '위치의 차이'라는 말로 설명할 수 있다. 우리는 어렸을 적에 높이뛰기 게임을 해 본 적이 있을 것이다. 50[cm] 높이는 아주 쉽게 뛰어넘을 수 있으나, 150[cm]의 높이는 다소 힘들 것이다. 150[cm]의 높이를 뛰어넘어가기 위해서는 많은 힘을 들여야 할 것이다. 이와 같이 뛰어오르는 위치에 따라 소모되는 힘의 크기가 다르듯이 전기의 세계에서도 위치의 차이가 있다. 이것을 **전위차**potential difference라고 부른다. 앞에서 우리는 전류를 물의 흐름에 비유한 적이 있다. 그림 2.14에서는 물의 높이가 서로 다른 두 개의 비커를 보여 주고 있는데, 물이 많이 있는 비커는 수위가 높다. 반대로 물이 적은 비커의 수위는 낮다. 이때 두 개의 비커를 서로 연결한다면 어떤 현상이 일어날까? 두 비커의 수위가 같아지도록 하는 힘이 작용할 것이다. 그 힘은 두 비커의 수위의 차이만큼이 될 것이다. 이 힘으로 물은 수위가 높은 쪽에서 낮은 쪽으로 흘러 결국 같아지는 것이다.

전위차
전기장 안의 두 점 사이의 전위의 차로, 전압이라고도 한다. 전압 또는 전위차는 한 점에서 다른 점으로 단위 (+)전하를 옮기는 데 필요한 일과 같다.

이 수위를 전위라는 말로 비유해 볼 수 있다. 전위가 높은 곳과 낮은 곳 사이에서는 위치의 차이가 있으므로 전기가 흐르게 되는 것이다. 이 사실을 잊어서는 안 된다. 물은 땅이 높은 곳에서 낮은 곳으로 흐르고 있다. 이와 같이 높은 위치에서 낮은 위치로 전류가 흐르도록 작용하는 전기적 압력을 **전압**voltage이라고 한다. 전압은 전위차가 클수록 커지는 성

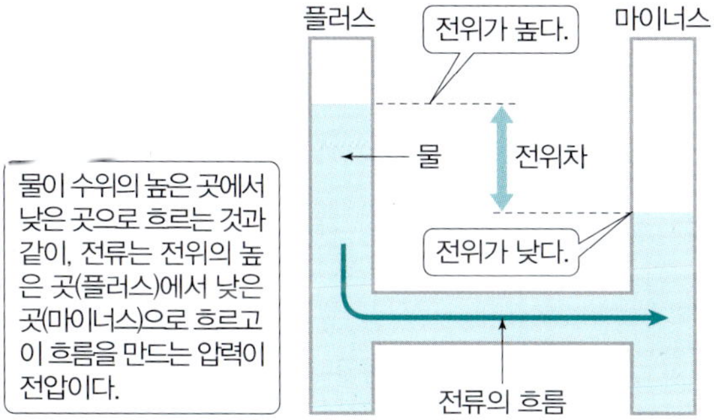

그림 2.14 물과 전류는 높은 곳에서 낮은 곳으로 흐른다.

질을 가지고 있다. 여러분은 주변에서 전기 철탑을 본 적이 있을 것이다. 거기에 '위험! 156,000볼트 고압선'이라고 빨간 글씨로 표시한 것을 보았을 것이다. 이것은 전위차, 즉 전기적 압력이 그만큼 크다는 것을 나타내는 것인데, 이 정도이면 아주 위험한 크기의 전압이다. 물론 전류의 세기도 커질 것이다. 그만큼 전자들이 동시에 대단히 많이 옮겨 가고 있다는 것이기도 하다. 이것은 전기를 만든 곳에서 멀리까지 보내기 위해서 높은 전압을 유지하는 것이다. 중간에 설치되어 있는 변전소에서 이 높은 전압을 줄이고 또 줄여 우리 가정에는 220볼트의 전압이 들어오고 있는 것이다. 이 전압도 꽤 높아서 감전되지 않도록 주의해야 한다.

8 전기 저항은 어떤 작용을 하는 것일까

우리 주변에는 니크롬nichrome을 이용하여 여러 가지 용도의 물건을 만들어 쓰고 있다. 이것은 니켈에 크롬이나 철, 망간 따위를 섞어 만든 합금을 말하는데, 만들기가 용이하고 전기 저항이 크며 잘 산화되지 않기 때문에 전열선, 저항기 따위에 주로 쓰이는 물질로 니크롬선으로 전선을 만들어 양쪽에 콘센트로 전원을 연결하고 스위치를 넣으면 붉게 되면서 열을 내는 금속의 일종이다. 전기밥솥, 약탕기, 전기다리미 등의 전열 제품 속에는 니크롬이라는 금속을 넣어서 열을 나게 하여 밥을 짓거나 약을 달이고 있다.

이 니크롬선이 왜 열을 낼까?

그것은 니크롬선을 콘센트에 연결하면 그 속에 전자가 흐르는데, 이들 전자가 니크롬선 속에 있는 원자와 부딪히면서 전자의 흐름이 어렵게 되기 때문이다. 전자가 니크롬선 속의 원자와 부딪히는 만큼 열이 생긴다. 니크롬선뿐만 아니라 대부분의 물질에 전자가 흐르면 그 속에 있는 원자와 충돌하면서 열이 나게 된다. 원자와의 충돌로 전자는 저항을 받게 되는 것이다. 이와 같이 전자의 흐름을 방해하는 것이 바로 **전기 저항**electric resistance이다. 이들 전자를 저항하는 힘은 물질에 따라 다르다. 도체는 비교적 저항이 낮으나 절연체는 이 저항이 엄청나게 큰 물질이다. 반도체는 도체와 절연체의 중간 정도의 저항을 가지고 있다고 볼 수 있다.

전기 저항
물체가 움직일 때 이동 방향의 반대 방향으로 이동을 방해하는 저항이 있을 수 있다. 예를 들어, 비행기가 날아갈 때는 반대 방향으로 공기 저항이 작용한다. 저항은 움직임을 방해하는데, 물체뿐만 아니라 열이나 전기의 이동에서도 저항이 존재한다. 전기의 흐름에 대한 저항을 전기 저항이라고 한다. 따라서 전기 저항이 크면 전류가 잘 통하지 않고 전기 전도율이 낮다. 즉, 도체에 전류가 흐르는 것을 방해하는 작용을 전기 저항이라고 하는데, 전압을 전류로 나눈 값으로 나타낸다. 단위는 옴(Ω)이다.

전원 코드 속의 구리선은 도체이다. 이 구리선의 바깥에는 비닐 같은 절연체로 감싸서 전자가 바깥으로 나오지 못하게 하고 있다. 그런데 이 구리선에 너무 많은 양의 전기를 흐르게 하면 바깥의 비닐을 뚫고 전자가 나올 수 있을 것이다. 이때 비닐 물질을 구성하는 원자와 충돌하여 저항을 받게 되고, 이 상태에서 더 많은 전자가 나오면 충돌에 의한 열이 생겨, 결국 비닐이 녹아내려 타게 된다. 이것은 전기 누전으로 인한 화재의 원인이 되기도 하니 대단히 위험한 상태가 되는 것이다. 그래서 전깃줄은 반드시 그 굵기에 따라 전기량이 다르다. 우리가 집에서 쓰고 있는 세탁기, 냉장고, 텔레비전과 같은 전자제품에 연결되어 있는 전기선은 규격에 꼭 맞는 것을 사용해야 안전하다.

그림 2.15 전자와 원자의 충돌
전자가 원자와 충돌하면 열이난다.

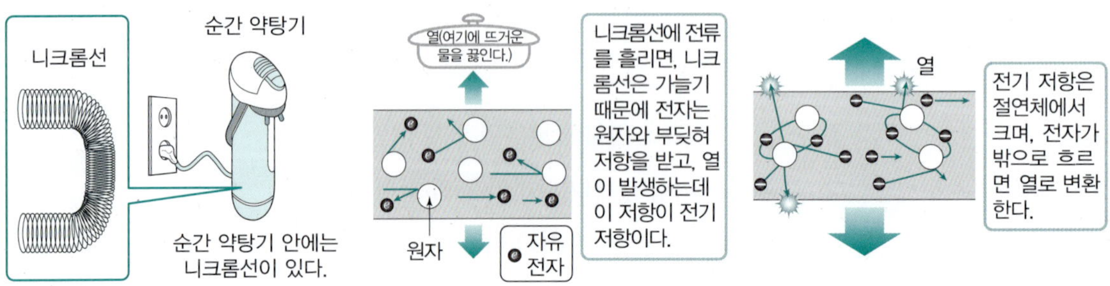

(a) 약탕기 (b) 니크롬선 (c) 절연체

2 물질의 특성

1 물질의 종류는 전자 수의 차로부터

어찌되었든, 전기는 전자의 흐름이다. 이것은 음전자가 있는 곳에서 음전자가 없는 곳으로 흐른다고 할 수 있다. 중학교에서 '전기는 양전기 쪽에서 음전기 쪽으로 흐른다.'라고 배웠는 데 말이다.

양전기에서 음전기로 흐른다고 한 것은 전자의 존재가 발견되기 이전에 정해진 것으로 지금까지 그대로 쓰이고 있는 것이다. 사실은 전기는 음전기에서 양전기로 전자가 흘러 생기는 것이다. 그러나 당시 전기 흐름의 방향을 바꾸면 대 혼란이 야기되기 때문에 종전과 같이 양전기에서 음전기로 흐른다고 하게 된 것이다.

이제 상상력을 동원하여 전자를 찾아가 볼까? 지구 상에는 여러 가지 물질이 있는데, 이들은 모두 원자의 결합으로 만들어지고 있다. 우리는 이 원자 속에는 원자핵과 전자가 들어 있다는 것은 벌써 알고 있다. 물질을 구성하고 있는 종류와 수, 원자와 원자가 어울리는 방법이 서로 다르기 때문에 여러 종류의 물질이 존재하고 있다.

물질 속에는 원자가 있는데, 그 원자가 다르다고 하는 것은 원자 주위에 있는 전자의 수가 다르다고 하는 것과 같다. 결국, 이 전자의 수가 다르기 때문에 여러 가지 물질이 있다고 할 수 있는 것이다. 예를 들어, 철은 원자 기호를 Fe로 쓰고, 원자 1개에 전자가 26개 있다. 구리는 원자핵 주위에 전자가 29개 있고, 실리콘은 그 주위에 14개가 있다. 이것으로 원자 한 개당 전자의 수가 다르면 물질이 다르다고 할 수 있을 것이다.

그림 2.16 물질의 종류와 전자의 수

2 원자핵 주변에 전자들이 돌고 있다

이제 물질의 근원인 원자의 구조를 살펴보자. 원자는 그 중심에 원자핵이 있는데, 이것은 양전기의 성질이 있는 양성자proton와 중성자neutron가 어떤 힘에 의해서 뭉쳐 있다. 아주 단단하게 뭉쳐 있다.

돌턴(Dalton, John, 1766~1844)
영국의 화학자 · 물리학자로, 혼합 기체의 물리적 성질을 연구한 결과 '부분 압력의 법칙'을 발견하고, 1803년에는 근대 원자론의 개념에 도달하여 '배수 비례의 법칙'을 발견하였다.

1803년 영국의 화학자 돌턴Dalton, John이 원자설을 제안한 후, 많은 과학자들이 원자의 구조에 대해 연구를 하였다. 그 과정에서 원자는 더 작은 입자로 구성되어 있다는 것을 알게 되었다. 이 입자들이 전자, 양성자, 중성자 등이며, 그중 양전하를 띠고 있는 입자를 양성자라고 하였다. 양성자의 전하량은 전자의 전하량과 비교했을 때 그 크기는 같으나 부호는 반대이고, 전자 질량의 약 1,836배가 된다는 것을 실험을 통하여 확인하게 되었다.

이 원자핵 주위를 전자들이 궤도 운동을 하면서 돌고 있다. 전자는 음전기의 전기적 성질을 띠고 있는데, 원자에 따라 그 수가 다르다고 하였다. 원자핵 속의 양성자의 개수와 궤도 운동하고 있는 전자 수는 똑같다. 그래서 원자 전체의 전기적 성질을 중성이라고 하는 것이다. 즉, 원자는 전기를 띠지 않는 것이다. 앞에서 예를 들어 본 철은 전자가 26개라 하였는데, 철의 원자핵 속의 양성자 수도 26개라는 것이다. 마찬가지로 실리콘의 전자가 14개인데, 양성자의 수도 14개가 되는 것이다.

결국, 물질이라고 하는 것은 원자라고 하는 작은 입자가 많이 모여서

그림 2.17 **원자의 구조**

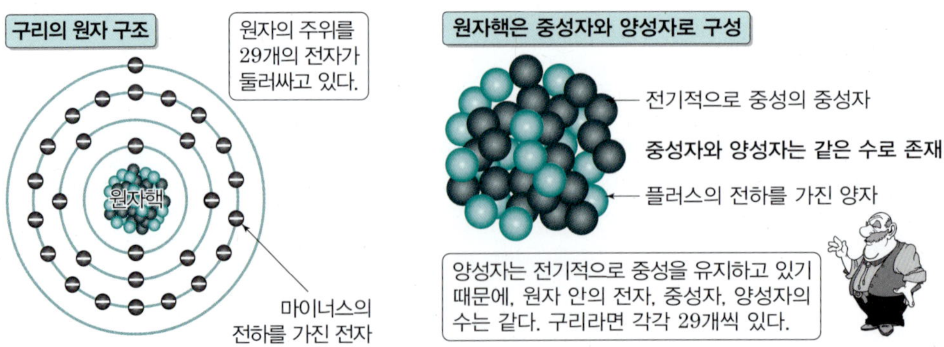

서로 어울려 있는 것으로 볼 수 있다. 구리라고 하는 물질은 구리의 원자가 많이 모여서 만들어진 것이다. 구리로 만든 전깃줄은 구리 원자가 많이 모여서 서로 결합해서 길게 늘여 놓은 물질이다. 이 구리선을 전자가 이동하여 전기가 흐르게 하는 것이다.

3 원자와 원자가 서로 어울려 물질을 만든다

앞에서 살펴본 철에서 철의 원자가 1개 있을 때, 이것은 철 원자이지 물질은 아니다. 많은 철 원자들이 서로 어울려 철이라고 하는 물질이 되는 것이다. 그러면 왜 철 원자가 철이라는 물질로 될까? 원자의 세계에서는 서로 어울리기 쉬운 것이 있는가 하면, 서로 어울리기 어려운 원자들도 있다. 어울리기 쉬운 원자는 물질로 될 가능성이 높고, 그렇지 않으면 물질이 되기 어려울 것이다. 여기서 원자와 원자가 어울리는 것을 결합이라 하고, 여러 가지 결합 방식에 의하여 지구 상에는 다양한 물질들이 존재하고 있다. 결국, 철 원자들끼리 결합하면 철이라는 물질이 될 것이다. 어떤 원자에 다른 종류의 원자가 섞여서 결합하면 그것은 다른 물질로 될 것이다.

물질
물체를 이루는 재료 또는 본바탕을 물질이라고 한다. 우리 주위의 물체는 물질로 이루어져 있다. 크기나 겉모습에 중점을 둘 때는 물체로, 그 물체를 이루는 재료에 중점을 둘 때는 물질이라고 한다. 예를 들어, 플라스틱으로 만들어진 자(ruler)는 물체라고 하며, 그 재료가 되는 플라스틱은 물질이 된다. 물질이란 사전적 의미로 일정한 공간을 점유하고 질량을 갖는 것을 의미하지만 화학에서는 화합물을 포함한 순물질과 혼합물을 합한 것을 말한다. 이러한 물질은 원자로 이루어져 있으며, 그 원자는 원자핵과 전자로 이루어져 있고, 원자핵은 양성자와 중성자로 이루어져 있다.

구리는 도체라 전기가 잘 흐른다고 하였다. 이것은 구리 속에는 자유 전자가 많이 있거나 혹은 전자가 자유 전자로 되기 쉬운 상태로 있기 때문일 것이다. 구리라고 하는 금속은 그 원자 구조가 자유 전자를 만들어 내기 쉬운 구조로 자유 전자를 잘 만들어 내는 상태로 결합하는 것이다. 그림 2.18에서도 구리와 물의 원자들이 모여서 물질이 구성되는 모습을 보여 주고 있다.

그러면 원자들이 어떻게 결합하여 물질이 되는 것일까? 이것은 원자 속에 있는 전자가 그 일을 맡아 하게 되는 것이다. 전자라고 하는 손이 원자에 있어서 이들 원자끼리 서로 손을 내밀어 잡게 되는 것이다. 마치 오랫동안 보지 못했던 친구를 보면 악수를 하거나 포옹을 하지만, 호랑이

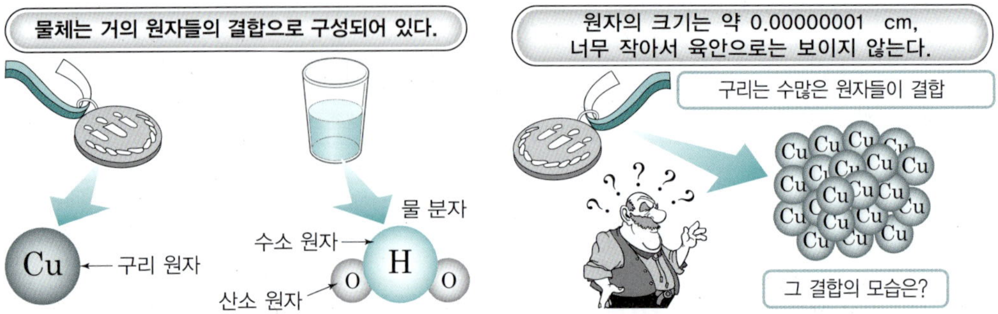

그림 2.18 **물질** 원자와 원자가 어울려 물질을 구성한다.

와 같은 험악한 동물하고는 악수하기 싫어하는 이치와 같은 것이다. 이와 같이 원자들은 자기와 악수하기를 좋아하는 것이 있는가 하면, 싫어하는 원자들도 있다. 악수하기 싫어하는 원자들은 서로 결합하기 어려울 것이다.

원자에는 궤도라고 하는 것이 있다. **궤도**란 전자가 운동할 수 있는 에너지길을 말한다. 이것은 우리 지구가 태양과 서로 끌어당기는 힘으로 지구만이 공전할 수 있는 길이 있는 것과 같은 이치이다. 원자핵 주변에 전자가 운동할 수 있는 궤도가 몇 개 있는데, 각 궤도에 들어갈 수 있는 전자 수가 정해져 있다. 여기서 가장 바깥의 궤도를 최외각valence shell 궤도라고 말하고, 여기에 있는 전자를 가전자valence electron라 하며, 이것이 원자와 원자가 서로 악수할 수 있는 손이 되는 것이다. 원자핵 주변의 각 에너지 궤도에는 들어갈 전자의 수가 정해져 있다.

가전자
원자의 가장 바깥쪽 궤도를 돌고 있는 전자로, 원자의 가전자라고도 한다. 화학 결합에 관여하며 원자가와 같은 화학적 성질을 결정한다.

실리콘 물질을 예로 들어 볼까?

그림 2.19에서와 같이 실리콘의 최외각 궤도에서 운동하고 있는 전자는 4개가 있어서 가전자가 4개가 되는 것이다. 그러나 이 최외각에는 전자가 8개가 있어야 안정한 상태의 원자를 유지하게 된다. 이것은 자연 현상이다. 안정하다고 하는 것은 그 원자가 다른 원자와 서로 손을 맞잡고 악수하기 위해서 가장 잘 어울릴 수 있는 상태라고 할 수 있다.

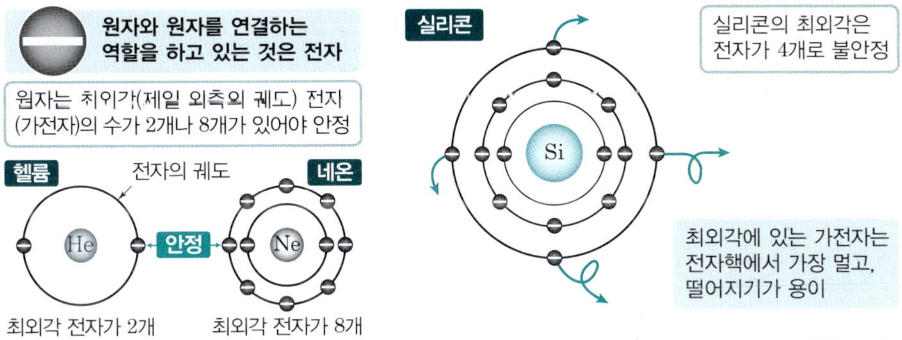

그림 2.19 원자의 결합 모양

4 금속 결합은 어떤 모습일까

앞에서 살펴본 실리콘으로 다시 한 번 돌아가 이야기해 보자. 실리콘은 반도체를 만드는 중요한 재료로 가전자가 4개라고 하였다. 8개의 전자를 채우기 위해 주변에 있는 4개의 가전자가 있는 원자가 있으면 서로 악수하면서 결합하여 안정한 상태의 물질로 되기가 쉽다. 그림 2.20 (a)를 살펴보자. 가운데 있는 실리콘 원자에 주목해 보면 이 원자는 주위에 있는 4개의 원자에서 1개씩의 전자를 공유해서 모두 8개가 되었는데, 이 원자의 가전자는 원래 4개였는데, 주변 4개의 원자에서 1개씩의 전자를 받아들여 안정한 상태로 결합하는 것이다. 물론 그 주변에 있는 다른 원자들도 이와 같이 결합하여 안정한 상태를 유지하면서 3차원적으로 확장해 가면 실리콘 결정이라는 물질로 되는 것이다.

금속 결합
금속 결정을 형성하는 금속 원자 사이의 화학 결합을 말한다. 자유 전자의 존재와 결합의 무방향성이 특징이고, 이것으로 금속의 열 · 전기 전도성, 전연성 등의 여러 가지 성질을 설명할 수 있다.

한편, 전기를 잘 통하는 물질은 어떻게 되어 있을까? 이것은 나트륨 원자를 예를 들어 생각해 보면, 나트륨 원자는 그 기호가 Na이고, 원자 번호는 11번이다. 결국 원자핵 주위에 11개의 전자가 궤도 운동하고 있는 원소인데, 나트륨 원자의 최외각 궤도에는 전자 1개가 있다. 안정한 상태를 유지하기 위해서는 옆에서 7개의 전자와 악수하여 결합하든가, 아니면 1개의 전자를 다른 원자에게 내어 주든가 하면 될 것이다. 그러나 전자를 방출하면 이 원자는 양전기를 띠게 되는데, 양전기끼리는 서로 반

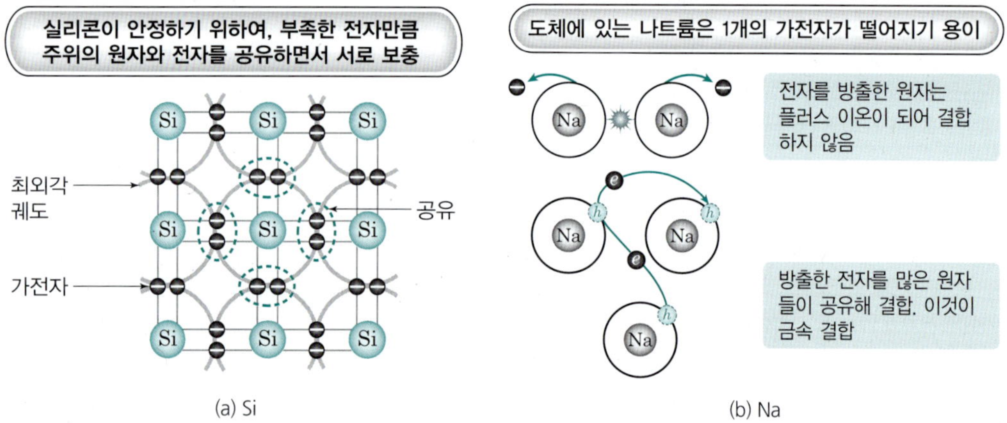

그림 2.20 **금속 결합의 모양**

발하는 전기적 성질이 있어서 결정 물질로 되지 않는다. 그래서 방출된 전자가 많이 있는 원자에서 공유하는 현상이 일어나 각 원자는 전기적으로 중성인 상태에서 최외각 전자 수는 8개로 되므로 안정하게 되어, 많은 나트륨 원자가 모여 결합하여 나트륨이라는 물질로 되는 것이다. 이러한 결합 방식을 **금속 결합**이라고 한다.

5 에너지는 물질을 결합시킬 수 있다

전자는 원자의 주위에서 궤도 운동을 하고 있다. 궤도 운동을 하고 있는 전자를 떼어 내기 위해서는 외부에서 어떤 에너지를 원자에 가하면 된다. 에너지를 가한다는 것은 열을 가하거나, 빛을 쪼여 주거나, 전압을 공급하는 등의 에너지를 주는 것인데, 원자핵과 서로 끌어당기는 힘을 끊어지게 하여 전자를 떼어 낼 수가 있다. 그러면 전자는 핵으로부터 자유롭게 될 것이다. 이와 같이 에너지를 가할 때 떨어져 나온 것이 바로 자유 전자이다. 금속에서 생기는 자유 전자와는 조금 다르다. 금속과 반도체에서 자유 전자가 생기는 원리는 다소 차이가 있으며, 그 발생하는 비율도 다르다. 원자핵과 어울려 있던 전자가 외부에서 에너지를 주니까 떨어져 나와 '휭~~' 하고 어디로 날아가는 것일까? 고무줄에 묶인 돌멩

이를 돌릴 때, 줄이 끊어지면 돌멩이가 어디론가 날아갈 것이다. 어디로 날아가는 것일까?

그림 2.21에서 보여 주고 있는 바와 같이 5[m]의 벽으로 둘러싸여 있고 지붕이 없는 방이 있는데, 이 방에 14명이 갇혀 있는 경우를 생각해 보자. 그런데 이 방에는 내부적으로 3층에 각각 방이 있어 2명, 8명, 4명이 나누어 있다. 14명이라고 정한 것과 3단이라고 한 것은 실리콘 원자의 전자 수가 14개이고 그들이 3개의 에너지띠(에너지방)에 걸쳐 분포하기에 그렇게 한 것이다. 벽을 넘어 탈출하기 위해서는 몇 단에 있는 사람이 가장 유리할까? 물론 3단에 있는 사람이 가장 유리할 것이다. 원자에는 원자핵 주위에 몇 개의 안정한 에너지 궤도 즉, 1단, 2단, 3단에 전자들이 배열되어 있다. 위치적으로 볼 때, 3단에 있는 전자가 외부로 탈출하기가 가장 쉽다. 탈출하기 쉽다는 것은 자유 전자로 될 가능성이 높다는 것이다. 1단에 있는 전자는 탈출하기가 어렵다. 이것은 원자핵의 속박이 너무 강해서 탈출할 수가 없다는 뜻이기도 하지만, 그만큼 에너지 장벽이 높다는 것이기도 하다. 1단, 2단, 3단을 에너지띠energy band라고 부르고 있다. 태양계에서 우리 지구는 몇 번째 에너지띠에 속해서 태양 주위를 공전하고 있을까? 수, 금, 지, 화, ... 3번째이다.

원자핵에서 가까이 있는 전자일수록 그 결합 에너지는 크다. 이것은 그 크기만큼의 큰 에너지벽이 존재한다는 것이기도 하다. 이 에너지띠에

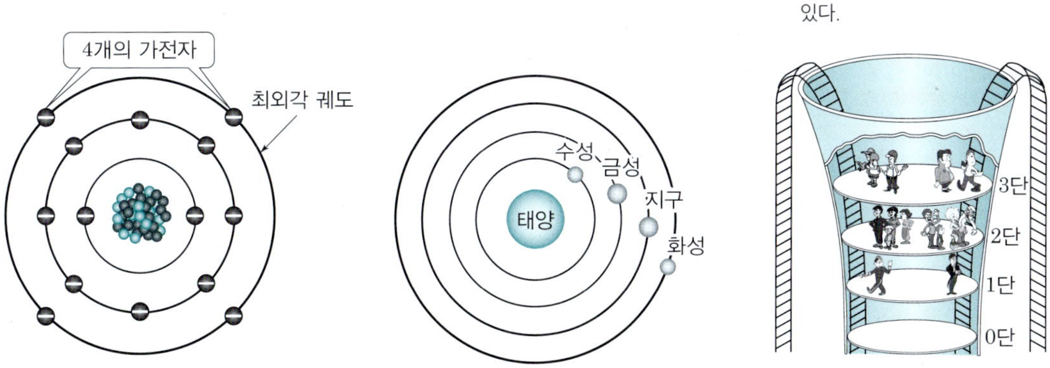

그림 2.21 **전자의 운동** 1단에 2개, 2단에 8개, 3단에 4개의 전자가 운동하고 있다.

는 **충만대**filled band, **전도대**conduction band라는 에너지띠가 있고, 그 사이사이에 장벽이 있다. 이것을 **금지대**forbidden band라고 한다. 말 그대로 전자가 존재할 수 없는 에너지 영역을 말한다. 전자가 원자핵과의 속박 상태로 궤도를 운동하고 있는 에너지띠가 충만대인데, 그림 2.21에서 1단에서 3단까지를 충만대라 하고, 그중에서 가장 바깥 궤도인 3단의 에너지띠를 **가전자대**valence electron라고 한다. 가전자대에 있는 전자가 다른 물질의 원자와 결합에 참여하기도 하고, 또 자유 전자가 되기도 하는 것이다.

그림 2.22에서와 같이 가전자대에서 전자가 떨어져 나오면 금지대라는 에너지 장벽을 뛰어넘어 전도대라는 에너지대로 '휭~~' 하고 날아가는 것이다. 전자가 충만대에서 금지대를 뛰어넘어 전도대로 날아와 앉으면 자유 전자가 되는 것이다. 이 자유 전자가 있어야 전기가 흐르게 된다. 금속에서는 이와 같은 자유 전자가 많이 존재하여 전류가 잘 흐르나, 반도체에서는 어떤 인위적인 작용을 통하여 전도대에 전자를 만들어 주어야 전류가 흐를 수 있는 것이다.

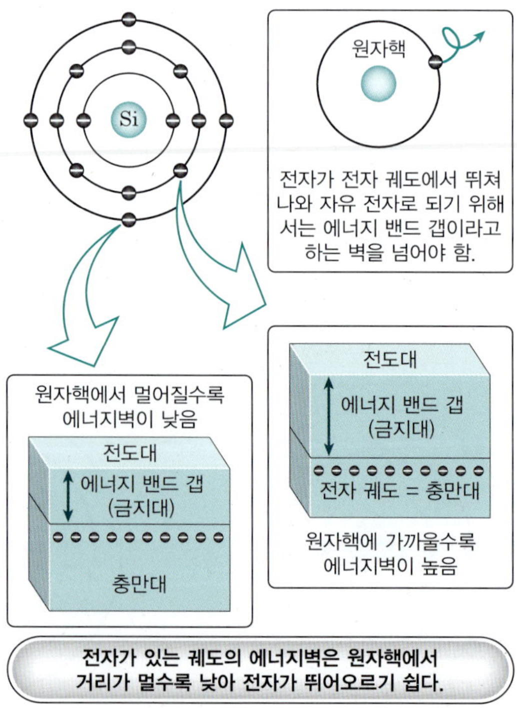

그림 2.22 전자가 가전자대에서 전도대로 날아가 자유 전자가 된다.

6 원자의 결합

앞에서 원자가 서로 어울려 물질을 만든다고 하였다. 우리 주변에는 수많은 종류의 물질이 있다. 각 물질은 그 자신의 특성을 유지하며 지구 상에 존재하고 있다. 특성이 다르다는 것은 바로 전자의 수에 있다고 하였다. 물질들은 원자들의 결합으로 이루어져 있는데, 물질에 따라 결합 방식이 다르다. 결합 방식이 다르다는 것은 원자를 구성하는 전자의 수에 따라 결정된다.

여기서 철 물질을 좀 더 자세히 설펴보면, 그림 2.23 (a)와 같이 철 원자 1개가 있을 때를 물질이라고 하지 않는다. 왜냐하면 철 물질이 되기 위해서는 수많은 철 원자가 결합해야 철 물질로 존재할 수 있기 때문이다. 이러한 원리는 철뿐만 아니라 구리나 규소도 마찬가지이다. 그런데 모든 원자들이 결합하여 물질이 되는 것은 아니다. 원자의 세계에서는 다른 원자와 결합을 잘 할 수 있는 원자가 있는가 하면, 그렇지 못한 원자도 있다. 결합이 잘 되는 원자는 물질로 될 가능성이 높을 것이다. 예를 들어 수소(H)는 여러 원자와 결합하여 많은 물질을 만들지만, 헬륨(He)은 다른 원자와 결합하지 않고 단원자 상태의 물질로 지구 상에 존재하고 있다.

그리고 같은 종류의 원자끼리 결합하기도 하고, 다른 종류의 원자와 결합하기도 한다. 예를 들어 철 원자는 같은 원자와 결합하였을 때 철 물

그림 2.23 원자의 결합 (a) 철 원자의 결합 (b)수소 원자의 결합

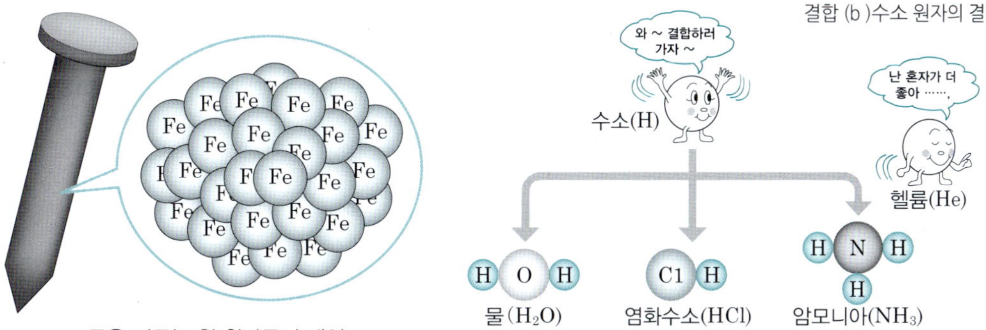

못을 이루는 철 원자들의 배열

(a)

수소 원자의 결합과 헬륨

(b)

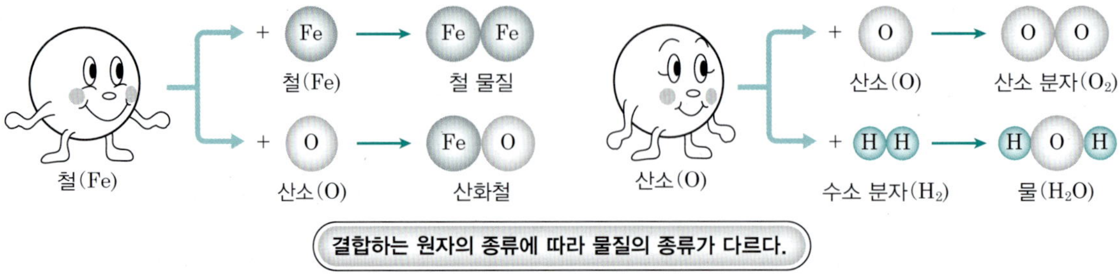

그림 2.24 **원자의 결합에 따른 물질의 종류**

질이 되지만, 산소 원자와 결합하면, **산화철**oxidized steel이 된다. 이것은 철로 만들어진 문이나 못을 공기 중에 오래 방치하면 생기는 녹을 말하는데, 철이 공기 중의 산소와 결합하여 생기는 것이다. 또 산소 원자는 같은 산소 원자와 만나 산소 기체(O_2)가 되기도 한다. 이와 같이 원자는 결합하는 방법에 따라 여러 종류의 물질을 만들 수 있다.

트랜지스터(transistor)
규소(Si), 저마늄[게르마늄](Ge) 등의 반도체를 이용해서 전기 신호를 증폭하여 발진시키는 반도체 소자로, 세 개 이상의 전극이 있다. Si나 Ge으로 만들어진 반도체를 세 겹으로 접합하여 만든 전자 회로 구성 요소이며 전류나 전압의 흐름을 조절하여 증폭, 스위치 역할을 한다. 가볍고 소비 전력이 적어 진공관을 대체하여 대부분의 전자 회로에 사용되며 이를 고밀도로 집적한 집적 회로가 있다.

트랜지스터transistor라는 말을 들어 본 적이 있을 것이다. 이 트랜지스터는 집적 회로Integrated Circuit라는 반도체에 들어가 여러 기능을 하는 중요한 소자이다. 요즈음에는 이것보다 훨씬 작은 트랜지스터가 만들어지고 있다. 이 트랜지스터는 두 종류의 반도체로 만들어지는데, 이 반도체는 수많은 규소Silicon들의 결합으로 이루어지고 있다. 이제 트랜지스터의 소재로 쓰이는 규소의 원자들이 어떻게 결합하여 반도체 물질로 구성되는지 살펴보자.

원자는 자신이 가지고 있는 궤도에 알맞은 전자가 배치되어 있을 때 화학적으로 안정한 상태를 유지한다. 안정하다는 것은 원자가 다른 원자와도 결합하지 않고 스스로 안정을 찾으려는 상태를 말한다.

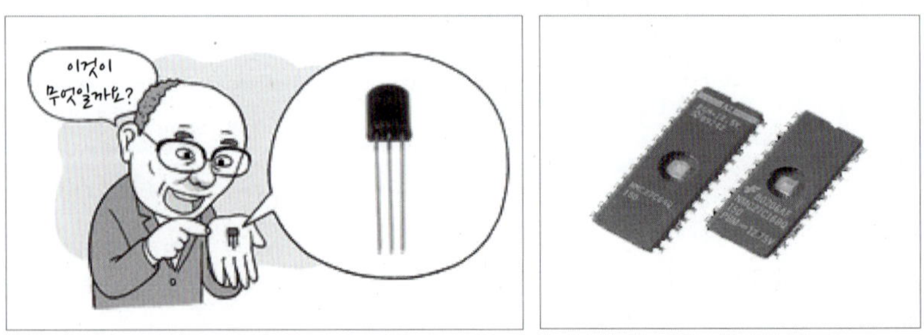

(a) (b)

그림 2.25 (a) 트랜지스터 (b) 집적 회로

규소 원자는 원자 번호가 14번이다. 원자 번호는 규소 원자 1개에 전자를 14개 갖는데, 이 14개의 전자를 궤도에 배치하여 보자. 그림 2.26에서는 14개의 전자가 각 궤도에 배치되어 있는 모양을 보여 주고 있다. 자연 법칙에 따라 원자핵에서 가장 가까운 첫 번째 궤도에 전자가 2개 배치되고, 두 번째 궤도에 8개, 세 번째 궤도에 4개가 배치되었다.

전자가 14개인 규소 원자의 전자 배열을 옥텟 규칙octet rule을 통해서 설명할 수 있다.

옥텟 규칙이란 원자핵 주위의 궤도를 운동하고 있는 전자 중 최외각 궤도에 있는 가전자가 8개일 때 매우 안정하게 된다는 규칙을 말한다. 대부분의 원자 결합이 이 옥텟 규칙에 따라 결합하므로 화학 결합을 이해하는 데 유용하게 쓰이는 용어이다. 세 번째 궤도에 8개가 배치되면 안정한 상태를 유지할 수 있을 텐데 4개밖에 없다. 규소 원자가 안정한 상태가 아니라는 것이다. 그렇다면 규소 원자가 안정해지는 방법은 무엇일까? 4개의 전자를 더 넣어 주면 될 것이다. 그렇다. 4개의 전자를 더 넣어 주면 최외각 궤도의 전자가 8개가 되어 안정해질 것이다. 그림 2.26 (b)에서 이것을 잘 설명하고 있다. 가운데에 있는 규소 원자에 주목해 보자. 이 원자는 자신의 동서남북 방향에 있는 4개의 원자들과 전자 1개씩을 공유하므로 8개를 채울 수 있다. 즉, 주변에 있는 4개의 원자에서 각 1개의 전자를 받아들여 안정한 상태로 결합하는 것이다. 이와 같이 다른 원자의 전자를 서로 공유하면서 8개를 채워 안정해지는 화학 결합을 **공유 결합**covalent

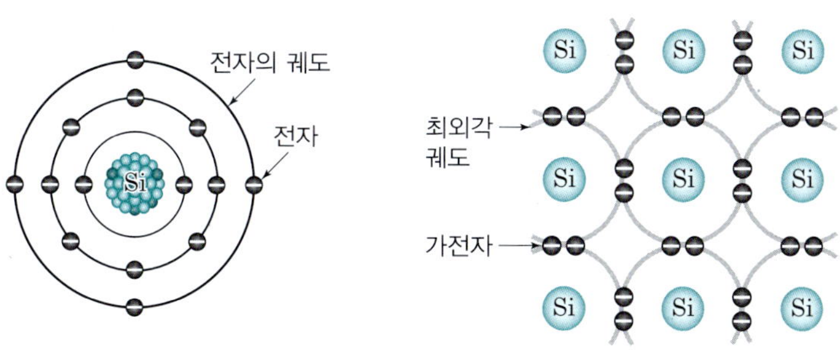

(a) (b)

그림 2.26 **규소 원자**의 (a) 전자 배열 (b) 결합

공유 결합
한 쌍 이상의 전자를 함께 공유하여 이루어지는 화학 결합을 말한다. 전자쌍의 수에 따라 단일 결합, 이중 결합, 삼중 결합이라고 하며 세 개의 원자들 사이에 이루어진 결합을 '삼중심 결합'이라고 한다.

bond이라고 한다. 물론 그 주변의 다른 규소 원자들도 같은 방법으로 결합하여 모두 안정한 상태를 유지하고 있다. 이러한 결합이 3차원적으로 확장하여 규소 결정이라는 고체 물질로 지구 상에 존재하게 되는 것이다. 규소 원자의 공유 결합이 자유 전자의 생성과 관련이 없어 보일지 모르지만, 이것이 반도체를 이해하는 데 중요한 요소가 되고 있다.

그러면 실리콘 재료가 왜 반도체 물질로 사용될까?

어떤 물질에 자유 전자가 흐를 때, 원자와 충돌하면 열이 생긴다고 하였다. 그 물질이 절연체이면 열을 많이 낼 것이고, 도체이면 열이 적게 발생할 것이다. 그런데 물질에 따라서 열을 발산하는 능력이 서로 다르게 되어 있다. 지구 상에는 열을 식히는 척도가 쉬운 물질이 있는가 하면 어려운 물질도 있다.

실리콘이라는 물질은 쉽게 이야기하면 모래이다. 강이나 바다의 해수욕장에서 보았을 것이다. 이 모래는 실리콘과 산소가 결합해서 우리 땅 위에 존재하고 있으므로 주성분이 실리콘 물질이라고 할 수 있다. 지구에 있는 물질 중 산소 다음으로 많은 물질이 바로 모래이다. 그래서 지구 상에서 실리콘 재료는 무한한 재료라고 할 수 있다. 이것이 실리콘 물질이 반도체 재료로 사용되는 이유 중의 하나이다.

앞에서 자유 전자가 이동할 때, 원자들과 충돌하여 열을 낸다고 하였다. TV, 휴대폰 등에 들어간 반도체에 전자가 이동할 때 열이 생기게 되는데, 이 열을 빨리 식혀 주어야 한다. 그래야 전자 기기가 정상적으로 작동하게 된다. 우리가 여름철에 운동을 하면 땀이 많이 나게 되고, 그러면 시원한 물로 목욕하거나 선풍기 바람으로 몸을 식혀야 한다. 이와 같이 열을 식히기 쉬운 물질로 반도체를 만들어야 고장 없이 오래 사용할 수 있을 것이 아닌가? 이 실리콘 재료는 지구 상에 많이 존재하면서도 열에도 비교적 잘 견딜 수 있고, 열방사도 비교적 용이한 성질이 있다. 또 한 가지 실리콘 재료를 사용하는 이유가 있다. 전자 기기에 쓰이는 반도체 소자를 만들기 위해서는 산화막oxide(SiO_2)이 반드시 필요한데, 이 산화

물질을 아주 쉽게 만들 수 있기 때문이다. 방금 전에 예를 들은 모래가 바로 산화 물질이다. 절연체인 이 산화막은 반도체에서 많은 일을 하고 있다. 반도체 안쪽과 바깥 세계와 절연해야 하는데, 이 산화 물질이 이를 잘 해 줄 수 있다. 또 실리콘에 산소만 넣어 주면 바로 산화 물질이 생기기 때문에 만들기도 아주 편리하다.

산화막(dioxide film, 酸化膜)
금속 또는 반도체가 산소와 반응해서 생성하는 엷은 막을 산화막이라고 한다. 반도체 공업에서는 실리콘 단결정이 각종 트랜지스터의 재료이며, 실리콘 산화막을 간단히 산화막이라고 한다. 이 막은 실리콘을 약 1,000℃의 산소 또는 수증기 중에 두면 생성된다. 절연성이 높고 화학적으로 안정되어 있어서 트랜지스터 제작 시 실리콘 결정에 함유된 각종 불순물의 확산 방지에도 사용된다.

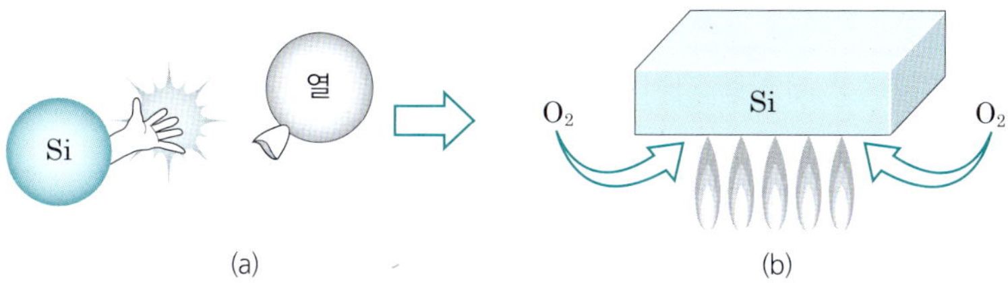

그림 2.27 **실리콘**은 (a) 열에 강하고 (b) 산화막을 쉽게 만든다.

3 반도체의 모습

1 도체, 반도체, 절연체의 성질은 어떻게 다를까

자유 전자가 많이 살고 있는 물질에 전기적 압력을 가하면 전자가 압력에 못 이겨 옮겨 가고자 하는 목적인 양전기 방향으로 움직이게 된다. 앞에서 살펴본 것처럼 정전기와 같이 전자가 정지해 있는 상태와 비교하여 전자가 압력을 받아 움직이는 상태를 동전기라 하였다.

여기서 도체라고 하는 것은 그 속에 자유 전자가 많이 살고 있어서 거기에 압력을 주면 전자가 잘 흐르게 되는 것이다. 도체에는 우리가 쉽게 볼 수 있는 구리, 철 등과 같은 금속이 여기에 속한다.

한편, 절연체 속에는 자유 전자가 없다. 그러므로 압력을 주어도 전류가 흐르지 않는다. 절연체에는 고무, 비닐, 유리, 공기 등의 물질이 있다. 전깃줄에 비닐이 싸여져 있는 것은 전깃줄에 손이 닿아도 감전되지 않도록 하기 위해서 꼭 필요한 것이다. 그런데 절연체의 경우에도 대단히 큰 압력이 주어지면 전자가 흐를 수 있는 경우도 있다. 그 예가 앞에서 살펴본 벼락이다.

그림 2.28 여러 가지 물질

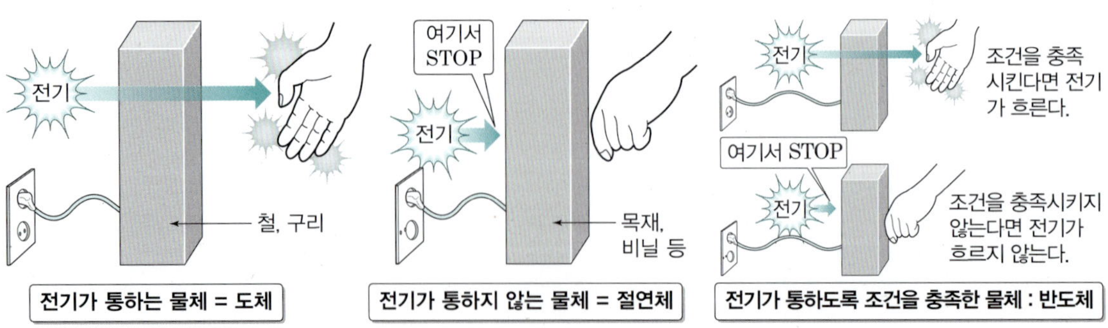

(a) 도체 (b) 절연체 (c) 반도체

2 공기가 반도체로 바뀌면 어떨까

그러면 반도체는 도대체 무엇일까? 한마디로 이것은 전기를 조절할 수 있는 물질이라고 할 수 있다. 앞에서 살펴본 벼락구름으로 반도체 이야기를 해 보자. 그런데 여기서 공기가 반도체라는 물질이었다면 어떨까? 벼락은 어느 조건에서는 전기가 흐르고, 또 어떨 때는 전기가 흐르지 않는다. 전기가 구름 속에 모여 있을 때, 어느 조건이 만족하면 공기는 전기를 통하게 된다. 이때 벼락전기가 사람이나 가정으로 통하지 않고, 다른 길을 만들어 주면 큰 벼락이 생기지 않아 피해가 적을 것이다. 그런데 만약 공기가 절연체가 아니고, 반도체라면 어떻게 될까? 벼락이 지금보다 훨씬 자주 떨어지고 그 세기는 약하지 않을까? 그렇다. 공기가 반도체라면 벼락이 떨어질 확률이 높아지는 대신 그 세기는 지금보다 약해질 것이다. 왜냐하면 벼락은 구름 속에 많은 음전하가 모였을 때 한꺼번에 떨어지니까. 벼락이 내리치는 전기의 양을 인위적으로 조절하기란 매우 어렵고 위험하지만, 그 많은 양의 전기를 그냥 버리는 것은 너무 아깝다. 자연에서 생기는 전기를 우리가 유용하게 사용할 수 있으면 좋을 텐데……. 공기가 반도체라면 이것이 가능하지 않을까? 그렇다. 반도체라는 물질은 그 성질로부터 전기의 양이나 방향을 조절할 수 있기 때문에 가능할 것이기에 이를 이용하면 벼락전기를 유용하게 사용할 수 있을 것이다.

번개, 천둥, 벼락

번개 구름과 구름, 구름과 대지 사이에서 일어나는 방전 현상을 가리킨다. 번개는 소나기구름에서 일어나며, 천둥을 동반한다.

천둥 번개 때문에 10,000℃ 이상이나 가열된 공기가 심하게 팽창해서 나는 소리로, 뇌성과 번개를 동반하는 대기 중의 방전 현상이다. 우레라고도 한다.

벼락 공중의 전기와 땅 위의 물체에 흐르는 전기 사이에 방전 작용으로 일어나는 자연 현상으로, 낙뢰(落雷)라고도 한다.

그림 2.29 위험한 벼락을 줄이기 위해서 어떻게 해야 할까?

3 반도체에 전자가 어떻게 생길까

반도체
상온에서 전기 전도율이 도체와 절연체의 중간 정도인 물질을 반도체라고 한다. 낮은 온도에서는 거의 전기가 통하지 않으나 높은 온도에서는 전기가 잘 통한다. 실리콘, 게르마늄, 산화이구리 등이 있으며 정류기, 다이오드, 집적 회로, 트랜지스터 등의 전자 소자에 널리 쓰인다.

보통 반도체라고 하는 것은 도체도 아니고, 절연체도 아닌 그 중간의 성질을 갖는 물질을 말하는데, 엄밀히 말하면 평소에는 절연체를 닮았다고 할 수 있다. 절연체란 자유 전자가 없어서 전기가 통하지 않는 것인데, 절연체에 가까운 반도체에 어느 조건을 충족해 주면 자유 전자가 생기는 물질이라고 할 수 있다.

그러면 어느 조건이라는 것은 무엇을 말하는 것일까? 앞에서 이 조건이라는 것은 외부에서 인위적으로 에너지를 가하는 것이라고 소개한 바 있다. 즉, 열을 주거나, 빛을 쪼여 주거나, 전압을 걸어 주는 것이다. 이를 그림 2.30 (a)에서 보여 주고 있다. 열을 가해 주는 것을 한 번 생각해 보자. 반도체나 절연체는 약간의 자유 전자가 존재할 뿐이다. 얼마나 많은 자유 전자가 존재하는가는 물질마다 다르다. 순수한 반도체의 경우, 단위 체적당 100억($10^{10}/cm^3$) 개가 있다. 대단히 많은 것같이 보이지만, 이 정도로는 아주 무시할 정도의 미세한 전류로 대략 10^{-9}암페어 정도밖에 되지 않는다. 정보 기기가 무엇인가를 작동시키려면 이보다 10만 배는 되어야 한다. 자유 전자의 수를 많게 하는 방법으로 온도를 높여 주는 것을 생각해 볼 수 있다. 그러자면 우리 주변의 전자 기기마다 정교한 히터가 붙어 있어야 할 것이다. 이렇게 되면 예열 시간으로 속도가 너무 느릴 뿐만 아니라, 또 전력 소모는 어떻게 할 것인가? 대단히 불합리한 방법이다.

이제 또 한 가지를 제안하여 보자. 절연체인 반도체에 인위적으로 불순물을 넣어 주는 것이다. 불순물이라고 하니까 나쁜 이미지가 생각나겠지만 말이다. 앞으로 '불순물impurity'에 주목하여 보자. 우리 모두는 순수한 것을 좋아한다. 그리고 모든 것이 순수하기를 바란다. 옆에 있는 친구가 순수한 마음으로 오래도록 변하지 않기를 바라고 있다. 형과 오빠가 결혼할 때, 보석 반지를 예물로 서로 교환한다. 보석은 불순물이 전혀 들어 있지 않은 순수한 물질이기 때문에 의미가 있는 것이다. 그런데 반도

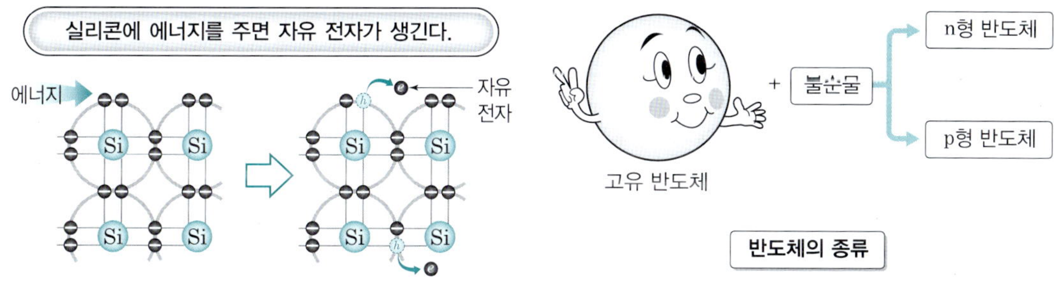

(a) (b)

그림 2.30 **자유 전자의 생성** (a) 실리콘에 에너지를 가해 주면 자유 전자가 생긴다. (b) 불순물을 넣어 주면 자유 전자가 발생하기 쉽다.

체는 다르다. 전자 기기에 사용하는 반도체는 불순물을 넣어 주어야 한다. 자유 전자의 개수를 늘리는 데 불순물을 주입하는 것을 생각해 낸 것이다. 불순물을 주입하면 열에너지를 공급하지 않아도 자유 전자가 금방 생기게 된다. 불순물이 있는 반도체에 에너지를 주게 되면 반도체 원자의 원자핵과 놀던 전자가 자유 전자로 되기 쉬워서 전류가 잘 흐르게 되는 것이다. 물론 금속보다는 덜 흐르지만 말이다. 반도체는 금속 결정 방법으로 원자들이 어울려 물질을 만든다고 하였다. 불순물을 넣어 주면 자유 전자가 생기기 쉽다는 것이 반도체의 중요한 원리이다. 그림 2.30 (b)에서 불순물 반도체 두 가지를 소개하고 있다. 불순물 반도체에 대한 자세한 내용은 뒤에서 살펴볼 것이다.

4 전자의 흐름을 조절하기 위해서는 어떻게 하면 될까

요즈음은 다양한 기능의 반도체들이 많이 만들어지고 있다. 우리나라는 세계에서 반도체를 가장 잘 만드는 나라로 모든 나라가 부러워하고 있다. 우리 민족은 서양 사람보다 두뇌가 우수하면서 손이 작다. 이것이 반도체를 잘 만드는 비결이라고 할 수 있다.

보통의 가정에는 성능이 높은 컴퓨터나 3D TV, LED TV, LED 전등 등을 가지고 있고, 그리고 개인은 걸어다니면서도 전화할 수 있는 휴대 전화도 있을 것이다. 이들 전자 기기는 그 속에 반도체가 가득 들어 있어 작동하고 있다. 이 반도체가 작동하기 위해서는 전자의 흐름이 있어야 하고, 또 이 흐름을 조절할 수 있어야 한다. 즉, 흐르고 있는 전자의 양을 1/2 혹은 1/3로 하거나 전자의 흐름이 어느 방향을 갖도록 해야 하는 경우가 있다.

이것은 어떻게 하면 될까? 전자의 양을 조절해야 하는 경우는 니크롬선과 같은 전자가 흐르기 어려운 금속을 이용하는 것이 하나의 방법일 수 있다. 이 경우 앞에서도 살펴보았듯이 많은 양의 전자가 이동한다면 열이 발생할 것이다. 열 때문에 전자 기기가 탈 수 있어서 위험하다. 그래서 반도체가 필요한 것이다. 반도체는 전자의 흐름을 조절하기에 좋은 특성을 가지고 있다.

직류와 교류
직류(direct current ,DC) 전지에서의 전류에서와 같이 항상 일정한 방향으로 흐르는 전류를 말하는데, 약칭하여 보통 DC로 쓴다. 흐르는 방향과 크기가 일정한 전류를 칭하는 경우가 많으나 넓은 의미로는 일정한 방향으로 흐르는 전류를 말한다.
교류(alternating current, AC) 시간에 따라 크기와 방향이 주기적으로 변하는 전류로, 보통 AC로 표시한다. 사인 파형이 가장 전형적이며 사각파나 삼각파 등으로 변형이 가능하다.

앞에서 전기의 흐름을 전류라고 하였다. 이 전기가 흘러가는 모양은 두 가지가 있다. 하나는 직류(DCdirect current)이고 또 하나는 교류(ACalternating current)이다. 직류는 전자가 한쪽 방향으로만 흐르는 것이고, 교류는 한쪽 방향에서 흘러서 다음 순간에는 반대 방향으로 흐르는 것을 말한다.

왜 흐르는 방향이 다른 두 가지의 전자 흐름이 존재할까? 일반적으로 자연의 상태에서 생긴 전기는 직류인데, 이것은 한쪽 방향으로만 흐르게 된다. 그러나 산업이 발전하고 전자 기기가 많아져 전기 사용량이 급격

그림 2.31 흐르는 전자의 양과 흐름을 변화시킨다.

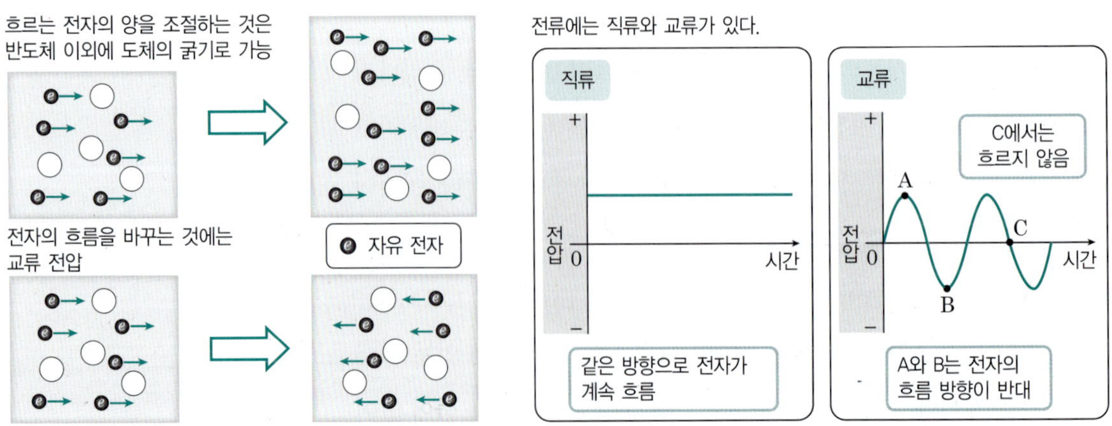

히 늘면서 사람들은 발전기를 이용하여 전기를 만들어 써야 하는 지경에 이르렀다. 수력 발전소, 화력 발전소, 풍력 발전소, 원자력 발전소 등에 많은 발전기가 있다. 이 발전기에서는 터빈을 돌려 교류를 생산한다. 직류는 건전지, 전차를 움직이는 전기 등에 사용하고, 교류는 산업 현장의 자동화 장비와 각종 전기 및 전자제품을 작동시키는 데 사용하고 있다. 교류는 전압의 크기를 변화시키거나 먼 거리 전송에 유리하다.

5 순수 반도체와 불순물 반도체란 무엇일까

보석으로 사용하고 있는 수정 또는 다이아몬드는 정말 불순물이 섞이지 않은 순수한 물질이다. 현재 반도체 재료로 쓰이는 물질 중 많이 사용하는 것은 실리콘silicon이라는 물질이며, 불순물이 전혀 포함되지 않은 순수한 반도체를 **진성 반도체**intrinsic semiconductor라고 한다. 이 말은 불순물 반도체와 반대되는 말로 쓰이고 있다. 순수한 반도체를 말하며, 절연체적 성질을 갖는다.

그러면 **불순물 반도체**는 어떤 것을 말하는 것일까? 그것은 순수한 실리콘 결정 물질에 어떤 불순물을 주입하여 그 특성을 의도적으로 변화시킨 반도체를 말한다. 사람이 불순물 주입 기술을 통해서 만드는 것으로, 이렇게 되면 순수한 반도체의 성질이 변하게 된다. 어떤 변화가 있을까? 보

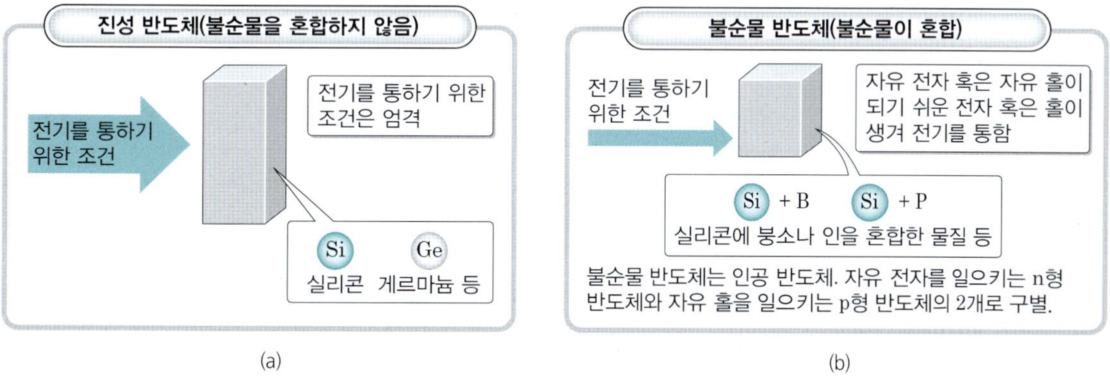

그림 2.32 **반도체의 종류** (a) 순수 반도체와 (b) 불순물 반도체

통 불순물을 주입하면 자유 전자가 쉽게 만들어질 수 있는 구조로 변하거나, 또 다른 어떤 불순물을 주입하면 자유 전자와 반대의 성질을 갖는 자유 홀free hole이 생기기 쉬운 구조로 바뀌게 된다. 여기서 자유 홀은 무엇일까? 이것은 '자유 전자'라는 말과 반대되는 말이다. 그러니까 성질도 반대가 될 것이다. 자유 홀에 대하여는 뒤에서 다시 살펴보도록 한다. 이와 같이 순수한 반도체에 자유 전자 또는 자유 홀이 많이 생겨서 전류가 잘 흐르도록 한 것이 불순물 반도체이다. 앞으로 반도체 하면 불순물 반도체를 말하는 것이다.

이제 세상에 반도체라고 하는 물질이 생기게 되었다. 반도체는 전기를 잘 통하는 도체와 전기를 통하지 않는 절연체의 두 가지 성질을 모두 가지고 있는 물질이라고 할 수 있는데, 양쪽의 성질이라고 하는 것은 어떤 상태에서는 절연체, 또 어떤 상태에서는 도체의 상태를 나타내는 것이다. 여기서 도체의 상태라는 것은 자유 전자가 이동한다는 뜻에서 말한 것이다. 물론 실제 도체보다는 이동하는 전자의 양은 절반(1/2) 정도라고 하였다.

이런 반도체 물질을 이용해서 만든 전자 부품을 이용하여 교류를 직류로 쉽게 바꿀 수 있고, 전류의 크기를 조절할 수 있을뿐더러 방향도 바꿀 수 있다고 하였다.

그림 2.33 **반도체를 사용하면** 전자의 양을 조절하고, 방향도 바꿀 수 있다.

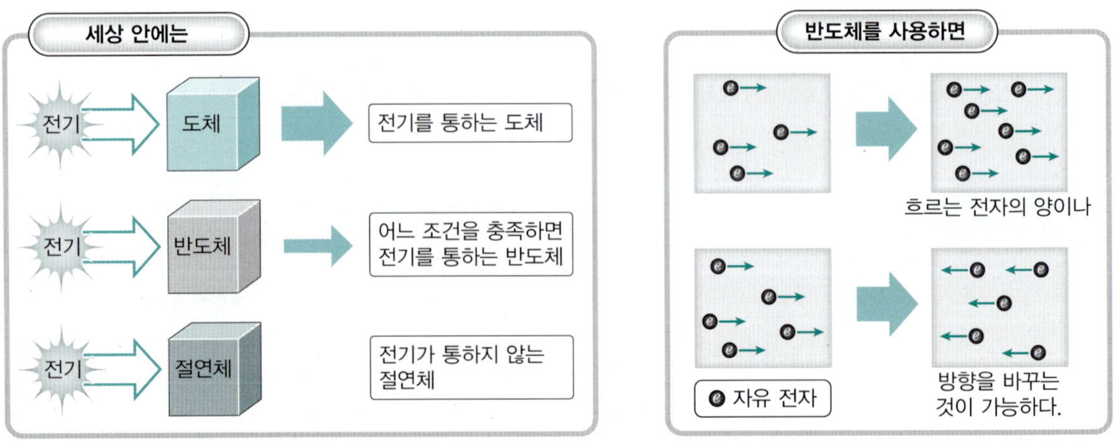

그런데 우리 일상생활에서는 반도체를 사용하면 더욱 편리해지면서 크기가 작아도 되는 좋은 점이 있다. 큰 설비가 필요한 곳에 반도체가 들어 있는 작은 설비로 바꾸어도 아무 문제가 없다. 참 좋은 일이다. 아주 옛날 컴퓨터는 진공관이라는 부품을 사용하여 만들었는데, 이는 공부하고 있는 교실 두 개의 면적에 설치를 해야 했다. 지금은 크기는 작고, 성능은 우수한 노트북 컴퓨터를 사용하고 있지 않은가? 휴대 전화도 우리에게 엄청 편리한 기기이다. 이 모두가 반도체를 사용하기 때문에 가능한 것이다. 정말 반도체는 우리 생활에 꼭 필요한 물질이 되었다.

4 반도체의 작동 원리

1 에너지대에 전자가 존재한다

모든 원자에는 주변에 1개 이상의 에너지 궤도가 있다. 여기서 궤도란 전자가 운동할 수 있는 에너지길이라고 말한 바 있다. 어떤 원자는 1개의 궤도만을 가지고 있으나, 다른 원자는 여러 개의 궤도를 가지고 있다. 예를 들어 전자가 1개인 수소는 1개의 궤도를 가지고 있고, 전자가 8개인 산소는 2개의 궤도가 필요하다. 또 전자가 14개인 실리콘은 3개의 궤도가 있어야 한다. 궤도의 수가 1개이든, 여러 개이든 그 수에 관계없이 가장 바깥쪽에 위치하고 있는 궤도를 최외각 궤도라 하였고, 최외각 궤도에서 운동하고 있는 전자를 가전자라고 하였는데, 이 가전자의 수 또한 원소마다 다르다. 예를 들어 수소는 1개의 가전자, 산소는 6개, 실리콘은 4개를 가지고 있다. 가전자는 원자와 원자가 결합하여 물질을 이룰 때, 결합 방식을 결정하는 데 중요한 역할을 하게 된다. 원자가 같은 원자 혹은 다른 원자와 결합하는 데 있어서 이렇게 까다롭게 조건을 따지는 이유는 모두 이 가전자 때문이다.

우리가 일상생활에서 공부하고 일하고 악기를 다루는 등의 생활을 하기 위해서는 에너지가 필요하다. 우리와 같이 원자들도 결합을 위하여 전자를 얻거나 버리는 등의 과정에서 에너지가 필요하다. 그러므로 에너지를 가지고 있지 않은 전자는 다른 원자와 결합할 수 없다. 궤도 운동을 하고 있는 전자를 떼어 내기 위하여 원자핵이 전자를 끌어당기는 힘보다 더 큰 힘, 즉 에너지를 원자에 가해 주어야 한다. 이 에너지로 인하여 전자가 원자핵으로부터 떨어지면 비로소 자유 전자가 되는 것이다. 앞에서 살펴본 그림 2.21을 그림 2.34에서 다시 한 번 나타내었다.

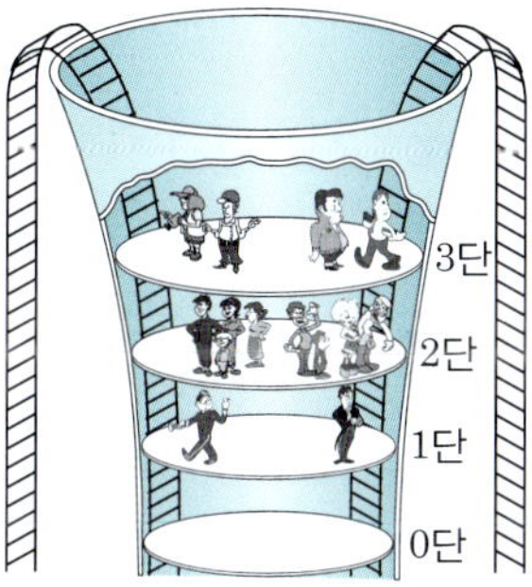

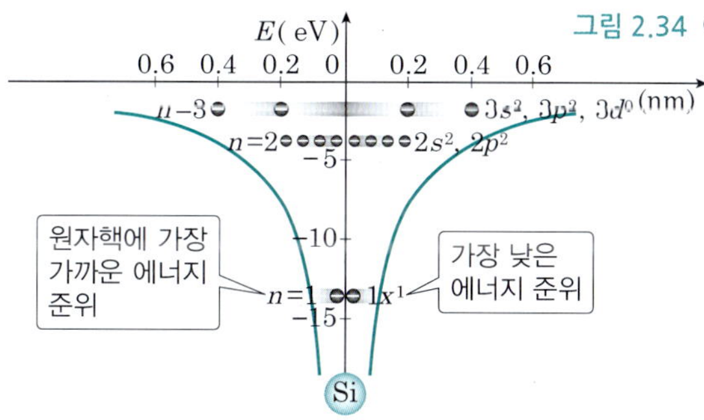

그림 2.34 에너지의 띠

원자핵과 거리가 가장 가까운 1층에 있는 전자는 원자핵과의 강한 인력으로 인하여 밖으로 나가기가 매우 어렵다. 2층에 있는 전자를 떼어 내기 위하여 큰 에너지가 필요하다. 그러나 3층에 있는 전자는 원자의 밖으로 나가는데, 가장 유리한 위치에 있어 자유전자로 되기가 용이하다. 이 전자들이 궤도 운동을 하는 특정의 값을 에너지 준위energy level라고 한다. 그런데 원자와 원자 사이의 거리가 가까운 고체 결정의 경우, 원자들의 상호 작용으로 여러 개의 에너지 준위가 모여 **에너지띠**energy band를 만들게 된다. 그리고 띠와 띠 사이에는 전자가 존재할 수 없는 에너지인 에너지 간격energy gap이 존재한다. 그림 2.35의 각 층과 층 사이를 말한다. 전자가 존재할 수 없는 영역이다. 에너지대라는 말을 이해하기가 어려우나, 우주의 태양계를 생각하면 쉽게 이해할 수 있을 것이다. 태양 주위에 수성, 금성, 지구, 화성, ...이 궤도 운동을 하고 있다. 지구는 지구의 궤도만의 에너지길을 돌고 있다. 전자도 자기가 운동하는 궤도가 정해져 있다. 지구와 화성 사이에는 행성이 없다. 이것이 금지대이다.

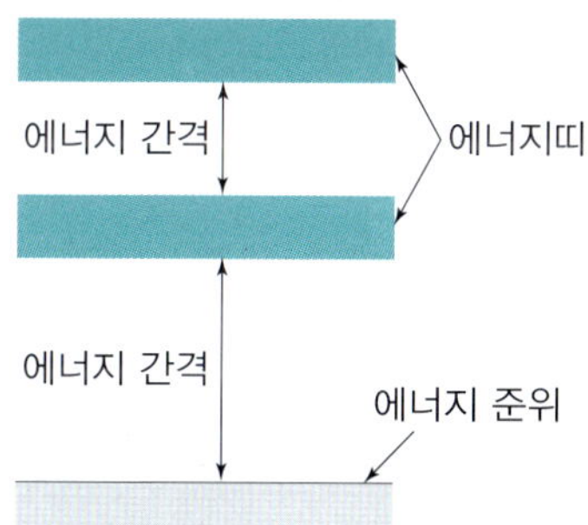

그림 2.35 에너지 준위(에너지띠), 에너지 간격

2 에너지대와 자유전자

가전자대에 있는 전자들은 원자에 묶여 있어서 속박되어 있는 상태이므로 자유 전자가 아니다. 그런데 이 전자에 어떤 에너지를 주면 금지대의 에너지 장벽을 뛰어넘어 날아가 전도대에 도달할 수 있다. 이와 같이 금지대벽을 넘게 되면 자유 전자로 되는 것이다. 이 벽이 낮으면, 작은 에너지로도 날아오를 수 있다. 반면에 높으면, 더 높은 에너지를 주어야 자유 전자로 되는 것이다.

절연체는 전자가 뛰어넘어야 할 금지대의 벽이 매우 높다. 그래서 상당한 에너지를 주지 않으면 가전자대의 전자가 전도대로 뛰어오를 수 없어 자유 전자가 발생하지 않으므로 전류가 흐르지 않는다. 그러나 도체는 금지대의 벽이 낮아 적은 크기의 에너지로도 전도대에 전자를 이동시킬 수 있으므로 전류가 잘 흐를 수 있는 것이다. 한편, 반도체는 금지대의 벽의 높이가 절연체와 도체의 중간 정도여서 어느 정도의 에너지를 주면 전류가 흐를 수 있다. 그림 2.36에서 금지대 부분이 큰 물질이 절연체인데, 상당히 큰 에너지를 주지 않으면 원자 내 전자가 떨어지지 않으므로 자유 전자가 생기지 않아 전기가 흐르지 않게 되는 것이다. 도체는 금지대 부분이 낮아서 바로 자유 전자로 되기 쉬워진다. 한편 반도체는 그 중간 정도 높이의 벽이 있어서 어느 정도의 에너지를 주면 전기가 흐

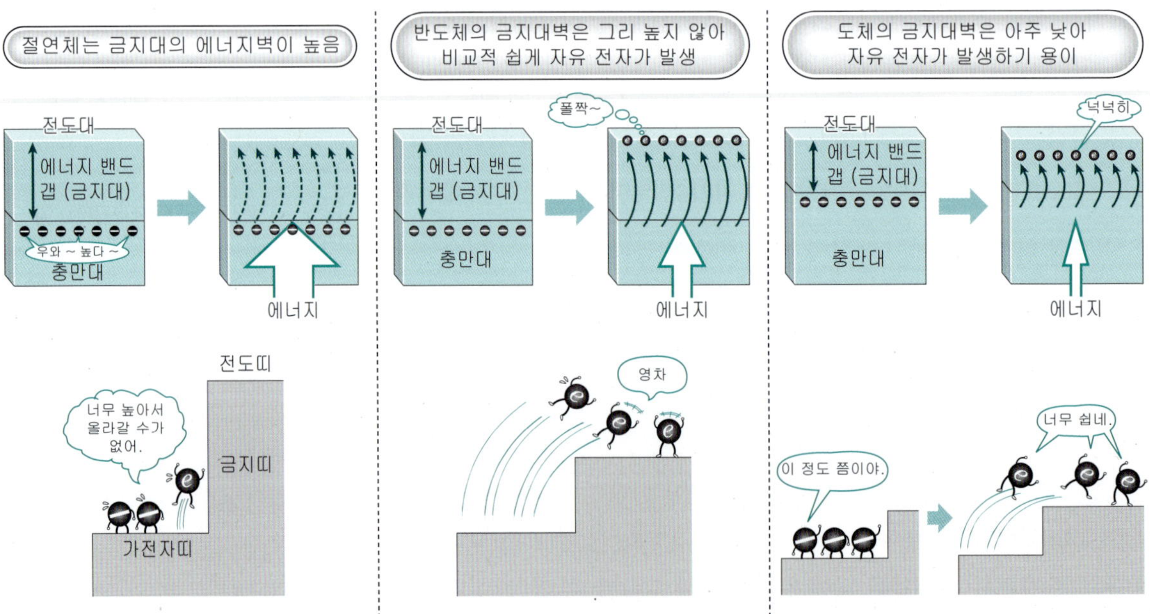

(a) 절연체 (b) 반도체 (c) 도체

그림 2.36 전자가 벽을 뛰어넘을 수 있는 정도 (a) 전자가 벽을 뛰어넘기가 어렵다. (b) 전자가 벽을 뛰어넘기가 적당하다. (c) 전자가 벽을 뛰어넘기가 아주 쉽다.

를 수 있다. 지금까지 살펴본 것과 같이 금지대의 높이는 물질에 따라 다르다. 이 금지대의 크기는 저항의 크기라고 보아도 된다. 저항이 클수록 절연체에 가깝고, 작을수록 도체에 가깝다.

이제 반도체가 무엇인지 어렴풋이 이해가 될 것이다. 결국, 반도체라는 물질은 어느 조건을 주면 전기를 통하는 것인데, 이 성질을 적절히 이용하여 우리 생활에 편리한 기능을 갖는 도구를 만들어 사용하는 것이라고 생각할 수 있다. 그러면 반도체 물질은 어떤 구조를 가지고 있기에 어느 조건에 따라서 전기가 흐르는 것일까? 자연 상태의 여러 가지 결정 물질, 예를 들어 실리콘과 같은 것은 그 구조가 이미 정해져 있다. 그리고 그 구조에 의해서 저항도 결정되어 있다. 어떤 물질과 물질을 혼합하면 그 속의 자유 전자의 양을 변화시킬 수 있다. 자유 전자가 없는 물질에 상

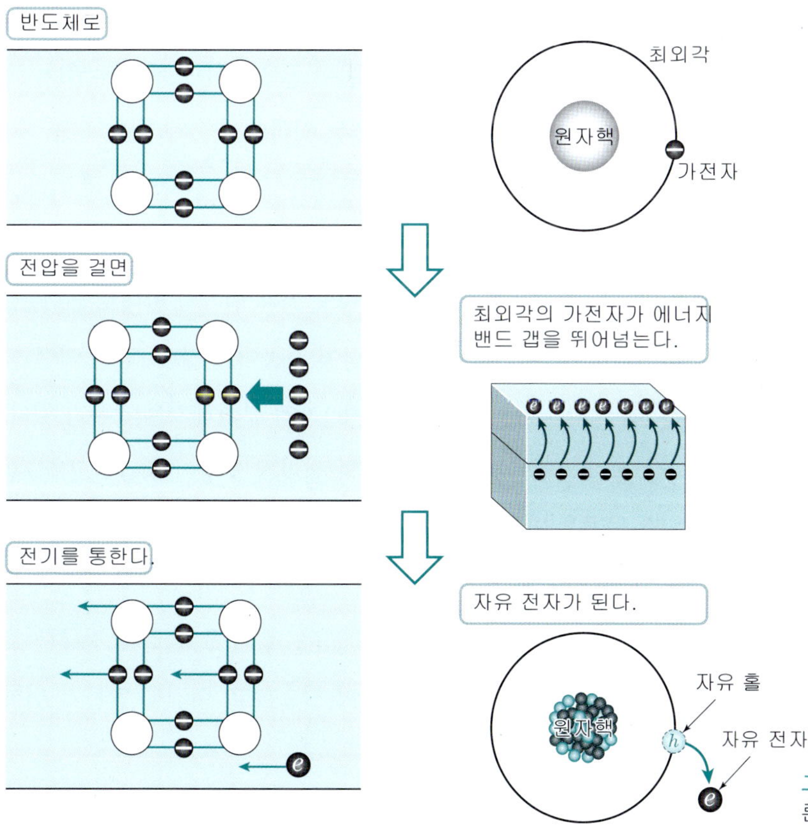

그림 2.37 자유 전자가 생겨 전기가 흐른다.

당량의 자유 전자를 갖는 물질을 혼합하면 어느 정도의 자유 전자가 있는 구조의 물질로 바뀐다. 이러한 성질을 잘 이용하여 반도체라는 물질을 만드는 데 성공한 것이다.

3 전자가 빠져나간 자리_정공

불순물 반도체를 이해하기 위해서 앞서와 같이 먼저 자유 전자를 이해해야 한다. 그 다음에 또 하나를 알아야 하는 것이 바로 정공(正孔)이다. 앞에서 자유 홀이라는 말로 소개한 바 있다. 자유 홀을 정공이라 불러 보자. **정공**electric hole은 규소 결정 속의 전자 배열에서 전자가 빠져나간 빈 곳, 또는 어떤 원인에 의하여 전자가 있어야 할 곳에 전자가 없는 곳으로, 음전하(−)를 띠는 전자가 빠져나가 양전하(+)를 띠게 된 것으로 생각할 수 있다. 결정 내의 정공은 가까이에 있는 전자를 끌어들여 중성으로 되려고 하는 성질이 있어서 전자와의 결합이 끊임없이 반복하게 된다. 그래서 마치 정공이 이동하는 것처럼 보이는 것이다.

따라서 정공은 '자유 전자가 없는 구멍' 또는 '자유 전자의 부족'이라고 정의할 수 있다. 그러니까 그 성질도 자유 전자와 반대가 될 것이다. 전하의 성질이 양전하(+)로 되고, 이동 방향도 자유 전자와 반대로 된다. 정공을 만들기 위하여 사람들은 규소 결정에 정공이 생길 수 있는 어떤 불순물을 넣어 주어 이 불순물 때문에 전자 1개가 부족해지는 경우가 있다. 이것을 자유 전자가 1개 부족하여 1개의 전기적 구멍이 생겼다고 볼 수 있는 것이다. 정공은 반도체에서만 존재하는 것으로 금속과 달리 정공에 의해서도 전류를 만들 수 있다. 즉, 반도체 속에서 자유 전자와 정공이 함께 작용하여 전류를 만들게 되는 것이다. 순수한 규소 물질에 전류를 흐르도록 하기 위하여 자유 전자와 정공이 필요하고, 이것을 만들기 위하여 불순물을 주입하는 것이다.

정공(hole)
(+)전하를 가진 전자와 같은 거동을 하는 가상 입자로, p형 반도체에서 전류를 운반하는 것을 말한다. 4가의 Ge, Si 등의 반도체에 3가의 In을 넣으면 전기 전도성을 나타내지만, 4가의 Ge, Si에 대해 3가의 In은 전자가 1개 부족하기 때문에 4가의 공유 결합 중에 전자 1개가 부족한 곳이 생기기 때문에 그곳을 채우기 위하여 다른 공유 결합의 개소에서 전자가 보급되므로, 그곳에 전자의 구멍이 발생한다. 그것이 순차적으로 전해져 플러스의 구멍이 전기를 운반하는 것이 되기 때문에 정공(正孔)이라고 한다.

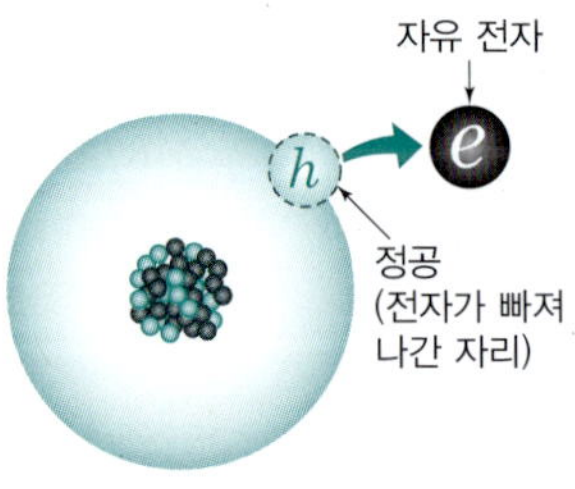

그림 2.38 원자와 정공

4 사람이 반도체의 성질을 바꾸었다_n형 물질

자유 전자나 정공이 없어 전류가 거의 흐르지 않는 고유 반도체에 자유 전자 또는 정공을 갖는 물질을 넣어 주면 어느 정도의 자유 전자나 정공이 있는 물질로 바뀔 수 있다. 이렇게 만든 불순물 반도체는 넣어 주는 물질의 종류에 따라 크게 두 가지로 나눌 수 있다. 바로 n형 반도체와 p형 반도체가 그것이다.

n형과 p형의 불순물 반도체를 알아보기 전에 잠시 쉬어 갈 겸, 88 서울 올림픽 때 있었던 이야기 하나만 하고 넘어가자. 100[m] 달리기 결승에서 캐나다의 벤 존슨은 가장 먼저 결승선을 통과하였다. 당시 육상 스타였던 칼 루이스를 여유롭게 따돌리며, 9.97초라는 경이로운 기록과 함께 세계적인 선수로 떠올랐다. 그러나 이틀 후, 약물 테스트 결과 '스테로이드steroid'계의 약물을 복용한 것이 발각되어 우승을 반납한 일이 있었다. 스테로이드계의 약물은 운동의 힘을 높이는 효과가 있는 것으로 알려져 있어서 그 유혹에 빠질 수가 있다. 얼마 전 우리의 수영 스타 박태환 선수도 금지 약물을 복용한 사실이 있어서 많은 어려움을 겪었다. 그래서 올림픽 등 국제 대회에 출전한 선수들은 도핑 테스트doping test를 거치고 있다. 여기서 도핑doping이라는 말은 금지된 약물을 복용하는 것을 말한다. 반도체에서 자유 전자나 정공의 수를 조절할 때에도 쓰이는 말이다. 이제, 이 약물 복용의 예를 생각하면서 불순물 반도체 이야기를 하려고 한

도핑 테스트(doping test)
스포츠에서 선수의 금지 약물 복용 여부를 검사하는 것을 말한다. 도핑(doping)은 운동선수가 경기 능력을 일시적으로 높이기 위해 호르몬제, 신경 안정제, 흥분제 등의 약물을 사용하는 것을 말한다. 1960년의 로마 올림픽에서 사이클 선수가 흥분제를 사용했다가 경기 중 사망한 것이 계기가 되어 1968년 그레노블 동계 올림픽 대회부터 정식으로 검사가 실시되기 시작했다. 1988년 서울 올림픽에서 캐나다의 벤 존슨과 불가리아의 역도 선수 등이 금지 약물의 사용으로 금메달을 박탈당한 바 있고, 1994년 월드컵 축구 대회에서는 아르헨티나의 마라도나가 에페드린 복용으로 실격하였다.

그림 2.39 88 서울 올림픽 100 m 결승

다. 선수는 약물 복용을 하면 안 되지만, 반도체에서는 도핑 과정을 거쳐야 그 역할을 수행할 수 있다.

지금부터 도핑된 반도체에 대하여 살펴보자. 실리콘 결정 구조에 인phosphorus(P)이라는 불순물을 넣어 볼까? 인은 원자 번호가 15번이며 가전자를 5개 가지고 있는 비금속 원소이다. 이는 그림 2.40 (a)에서 보여 주고 있다. 실리콘은 가장 바깥 궤도에 4개의 전자가 운동하고 있다. 인은 바깥 궤도에 운동하고 있는 전자의 수가 5개이다. 서로 전자의 수가 다른 물질이 섞이는 것이다. 그러면 이 결합에서는 8개의 전자가 서로 공유하여 안정한 결합이 되면서 여분의 전자 1개가 남게 되는데, 이것이 바로 자유 전자가 되어 반도체에 전기를 만들게 되는 것이다. 사람들은 이 여분의 전자가 많이 있는 물질을 **n형 반도체**n type semiconductor라 하고 있다. 여기서 n이라는 문자는 negative의 머리글자에서 따온 것으로 전자가 많이 존재한다는 뜻이다. 규소 결정에 인을 많이 넣을수록 자유 전자가 많아져 전류의 흐름이 쉬워진다. 인 원자 10개에서 10개의 자유 전자를 얻을 수 있으니, 10,000개이면 거의 10,000개, 10^{18}개이면 거의 10^{18}개의 자유 전자를 얻을 수 있을 것이다. 그림 2.40에서는 n형 반도체를 설명하고 있다.

n형 반도체를 에너지대의 크기로 생각해 보자.

고유 반도체에 인을 주입하여 발생한 자유 전자는 어디로 날아갈까?

그림 2.40 실리콘에 불순물 1개를 주입하면 전자 1개가 남는다.

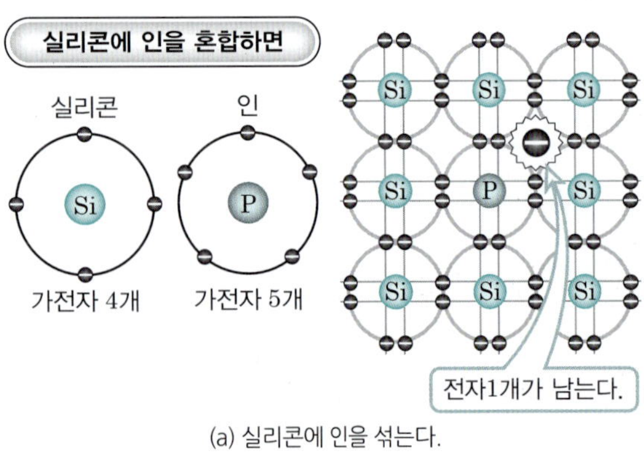

(a) 실리콘에 인을 섞는다.

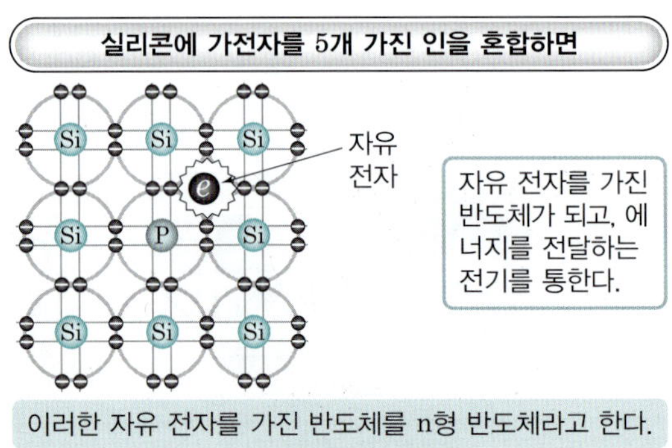

(b) n형 반도체

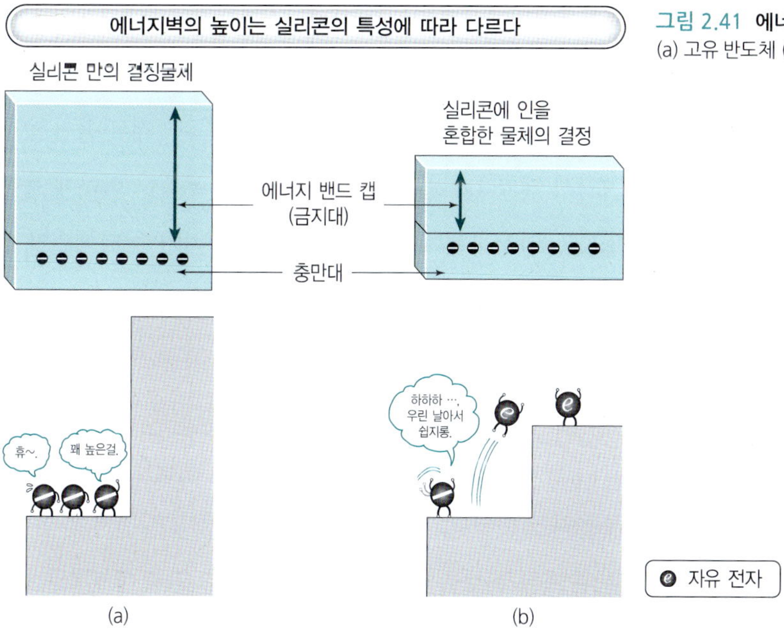

그림 2.41 에너지대의 크기에 따른
(a) 고유 반도체 (b) n형 반도체

그림 2.41 (a)에서와 같이 고유 반도체의 경우, 금지대의 높이가 너무 커서 자유 전자들이 뛰어오를 수 없게 된다. 그러나 그림 (b)에서와 같이 인을 주입하면 금지대의 높이가 낮아져 인이 가지고 있던 전자는 쉽게 전도대로 뛰어올라 자유 전자가 되어 전류를 만들 수 있다.

규소만으로 이루어진 결정에서 전자가 자유 전자로 되기 위해서 뛰어넘어야 할 에너지 장벽은 충분히 높지만, 실리콘에 인을 섞은 물질에는 이 장벽이 낮아지게 되어 전자의 흐름이 용이하게 되는 것이다. 결국, 사람이 이 여분의 전자를 많이 생기게 하여 전기가 쉽게 흐를 수 있는 물질을 만들어 사용하고 있는 것이다.

5 사람이 또 하나의 반도체를 만들었다_p형 물질

사람이 또 하나의 반도체를 만들었다. 이번에는 실리콘에 붕소 Bboron(B)를 넣어 보았다. 붕소는 붕사와 붕산으로부터 추출되는 비금속 원소의 하나로, 화합물의 형태로 여러 곳에 유용하게 사용된다. 원자 번호는 5이며 가전자 3개를 가지고 있다. 가전자가 3개인 붕소가 규소와 결합할 때, 규소보다 가전자가 1개가 적다. 그래서 규소 원자로 붕소를 에워싸도 전자의 수가 8개에서 1개가 부족한 7개로 불안정한 결합이 된다. 여기서 전자 1개가 어디에선가 날아와 부족한 이곳에 들어간다면, 붕소 원자는 안정하게 될 것이다. 그러나 전자가 어디에선가 날아오는 것은 아니다. 이 규소와 붕소가 섞여서 만들어진 결정은 '항상 전자가 필요한 자리가 남아 있는' 상태에 있다고 할 수 있다. 여기서 전자가 있을 자리라는 것은 자유 전자의 반대말로 앞에서 살펴본 자유 홀free hole, 즉 '전자가 들어올 여지가 있는 전기적 구멍'의 상태라 하여 정공positive hole이라고 부른다고 하였다. 지구 상에 존재하는 물질은 전자가 부족한 상태에서는 옆에 있는 전자를 끌어오고자 하는 성질을 갖게 된다. 그래서 옆에 있던 전자는 정공이라고 하는 그 구멍으로 들어와 자리를 잡게 된다. 그러면 옆으로 끌려온 전자가 있었던 자리에 또 하나의 구멍이 생길 것이다. 이것이 연쇄적으로 반복되면 많은 전자가 이동하는 것과 같이 정공이 전자의 방향과 반대로 움직이는 것이 될 것이다.

이 부족한 전자, 즉 정공이 주도하여 반도체에 전기를 만들게 되는 것이다. 사람들은 이 정공이 많이 있는 물질을 **p형 반도체**p type semiconductor

그림 2.42 (a) 전자 1개가 부족한 반도체가 p형 (b) 정공의 이동

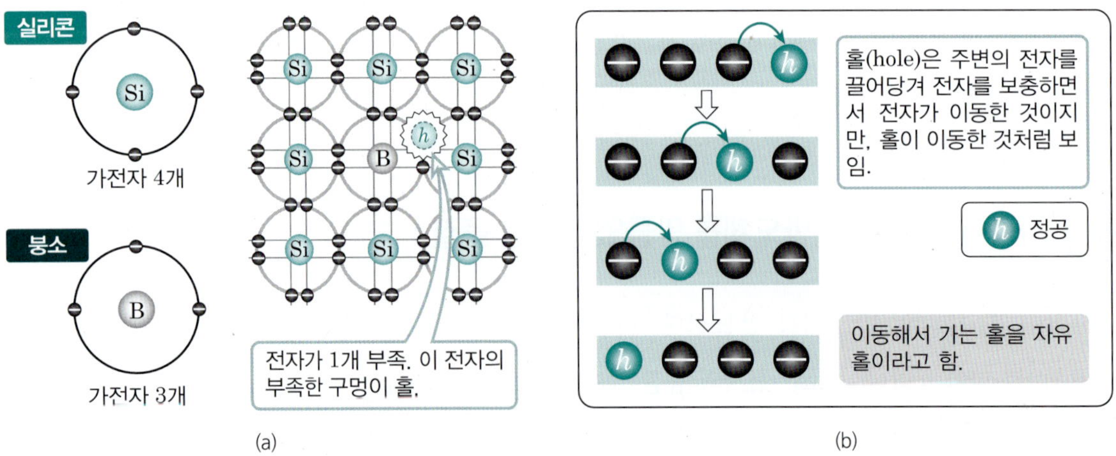

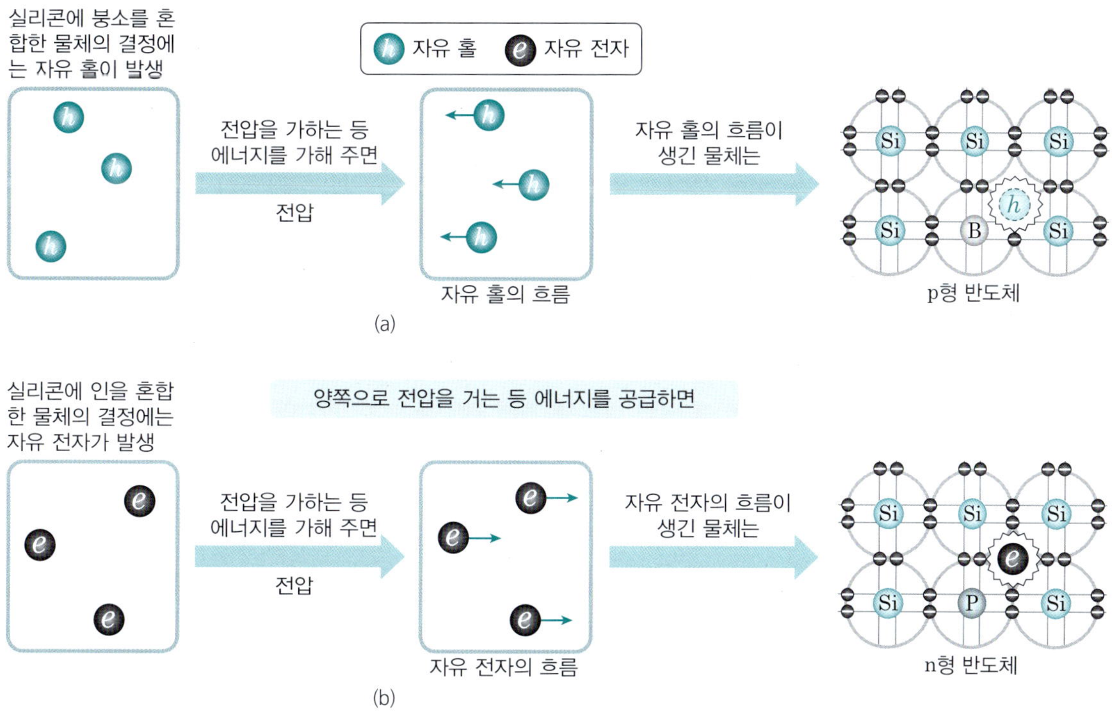

그림 2.43 정공에 따른 반도체 (a) 정공이 많으면 p형 반도체 (b) 자유 전자가 많으면 n형 반도체

라는 이름을 지어서 부르고 있다. 여기서 p는 positive의 머리글자를 말하며, 정공이 많이 있다는 뜻이다.

규소에 붕소 원자 1개를 넣어 주면, 여기에 전자 1개가 부족한 상태, 즉 정공이 1개 있는 상태의 물질이 된다. 그러면 붕소 원자 10개에서 10개의 정공을 얻을 수 있으니, 10,000개를 넣어 주면 거의 10,000개, 10^{18}개의 붕소 원자에서는 거의 10^{18}개의 정공이 생길 것이다. 이러한 정공이 많이 생기도록 하여 이들 힘으로 전기가 흐르는 반도체가 p형 반도체인 것이다.

6 드디어 n형과 p형 반도체가 만들어지다

결국, 반도체에는 p형과 n형 반도체의 두 종류가 있어서 이들을 잘 조합하여 만들면 우리 생활에 많은 편리함을 주는 반도체 소자를 만들 수 있게 되는 것이다.

실리콘과 인이 결합하여 만들어진 물질 속에 있는 자유 전자는 도체인 나트륨에 있는 전자보다도 그 수가 적다. 그 이유는 나트륨 물질 속에 있는 자유 전자의 수는 그 나트륨 원자의 수만큼 있다고 볼 수 있다. 그러나 인이 섞여진 물질 속에 있는 자유 전자의 수는 적다. 왜 그럴까? 실리콘 원자 4개에 인 원자 1개가 결합하기 때문이다. 즉, 실리콘 원자 4개에 자유 전자가 1개 생기게 되는 것이니 말이다.

이 자유 전자의 차이가 도체와 반도체를 구별하는 척도가 될 수 있다. 결국, 도체인 나트륨 결정에는 자유 전자가 많고, 실리콘에 인을 혼합한 물질에는 자유 전자가 적다는 사실이 대단히 중요한 요소이다. 도체보다 자유 전자가 많지 않고, 절연체보다는 많은 물질이 n형 반도체인 것이다.

또 이것과 반대로 생각해 보자 자유 전자가 없고 자유 홀이 있는 물질을 살펴보자.

이것은 실리콘에 붕소를 혼합한 물질이다. 이것은 자유 전자는 없고 대신에 전자가 있을 곳에 홀이 있어 이 홀에 힘을 주게 되면 이것이 결정 내를 자유롭게 돌아다닐 수 있을 것이다. 이와 같이 실리콘에 전자 1개가 부족한 물질을 혼합한 것을 p형 반도체라고 하였다.

이 반도체들이 라디오, 3D TV, 휴대 전화, 각종 전자 기기 등에 사용되고 있는 것이다.

그림 2.44 (a) p형 반도체 (b) n형 반도체

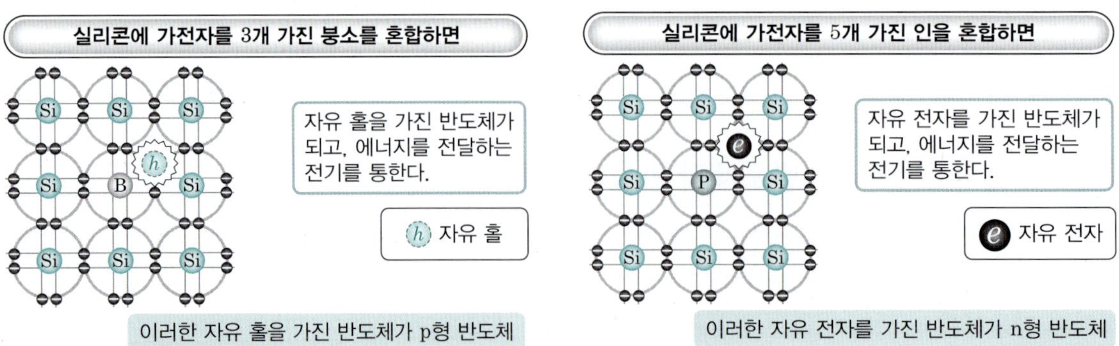

(a) (b)

이제 반도체의 정체를 알았다. 다이오드라는 반도체 소자를 들어본 적이 있을 것이다. 사람이 반도체 물질을 발견하고 가장 먼저 나온 부품이 바로 다이오드diode라는 것이다.

그러면 다이오드라는 것은 어떤 것일까? 앞 절에서 사람들이 만든 n형 반도체와 p형 반도체를 접합하면 한 방향으로만 전류가 흐르고, 그 반대 방향으로는 흐르지 않는 반도체 부품인 다이오드가 된다. 즉, 양 방향으로 흐르는 전류를 한쪽 방향으로만 흐르게 하는 성질을 가지고 있는 것을 **다이오드**라고 한다. 교류라고 하는 것은 전자가 흘러가는 방향이 이리저리 왔다갔다 하는 흐름을 말하는데, 다이오드는 이것을 한 방향으로만 흐르게 할 수 있다. 앞에서 살펴본 n형과 p형 반도체를 결합시키면 바로 다이오드를 만들 수 있다. 즉, 실리콘에 인을 혼합한 물질과 실리콘에 붕소를 혼합한 물질을 서로 붙여서 만든다.

02

학 · 습 · 문 · 제

01. 벼락이 떨어지는 원리를 설명하시오.

02. 전기의 정체는 무엇인가? 정전기와 동전기에 대하여 설명하시오.

03. 전하란 무엇인가?

04. 전위차와 전압은 무엇인가?

05. 전자와 자유 전자의 차이점은 무엇인가?

06. 자유 전자는 어떻게 생겨서 돌아다닐까?

07. 전류가 흐를 수 있는 조건은 무엇인가?

08. 전기 저항은 물체에서 어떤 역할을 하는 것인가?

09. 전자의 수 차이가 물질의 종류를 결정짓는 이유는 무엇인가?

10. 원자의 차원에서 물질이 구성되는 원리는 무엇인가?

11. 물질을 구성하는 한 가지 방법인 금속 결합은 어떤 것인가?

12. 물질의 결합에서 에너지띠(energy band)의 의미는 무엇인가?

13. 수소 원자가 결합할 수 있는 물질의 종류를 열거하고, 그 결합 원리를 설명하시오.

14. 공유 결합이란 무엇인가?

15. 도체, 반도체, 절연체의 성질은 어떻게 다른가?

16. 반도체에서 전기가 생기는 원리는 무엇인가?

17. 순수 반도체와 불순물 반도체의 차이점은 무엇인가?.

18. 가전자대에 있던 전자가 어떻게 하면 전도대로 날아오를 수 있을까?

19. 자유 홀 또는 정공은 무엇인가?

20. n형 반도체란 무엇인가?

21. p형 반도체란 무엇인가?

CHAPTER

3

정보 기기에 사용되는 반도체

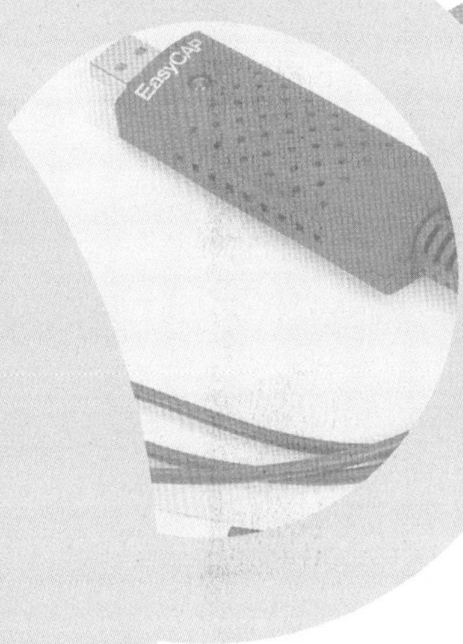
EasyCAP

1 전자 소자

기본적으로 전자 회로에 사용하는 소자는 그림 3.1과 같이 다이오드, 트랜지스터 등의 반도체 소자와 저항, 커패시터 등의 수동 소자로 구분된다. 주로 집적 회로에 쓰이는 회로 소자는 저항, 커패시터, 트랜지스터이다. 이들 소자에 주목하여 그 기능과 특성을 살펴보자.

그림 3.1 **기본적인 전자 회로 소자의 기호**

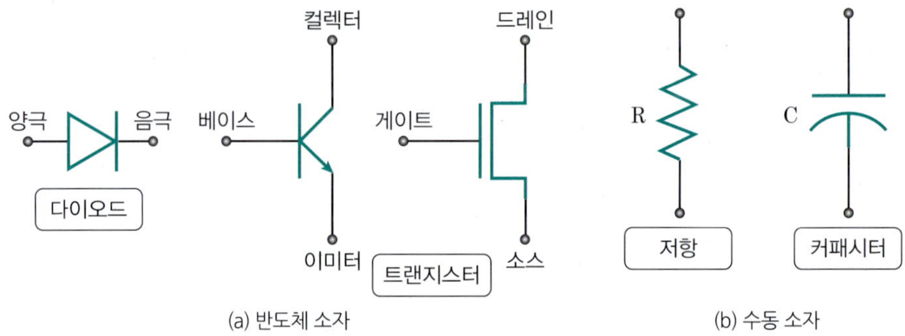

1 저항

저항이라는 말의 물리적 개념을 살펴보자. 담수호의 댐에서 쏟아지는 물이 수로가 좁은 통로를 통과하려면 물이 잘 흐르지 못하고 흘러넘칠 것이다. 대도시에서 병목 현상이 심한 도로에서는 교통의 흐름이 원활하지 못하다. 지구 상에 존재하는 물체가 움직일 때도 이동 방향의 반대 방향으로 이동을 방해하는 **저항**resistance 요소가 있을 수 있다. 예를 들어, 비행기가 날아갈 때는 반대 방향으로 공기 저항이 작용한다. 그래서 시간이 더 지체될 수 있다. 이와 같이 저항은 물체의 움직임을 방해하는 요소인데, 물체뿐만 아니라 열이나 전기의 이동에서도 저항이 존재한다. 전기의 흐름에 대한 저항을 **전기 저항**이라고 한다. 따라서 전기 저항이 크면 전류가 잘 통하지 않아 전기 전도율이 낮아진다.

전기 저항의 크기를 나타내는 단위는 Ω(ohm)이다. 1[Ω]은 1[V]의 전압으로 1[A]의 전류가 흐를 때 그 물질의 저항 요소에 의하여 받는 저항의 값을 말한다. 저항값은 물질의 종류에 따라 다르다. 은과 구리 등은 전기 저항이 가장 작은 금속이기 때문에 전선을 만드는 재료로 많이 사용한다. 또한 전기 저항의 크기는 길이에 비례하고 단면적에 반비례한다. 즉, 도선의 길이가 길면 전자가 지나가야 할 길이 멀기 때문에 저항이 크고, 단면적이 넓으면 전자가 이동하기 쉬우므로 저항이 작다. 도선은 굵게 만들수록 저항이 작아져서 더 효율적이지만 재료가 더 많이 사용되므로 도선의 값이 상승할 것이다. 그러므로 용도에 따라 규격에 맞는 적당한 굵기로 만든다. 도선의 길이와 단면적이 주어진 어떤 물질을 저항의 식으로 나타낼 수 있다. 도선 상의 두 점 사이의 길이를 L, 단면적을 S라 할 때 두 점 사이의 저항은

$$R = \rho\, L / S \qquad (3.1)$$

이 된다. 여기서 비례 상수 ρ는 물질의 고유한 값으로 **저항률** 또는 비저항이라고 한다. 일반적으로 물질의 저항값은 온도에 따라 변하는데, 도체는 온도가 상승하면 전기 저항이 증가하지만 반도체나 절연체에서는 오히려 작아지는 경향을 보인다.

저항률
전선 등의 도체 재료(구리, 알루미늄, 은 등)가 가지고 있는 고유 저항을 저항률 또는 고유 저항이라고 한다. 단위는 일반적으로 [X·m]가 사용되고 있으며, 이것의 의미는 도체의 단위 길이, 단면적당 저항이다.

2 커패시터

대청호나 충주호는 담수호로서 인근 주민의 식수원으로 큰 역할을 하고 있는데, 이 담수호의 물은 주변의 수로를 따라 흘러들어 호수에 저장된다. 그림 3.2와 같이 담수호에 저장된 물 분자(H_2O)를 전기의 성질을 갖는 전하라 비유하고, 담수호를 예로 하여 커패시터capacitor를 생각해 보자. 그러니까 담수호에 저장된 물의 양이 전하량이 되는 것이다.

담수호에 유입되는 물은 흘러 내리는 물이 충분히 있다면 담수호의 용량이 허락할 때까지 들어올 것이고 유입되는 물이 많을수록 수위는 높아

그림 3.2 **담수호의 물**

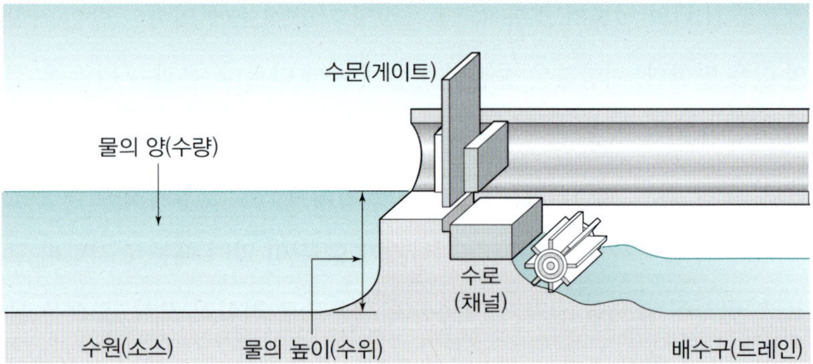

질 것이다. 반면에 수문을 열어 물을 하천으로 방류하면 물의 양은 줄어들 것이다. 커패시터는 **충전**electric charge과 **방전**discharge의 기능을 갖는다. 충전은 담수호에 물이 가득 찰 때까지 유입되는 경우로 비유하며, 방전은 물이 방류하는 것에 비유할 수 있다. 커패시터에 전하가 충전이 될수록 전하가 많아진다. 전하가 많이 쌓일수록 전위도 높아진다. 담수호에 물이 계속 유입되면 물의 양이 많아지고 물의 수위도 높아지는 이치와 같다.

그림 3.3은 커패시터의 기호와 구조를 나타낸 것인데, 도체인 두 개의 극, 즉 (+)극과 (−)극의 단자node을 가지고, 그 중간에는 절연체(유전체)를 삽입한 구조이다. 두 극의 의미는 (−)극을 기준하였을 때 (+)극의 전위가 높다는 뜻이다. 그림 3.3 (b)와 같이 두 도체 사이에 절연체를 넣으면 커패시터가 되는데, 일반적으로 도체의 면적이 넓을수록, 두 도체 사이의 거리가 가까울수록, 즉 절연체의 두께가 얇을수록 용량값이 커져 더 많은 전하를 저장할 수 있게 된다. 또 한쪽 단자의 전위를 높일수록 많은 전하를 저장할 수 있다. 담수호에 유입되는 물의 흐름이 빠를수록 물이 빨

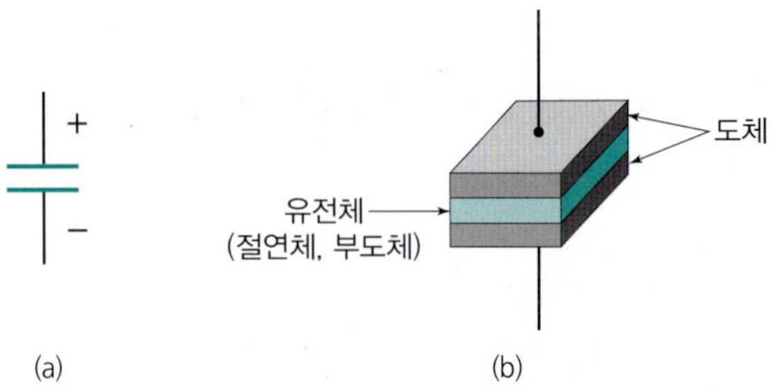

그림 3.3 **커패시터**의 (a) 기호 (b) 구조

리 차듯이 커패시터에도 충전시키는 전류의 양, 즉 전하의 양이 많을수록 빠르게 충전이 된다. 마찬가지로 방전 전류가 커질수록 방전은 빠를 것이다. 전류는 전하의 흐름이기 때문이다.

커패시터에 전하가 저장되는 원리는 **분극**polarization **현상**으로 설명할 수 있다. **분극**이란 유전체 등에 전계를 공급하면 음(-)과 양(+)의 전하 또는 이온이 서로 반대 방향으로 위치하는 상태를 말한다.

유전체 양단에 전압을 공급하면 전압이 미치는 영역인 두 도체 사이에 전계가 형성된다. 전계는 유전체 속에 있는 분자, 원자 혹은 이온들에게 힘을 주는 동시에 그들이 변위(變位displacement)할 수 있도록 한다. 분극을 다시 한 번 살펴보면 유전체 등에 전압을 공급하면 전계가 형성되는데, 이 힘이 물체를 구성하는 음(-)과 양(+)의 전하 또는 이온을 서로 반대 방향으로 그 위치를 변화, 즉 변위하도록 하는 작용을 말한다. 그리하여 원자를 구성하는 음(-), 양(+)의 전하 또는 이온이 서로 반대 방향으로 변위하여 어떤 힘에 의해 (-)극과 (+)극이 나누어져 분극이 나타나는데, 이때의 힘을 **쌍극자 모멘트**dipole moment라고 한다. 그 종류로는 이온 분극, 원자 분극, 전자 분극 등이 있다. 쌍극자 모멘트는 크기가 같은 양(+)과 음(-)의 두 극이 아주 가까운 거리를 두고 마주하고 있을 때, 이 두 극을 쌍극자라고 하며, 이때 두 극의 세기와 거리를 곱한 것을 말한다.

쌍극자 모멘트
쌍극자를 특징짓는 벡터양을 말한다. 전기 쌍극자 모멘트와 자기 쌍극자 모멘트가 있는데, 보통은 전기 쌍극자 모멘트를 가리킨다. 그 크기는 양전하의 크기와 양·음전하 사이의 거리와의 곱과 같으며, 그 방향은 보통 음전하에서 양전하로 향한다.

지금까지 살펴본 커패시터와 관련한 내용을 수식으로 나타내 보자. 전하량을 Q, 진압을 V로 내타내면

$$Q = CV \tag{3.2}$$

여기에서 비례 계수 C는 커패시터의 용량을 나타내며, 패럿farad(F)의 단위를 사용한다. 위 식의 의미는 담수호의 크기, 즉 용량의 크기가 정해져 있다면 전위를 높이면 많은 전하를 저장할 수 있다는 것이다. 담수호의 수위가 높을수록 저장되는 물의 양이 많아지는 원리와 같은 이치이다.

전류는 전하의 흐름이므로 커패시터에서 충전되거나 방전되는 순간

의 전류는 주어진 짧은 시간 dt에서 변화된 전하의 양 dQ의 비로 표현할 수 있다. 시간에 따라 변하는 전류 i는

$$i = dQ / dt \qquad (3.3)$$

이다. 결국, 짧은 시간 동안에 변화되는 전하의 미분식이 되었는데, 이것은 커패시터에 처음 충전될 때는 전류가 많이 흐르다가 시간이 지날수록 점점 줄어들 것이므로 시간에 따라 흐르는 전류의 양이 변화하기 때문이다. 식 (3.2)를 식 (3.3)에 대입하여 정리하면

$$i = dQ / dt = C(dv / dt) \qquad (3.4)$$

로 나타내며, 이는 용량이 주어질 때, 전류는 전압의 순간 변화량 dv에 비례한다는 것이다. 한편, 도체의 면적을 S, 유전체의 두께를 t라 하면, 커패시터의 용량값을 다음 식으로도 구할 수 있다.

$$C = \varepsilon S / t = Q / V \qquad (3.5)$$

여기에서 ε은 유전체 물질에 따른 고유 상수의 값을 나타낸다.

2 다이오드는 어떤 일을 할까

그림 3.4에서 보여 주고 있는 작은 조각이 바로 다이오드diode라는 반도체 소자이다. 검은 띠는 두껍게, 은색 띠는 얇은 표식으로 나타내었다. 그냥 무늬라고 생각할 수 있으나, 여기에는 중요한 의미가 담겨 있다. 모든 다이오드는 이런 표식으로 나타낸다.

다이오드(diode)
전류를 한 방향으로만 흐르게 하고, 그 역방향으로 흐르지 못하게 하는 성질을 가진 반도체 소자를 다이오드라고 한다. 2극 진공관의 의미를 표시하는 경우도 있다. 다이오드의 전류를 한 방향만으로 흐르게 하는 작용을 정류라 하며, 교류를 직류로 변환할 때 쓰인다. 다이오드에는 이 정류용 다이오드가 흔히 쓰이지만 그 밖에도 여러 가지 용도가 있다.

그림 3.4 다이오드의 모양

왜 이런 표식이 필요한지를 그림 3.5와 같은 쥐덫을 이용하여 살펴보자.

지금은 찾아보기 어려운 것이겠으나, 옛날 농사짓던 시골에서 쥐는 곡식을 훔쳐먹거나 병원균을 옮기기 때문에 나쁜 동물로 취급하여 쥐잡기가 하나의 일과처럼 된 적이 있었다. 그래서 여기저기 쥐덫을 놓아 쥐를 잡았다. 쥐덫의 가장 큰 특징은 입구는 있으나, 출구는 없다는 것이다. 출구가 있으면 쥐가 빠져나갈 테니 말이다. 쥐는 쥐덫의 망 속에 있는 먹이를 먹는 순간 입구가 막혀 꼼짝없이 갇히게 되는 것이다.

그림 3.5 출구가 있는 쥐덫

그런데 쥐덫은 출구가 없으나, 다이오드는 출구가 있는 쥐덫에 비유할 수 있다. 이 말은 입구로 들어갈 수는 있지만, 출구로 들어갈 수는 없다는 것이다. 쥐덫을 전기 회로, 쥐를 전류라고 생각해 보자.

쥐덫의 입구에 양(+)전기, 출구에 음(−)전기를 공급하면 쥐가 입구로 들어갈 테니 전류가 입구에서 출구로 흐를 것이다. 그러나 반대로 전기의 극성을 바꾸면 출구에서 입구로 전류가 흐르지 못할 것이다. 출구로는 쥐가 들어갈 수 없기 때문이다. 그래서 다이오드는 한 방향으로는 전류가 흐르나, 그 반대 방향으로는 전류가 흐르지 못하는 반도체 소자이다. 제품으로 나온 다이오드에는 그림 3.4와 같은 표식이 필요한 것이다. 양(+)전압이 연결될 곳은 두껍게, 음(−)전압이 연결될 곳은 얇은 표식을 하여 사용한다.

이제 다이오드에서 전류가 한 방향으로만 흐르는 원리를 살펴보자. 지금까지 살펴본 다이오드는 p형 반도체와 n형 반도체가 만나서 이루어진 것이다. 두껍게 표식한 부분이 p형 반도체이고 그 반대가 n형 반도체이다. 두 반도체가 만났으니, 이를 p−n 접합p-n junction이라 하고, 이렇게 두 반도체가 접하여 만들어진 소자를 p−n 접합 다이오드p-n junction diode라고 부르게 되었다. 이를 그림 3.6에서 나타내었다.

p형 반도체에서는 정공, n형 반도체에서는 주로 자유 전자가 이동하여 전류가 만들어지는 것이다. 즉, 그림 3.7 (a)와 같이 p형 반도체에 양(+)전압, n형 반도체에 음(−)전압을 연결하면 자유 전자와 정공이 접합면을 자유롭게 서로 이동하여 전자와 정공을 합한 큰 전류가 흐르게 된다. 이렇게 전압을 공급하는 것을 **순방향 바이어스**forward bias라고 한다.

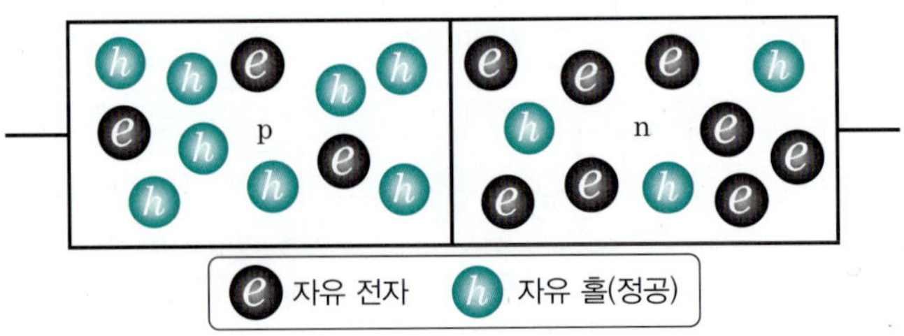

그림 3.6 **p-n 접합**

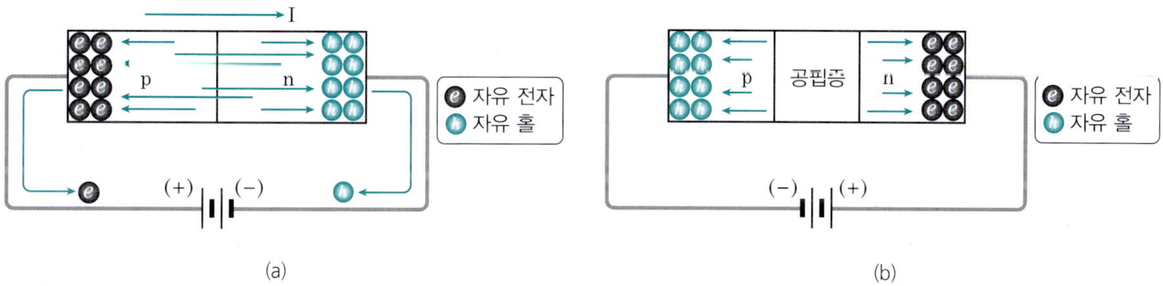

그림 3.7 (a) 순방향 바이어스 전압 (b) 역방향 바이어스 전압

바이어스란 반도체 소자가 기본적인 동작을 하기 위하여 일정한 직류 전압을 공급해 주는 것을 말한다. 반대로 그림 3.7 (b)와 같이 p형 반도체에 음(−)전압, n형 반도체에 양(+)전압을 공급하면 p형 반도체에 있는 정공이 음(−)극, n형 반도체에 있던 자유 전자들이 양(+)극으로 옮겨 가는데, 이때 접합면에서는 어떤 강한 힘이 자유 전자와 정공의 이동을 막아 전류를 더 이상 흐르지 못하게 하는데, 이는 공핍층이라 하는 전기 이온층(⊕, ⊖)이 존재하기 때문이다. 이를 **역방향 바이어스**reverse bias라고 한다. 그러니까 순방향 바이어스에서는 전류가 잘 흐르나, 역방향 바이어스에서는 전류가 흐르지 못하는 것이다. 우리가 그동안 많이 사용해 오던 전구와 비교하여 다이오드의 원리를 생각해 보자.

그림 3.8 (a)에서와 같이 전구는 전압을 어느 방향으로나 공급해도 불이 켜지지만, (b)와 같이 다이오드는 순방향 전압일 때만 불이 들어오는 것이 전구의 동작과 다른 점이다. 즉, 전구는 출구와 입구를 반대로 연결하여도 불이 들어오지만, 다이오드는 출구와 입구가 바뀌면 전구에 불이 들어오지 않는다.

우리 생활 속에서 다이오드의 응용 예를 살펴보자.

무엇이 있을까? 교류-직류 변환기가 있다. 대부분의 생활 속 전기는 교류를 사용하고 있다. 교류는 전류의 세기와 방향이 시시각각 변하는 전기이다. 그러나 휴대 전화나 카메라 등에 쓰이는 전기는 전류의 세기와 방향이 일정한 직류를 사용한다. 교류를 사용하는 전기용품이라 하더

그림 3.8 (a) 전구와 (b)다이오드 회로

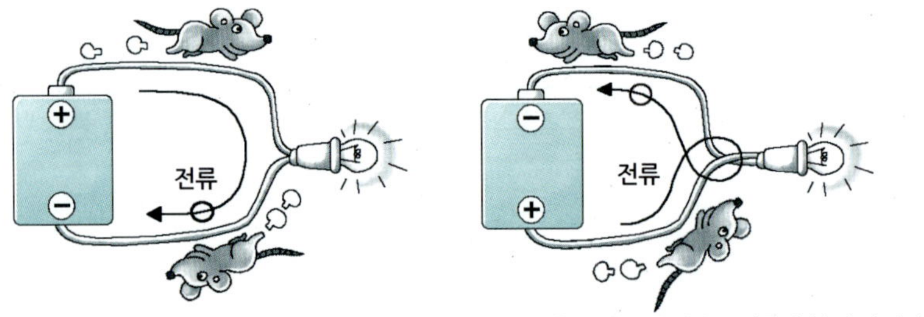

전선을 반대로 연결해도 전구에 불이 켜진다.

(a)

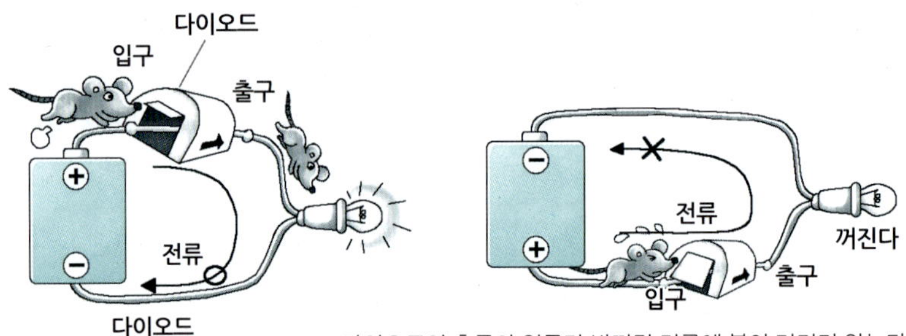

다이오드의 출구와 입구가 바뀌면 전구에 불이 켜지지 않는다.

(b)

컨버터(converter)
한 형태의 전기 에너지를 다른 형태의 전기 에너지로 바꾸는 장치로, 변환기(變換器)라고도 한다. 교류 전력을 직류 전력으로 변환하거나 직류 전력을 교류 전력으로 변환하는 것, 또는 어떤 주파수에서 다른 주파수로 변환하는 것 등을 말한다. 교류를 직류로 바꾸는 변환기, 라디오 수신기의 주파수 변환기, 텔레비전의 채널 변환기 등이 있다.

라도 그 제품 내에서 교류를 직류로 바꾸어 주는 장치가 필요하다. 이때 사용하는 것이 교류-직류 변환기이다. 이것을 **컨버터**converter라 하기도 한다. 컨버터 속에 있는 다이오드로 구성한 회로가 교류를 직류로 바꾸어 주는 것이다. 이 다이오드 회로를 **정류 회로**rectification circuit라 한다.

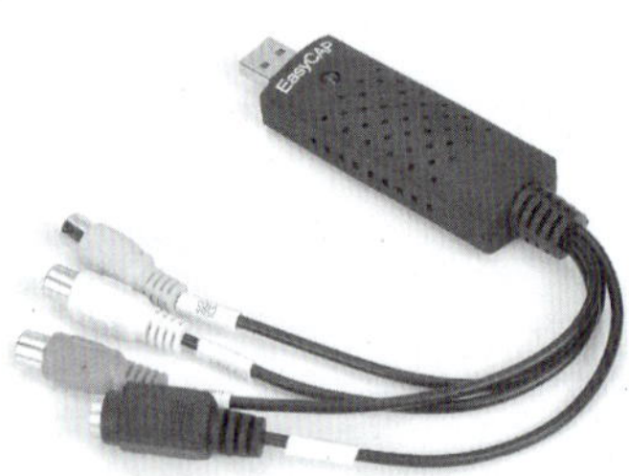

그림 3.9 컨버터

3 태양 전지는 어떻게 작용할까

지구 상에는 여러 가지 특성을 내는 다양한 물질이 있다. 앞에서 절연체인 진성 반도체에 몇 가지 조건을 충족하여 주면 자유 전자가 생겨 전류가 만들어진다고 하였다. 그 조건이라는 것에는 반도체에 불순물을 넣어 주는 것, 열을 가해 주는 것, 빛을 쪼여 주는 것 등이 있었다. 반도체에 빛을 쪼여 주면 전압을 얻을 수 있는 소자가 있다. 빛을 쪼여 주는 조건을 이용하는 것이다. 이것이 바로 p–n 접합 다이오드에 빛을 쪼여 주어 전압을 얻는 **태양 전지**solar cell이다. 즉, 태양 전지는 빛에너지를 전기 에너지로 변환하는 반도체 소자이다. 태양 전지는 전자계산기, 시계, 가로등, 자동차, 우주선에 이르기까지 다양하게 사용하고 있는 대체 에너지원으로서 크게 주목받고 있는 반도체 소자이다. 태양 전지도 p–n접합 다이오드의 대표적인 응용 제품이다.

태양 전지(solar battery)
태양 전지는 태양의 빛에너지를 전기 에너지로 바꾸는 장치를 말한다. 태양 전지는 우리가 생활에서 흔히 사용하는 화학 전지와는 다른 구조를 가진 것으로, '물리 전지'라 구분하며, p형 반도체와 n형 반도체라고 하는 2종류의 반도체를 사용해 전기를 일으킨다.

태양 전지는 어떻게 하여 전압을 얻을까?

그림 3.10에서와 같이 태양 전지는 빛을 받아서 전기를 만드는 것이다. p형 반도체와 n형 반도체가 접합한 구조에 빛을 쪼여 주면 빛에서 나오는 빛에너지가 자유 전자와 정공에 전달, 즉 충돌하여 정공은 (–)극, 전자는 (+)극으로 이동하여 전류를 만들면 그림 (b)와 같이 전구에 불을 켤 수 있다. 다시 말하면 태양 전지는 빛을 받아서 전기를 생산하는 것으로 전기가 흐르기 위해서는 많은 빛이 필요하다.

태양 전지의 원리
태양 전지에 빛을 비추면 내부에서 전자와 정공이 발생한다. 발생된 전하들은 각각 p극과 n극으로 이동하는데, 이 작용에 의해 p극과 n극 사이에 전위차(광기전력)가 발생하며, 이때 태양 전지에 부하를 연결하면 전류가 흐르게 된다. 이를 광전 효과라고 한다.

그림 3.10 **태양 전지의 원리**

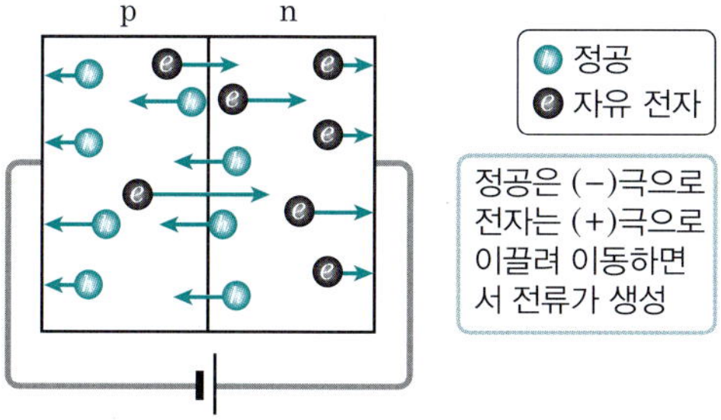

(a)

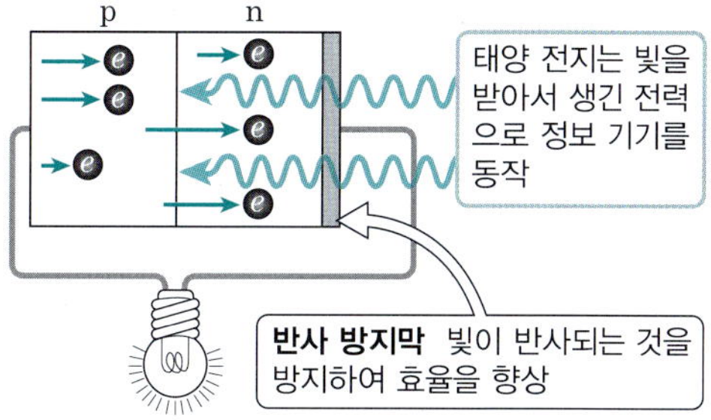

(b)

그림 3.11에서 태양전지의 구조를 보여주고 있는데, 이것을 이용하여 다시 한 번 태양 전지의 원리를 살펴보자. 태양은 무궁무진한 에너지원으로 빛에너지의 형태로 지구에 도달한다. 빛은 광자photon라고 하는 알갱이들이 모여 큰 에너지로 작용하는 것이다. 이 광자가 p–n 접합 다이오드의 접합면에 있던 전자 및 정공들과 충돌하면서 자신이 가지고 있던 에너지를 전자와 정공이 받아 그 힘으로 전자와 정공이 생겨, 이들이 도선으로 흘러 전기용품을 작동시키는 전력으로 쓰이는 것이다.

그림 3.11은 태양 전지의 기본 구조를 나타낸 것이다. p형과 n형 반도체가 접합되어 있고, 그 위쪽에는 투명 물질로 창을 만들어 빛이 들어올 수 있도록 하였다. 그리고 이 광을 효율적으로 받아들이기 위하여 들어온 빛이 반사되어 나가지 않도록 반사 방지막이 있으며, 접합면에서 생긴 전자와 정공을 끌어내기 위해 (+)극과 (-)극의 단자로 이루어져 있다.

태양 전지의 작동을 살펴보자. 태양 전지의 투명창을 통하여 들어오는 빛에너지 중에서 짧은 파장의 빛에너지는 n형 반도체에서 전자를 발생시켜 앞면 전극 쪽으로 이동하게 한다. 한편, 긴 파장의 빛에너지는 p형 반도체에 도달하여 정공을 생기게 하고 이들이 뒷면 전극으로 이동하게 하면, 결국 전기의 흐름이 나타나 전기용품을 작동시키는 전력으로 쓸 수 있는 것이다.

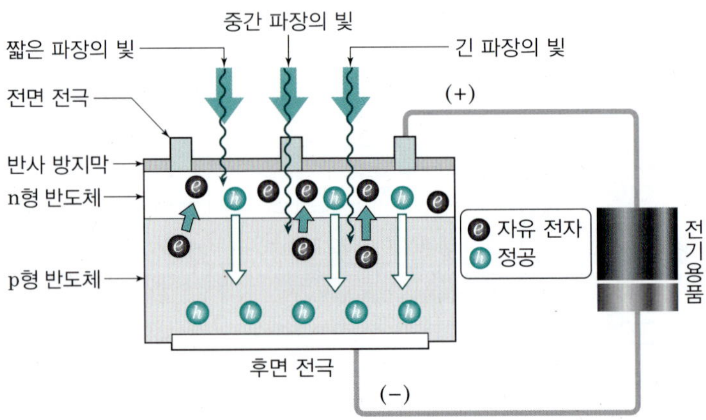

그림 3.11 **태양 전지의 구조**

4 발광 다이오드는 어떻게 빛을 낼까

요즈음 생활 속에서 사용하는 각종 전기용품들의 소비 전력을 절감하는 것이 큰 과제로 되었다. 그림 3.12에서 다이오드를 보여 주고 있는데, 다이오드는 각종 전기용품에서 여러 가지 장점이 있어서 다양하게 쓰이고 있는 반도체 소자로 LEDlight emitting diode가 화제가 되고 있다. 휴대 전화, LED TV, 각종 조명용 기기 등에 LED가 사용되고 있다. 최근 LED를 이용하여 치료를 목적으로 한 응용 기기가 개발되고 있으며, 농산물의 성장용 등 응용 범위가 점차 넓어지고 있다.

발광 다이오드(Light Emitting Diode, LED)
흔히 LED라고 하며, 접합부에 전류가 흐르면 빛을 내는 금속 간 화합물 접합 다이오드이다. 소자의 종류에 따라 다른 색깔의 빛을 얻을 수 있으며, 전자제품에서의 문자 표시, 숫자 표시, LED TV 모니터, 각종 LED등, 물리 치료기 등에 쓰인다.

그림 3.12 다이오드 제품

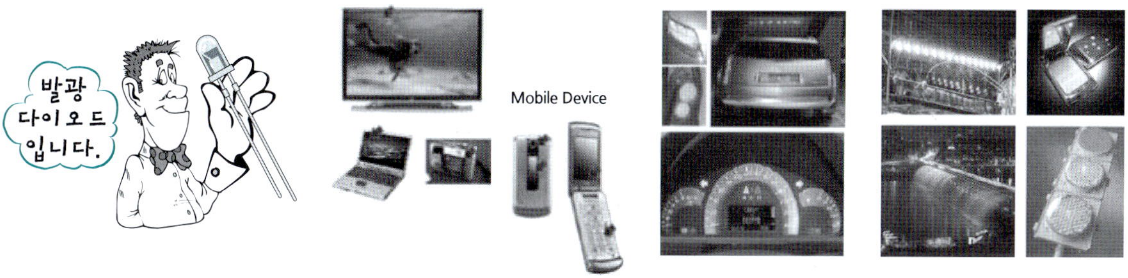

LED는 p–n 접합 다이오드에 전류가 흐르면 빛이 나오는 특징이 있는 소자이다. 그러나 똑같이 전류가 흐를 때, 빛을 내는 전구나 형광등과는 다른 과정으로 빛을 내고 있다.

그림 3.13에서는 LED의 구조를 보여 주고 있는데, 이 그림에서 보면 LED의 다리 길이가 다르다. LED 다리의 길이가 다른 이유가 있다. LED도 p–n 접합 다이오드를 사용한다. 이것은 p형 반도체와 n형 반도체를 접합한 것이어서 이것을 구분하기 위해서이다. p형과 n형 반도체에 순방향 전압을 걸어 주면, 접합 부분에 있던 전자와 정공이 충돌하면서 그들이 가지고 있던 에너지를 빛으로 방출하는 것이다. 여기서 주입하는 불순물이나 재료의 종류에 따라 여러 가지 빛을 얻을 수 있다. 즉, 빛의 3원색인 빨강, 노랑, 파랑의 색을 얻을 수 있다. 빛은 전자파의 일종으로 고유의 파장을 가지고 있다. 이 파장은 결국 빛의 색깔로 나타난다. 전자

파장(wavelength)
2개의 연속적인 파동(wave)에서 대응되는 두 지점 사이의 거리를 말하는데, 여기서 대응되는 점이라는 말은 동일한 위상, 즉 주기적인 운동을 동일한 양만큼 완료할 때 갖는 두 지점이나 입자를 의미한다. 대개 횡파(파의 진행 방향에 대해 수직으로 진동하는 파)에서 파장은 마루에서 마루까지 또는 골에서 골까지로 측정한다. 파장은 대개 그리스 문자 람다(λ)로 표시되는데, 매체에서의 파동의 속도(ν)를 주파수(f)로 나눈 값, 즉 $\lambda = \nu/f$와 같다.

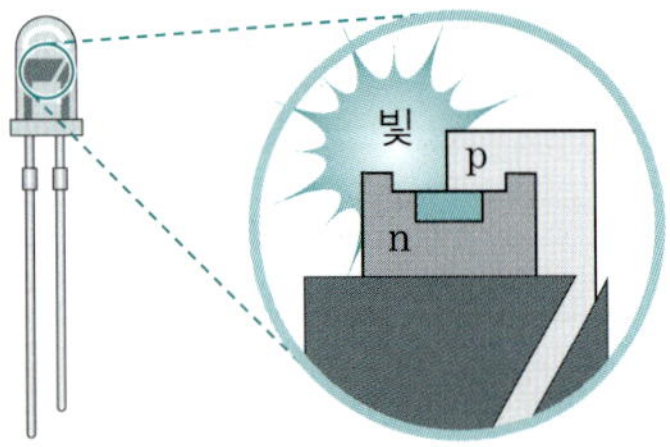

그림 3.13 LED의 구조

재결합(再結合, recombination)
재결합은 이온화(化)에 의해 나누어진 음양의 이온 또는 전자와 양이온이 다시 결합하여 중성 분자나 원자를 만들거나 빛, 열 등의 에너지를 내는 일을 말한다. 반도체 내에서 전자와 정공이 만나 서로 재결합하게 되면 빛이나 열을 방출하게 된다. 발광 소자의 경우 주로 빛을 내는 재결합이 일어나야 하지만, 실제로는 비발광 재결합, 즉 빛을 내지 않고 주로 열로 사라지는 재결합 역시 많이 일어나게 된다.

LED의 발광 원리
반도체의 p-n 접합 구조를 이용하여 주입된 소수 캐리어(전자 또는 정공)를 만들어내고, 이들의 재결합에 의하여 발광시킨다. 반도체에 전압을 가할 때 생기는 발광 현상은 전기 루미네선스(전기장 발광)라고 하며, 1923년 탄화규소 결정의 발광 관측에서 비롯된다. 1923년에 비소화갈륨 p-n 접합에서의 고발광 효율이 발견되면서부터 그 연구가 활발하게 진행되었고, 1960년대 말에는 이들이 실용화되기에 이르렀다.

와 정공이 충돌할 때 생기는 에너지의 크기에 따라 여러 가지 파장이 나오게 되는 것이다.

여기서 전자와 정공이 충돌하는 과정을 **재결합**recombination이라고 하는데, 이 재결합 과정으로 전자와 정공은 마치 자석의 N극과 S극이 밀착하듯이 서로 충돌하면서 그들이 가지고 있던 에너지를 빛으로 발산하고 없어지는 것이다.

LED의 기본 구조도 일반 다이오드와 같은 구조를 가지고 있으나, 차이점이 있다. 그것은 LED에서는 실리콘 재료를 바탕으로 한 p형, n형 반도체를 만들어서 p–n 접합 다이오드를 만드는 것이 아니라, 기본적으로 III족 원소인 갈륨(Ga)과 V족 원소인 비소(As)를 화합한 화합물 반도체로 만드는 것이다. 특별히 빛을 내야 하기 때문이다. 빛을 내기 위해서는 p형과 n형의 물질이 화합물이어야 그런 특성을 내 주기 때문이다.

갈륨과 비소를 혼합한 재료는 실리콘보다 전자의 이동 속도가 5배나 빠르고 발광 효과가 뛰어나다. 발광 효과가 있다는 것은 전자와 정공의 재결합이 잘 이루어진다는 것이다. 그림 3.14에서 III족 원소인 갈륨(Ga)과 V족 원소인 비소(As)가 결합하여 '갈륨비소'라는 화합물 반도체가 되어 LED를 만드는 재료로 쓰이고 있음을 보여 주고 있다.

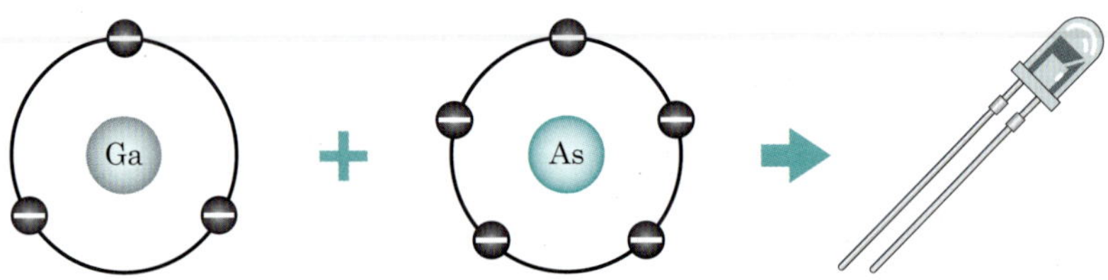

그림 3.14 화합물 반도체

그림 3.15 (a)에서와 같이 갈륨을 더 많이 넣어 주면 p형 반도체가 되고, 비소를 더 많이 넣어 주면 n형 반도체가 되어 이들을 접합하면 화합물 반도체의 p–n 접합 다이오드가 되는 것이다. 그래서 순방향 바이어스를 공급하면 접합면에서 재결합 작용으로 빛을 발생하게 된다. 이것이 LED의 발광 원리이다. 그림 (b)에서는 기존의 Ga, As 외에 알루미늄(Al), 인듐(In), 인(P) 등의 다양한 재료를 혼합하여 화합물 반도체를 만들어 사

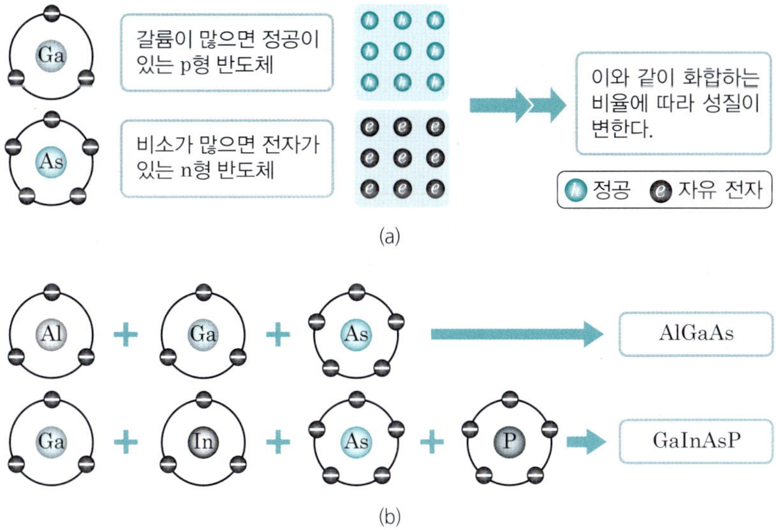

그림 3.15 갈륨-비소계 화합물 반도체

용하고 있는데, 이렇게 만든 소재를 사용하면 다양한 빛을 내는 LED를 얻을 수 있다.

그림 3.16에서 갈륨-비소를 재료로 한 p형 반도체와 n형 반도체를 접합하여 순방향 전압을 넣어 주면, 접합면에서 자유 전자와 정공이 이동하면서 서로 충돌하여 빛으로 변하여 우리 눈에 보이는 것이다. 반도체에 쓰이는 재료의 종류에 따라 나오는 빛의 종류가 다르다.

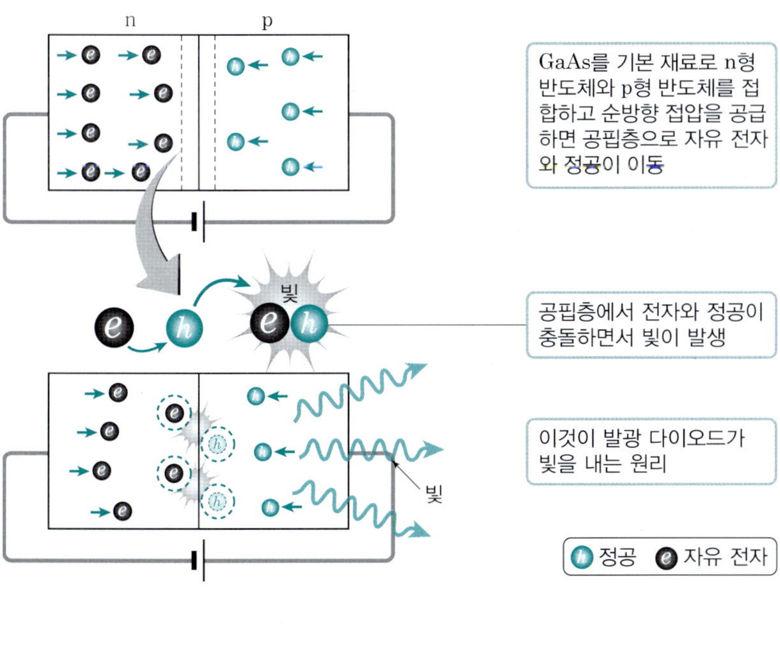

그림 3.16 LED에서 빛이 나오는 현상

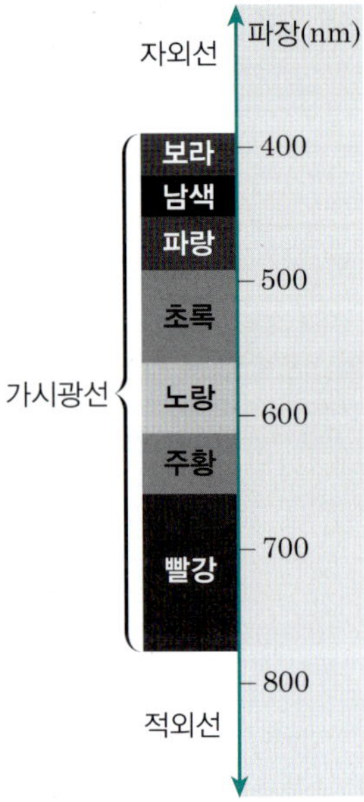

그림 3.17 **가시광선과 파장**

LED에 대한 이야기를 이해하기 위해서는 먼저 가시광선(可視光線)에 대하여 살펴보아야 한다. 이것은 전자기파 중에서 사람의 눈에 보이는 범위의 파장을 말하는데, 파장의 범위는 사람에 따라 다소 차이가 있으나, 대체로 380～770[nm]이다. 1[nm]는 10^{-9}[m]이다. 이것은 1[m]를 10억 개의 균일한 작은 거리로 나눌 때 그것의 1개 거리를 말한다. 가시광선 내에서는 파장에 따른 성질의 변화가 여러 종류의 색깔로 나타나며 빨강색으로부터 보라색으로 갈수록 파장이 짧아진다. 단색광인 경우, 대략 700～610[nm]는 빨강, 610～590[nm]는 주황, 590～570[nm]는 노랑, 570～500[nm]는 초록, 500～450[nm]는 파랑, 450～400[nm]는 보라로 보인다.

우리가 흔히 알고 있는 무지개를 상상하면 이해가 빠를 것이다. 일곱 가지 색으로 나타나는 광을 모두 합치면 흰색으로 보이는데, 이러한 이유 때문에 태양이 희게 보이는 것이다. 태양 광선 아래에서 하얀 색깔의 종이가 하얗게 보이는 이유는 일곱 가지 색을 모두 반사하기 때문이고, 파란색의 종이가 파랗게 보이는 것은 가시광선 중에서 파란색만을 반사하여 그 색깔만 눈에 감지되기 때문이다. 빨강보다 파장이 긴 빛을 적외선, 보라보다 파장이 짧은 빛을 자외선이라 하고, 대기를 통해서 지상에 도달하는 태양 복사(輻射radiation)의 광량은 가시광선 영역이 가장 많다. 사람의 눈의 감도가 이 부분에서 가장 높은 것은 그 때문이다. **복사**radiation란 태양 등 발생원으로부터 에너지가 나와서 주위의 매질을 통해 전파되어 가는 과정과 그 과정 중에 포함된 에너지를 말한다.

> **복사(輻射, radiation)**
> 열이나 전자기파(電磁氣波)가 물체로부터 바퀴살처럼 방출되는 현상을 말하는데, 물체를 가열하여 온도를 높이면 점차 붉은색, 주황색, 노란색, 흰색 등의 가시광선을 내어 우리 눈에 보이게 된다. 물론 태양에서 나오는 보이지 않는 자외선 등도 존재한다. 이와 같이 물체를 가열함에 따라 그 물체에 쌓이는 열에너지가 전자파의 형태의 에너지로 빠져나가는데, 이러한 전자파의 방출 현상을 복사라고 한다.

이제 우리 생활 속에서 LED가 어떻게 사용되는지 살펴보자. 빛의 삼원색은 빨강(Rred), 녹색(Ggreen), 파랑(Bblue)이다. 이 세 가지 색으로 사람이 볼 수 있는 모든 색을 만들 수 있다. 사람이 볼 수 있는 색은 정해져 있다. 무지개색만 볼 수 있다. LED가 이 가시광선을 만들 수 있다. LED는 여러 가지 재료를 섞어 다양한 빛을 낼 수 있다고 하였다.

우리의 생활 속에서 쉽게 접할 수 있는 색은 무엇이 있을까?

형광등이 있다. 형광등은 흰색을 내는 전기용품이다. 형광 램프는 유리관 내벽에 형광 물질이 도포되어 있으며 텅스텐 코일로 만들어진 2중, 3중의 필라멘트가 설치된 전극이 있고, 그 필라멘트가 발열할 때 전자가 방출되는데, 이것이 열전자이다. 이 열전자를 방출시켜 방전이 지속되면서 방전에 따른 전자가 형광등 내의 수은 원자와 충돌하여 자외선을 발생시키게 된다. 그 자외선이 형광등 내벽에 도포되어 있는 형광 물질에 충돌하여 흰색(백색)을 내는 것이다. 관 내벽에는 방전을 용이하게 하기 위해 아르곤(Ar) 가스와 미량의 수은이 봉입되어 있다. 형광등 내벽에 도포하는 형광 물질의 종류에 의하여 백색, 주광색, 녹색, 청색 등 여러 종류의 빛을 얻을 수 있는 것이다.

방전이란 비교적 압력이 높은 기체 속에 두 개의 전극을 넣고 높은 전압을 걸었을 때, 기체가 이온화되어 갑자기 절연의 능력을 잃고 두 전극 사이에 이온에 의한 큰 전류가 흐르는 현상이다.

이런 형광등의 일을 LED가 할 수 있다. 백색광을 만들기 위해서는 LED에서 나오는 빨강, 녹색, 파랑의 빛을 모두 섞거나, 파랑색을 내는

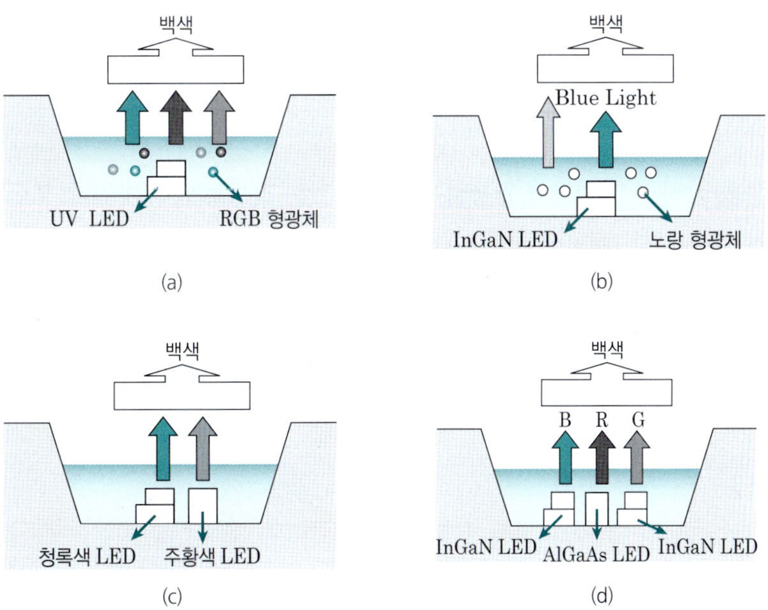

그림 3.18 **백색 LED의 제조 방법** (a) 청색 칩에 형광체 조합 (b) 자외선 칩에 형광체 조합 (c) 보색 관계에 있는 2개의 칩 (d) RGB를 모두 섞는 방법

LED에 어떤 형광 물질을 도포하면 백색광을 얻을 수 있다. 그래서 LED가 형광등을 대신할 수 있는 것이다.

백색 LED를 만드는 방법을 그림 3.18에서 보여 주고 있다. 그림 (a)는 청색 LED 칩 위에 노랑 형광체를 조합하여 백색을 내는 방법이며, 그림 (b)는 자외선을 내는 LED 칩에 형광체를 조합하여 백색을 내고 있다. 한편, 그림 (c)와 (d)는 2개, 3개의 LED 칩을 이용하여 백색을 내는 방법인데, 그림 (c)는 보색 관계를 이용한 것이며, 그림 (d)는 빨강, 녹색, 파랑을 모두 섞어 백색을 내는 방법이다.

LED의 장점
기존의 광원에 비해 극소형이며, 소비 전력이 적고(1/10), 수명이 기존의 전구에 비해 10배 이상이다. 또한, 반응 속도가 빠르며(기존의 1,000배), 자외선과 같은 유해파의 방출이 없고, 수은 및 기타 방전용 가스를 사용하지 않는 환경 친화적인 광원이다.

LED는 소비 전력이 형광등의 1/2배, 백열등의 1/8배로 낮을 뿐만 아니라 광원의 크기가 작고, 얇고, 가벼우면서도 백열전구의 100배가 넘을 정도로 수명이 길다. 또한, 형광등 속에 있는 수은이나 방전용 가스를 사용하지 않으므로 친환경적이어서 경제성이 우수한 전기용품에 장착할 수 있어서 주목받고 있는 소자이다. 이뿐만이 아니라 전광판, 신호등, 자동차의 각종 램프, 휴대 전화, LED TV 등에 쓰이며, 최근에는 질병의 치료 목적으로도 사용되고 있다.

백색을 내는 LED에서는 가시광선이 나오고, 빨강색을 내는 LED는 적외선이 나온다. 가시광선은 사람의 눈으로 볼 수 있는 빛이고, 적외선은 가시광선보다 파장이 길어 사람의 눈으로 감지할 수 없는 빛이다. 적외선의 응용으로 LED에서 나오는 긴 진동파를 이용하여 어깨 결림, 관절통, 상처 등의 치료에 활용하여 효과가 있는 것으로 알려져 있다. 또한, 각종 농산물을 성장시키거나 인간의 감성 조명등으로 그 응용 범위가 확대되고 있다.

5 전계 효과 트랜지스터(FET)

1 전계 효과란 무엇인가

전계 효과를 이해하기 위해서는, 먼저 커패시터의 원리를 살펴보아야 한다. 앞에서 살펴보았듯이 커패시터는 충전과 방전의 기능을 가지고 있다.

그림 3.19는 커패시터의 역할을 나타낸 것이다. 두 금속판 사이에 절연체가 삽입되어 있는 구조이다. 공기가 들어가 있는데, 이것도 절연체의 일종이다. 위쪽의 금속판에는 (+)전압, 아래쪽의 금속판에는 (−)전압을 걸어 주면 정전 유도 현상이 생겨 (+)극과 (−)극 사이에 전계가 생긴다. 이 전계는 힘과 방향을 가지고 있다. **전계**electric field란 전기를 띤 물체의 주위에 전기적 작용이 미치는 공간을 말한다. 그림 3.19 (a)의 커패시터가 작용하기 위해서는 그림 (b)와 같이 (+)전기와 (−)전기 사이에서 발생하는 전기력선이 만들어져 전기장이 형성되어야 한다.

그림 3.19 (a) 커패시터와 (b) 전계의 역할

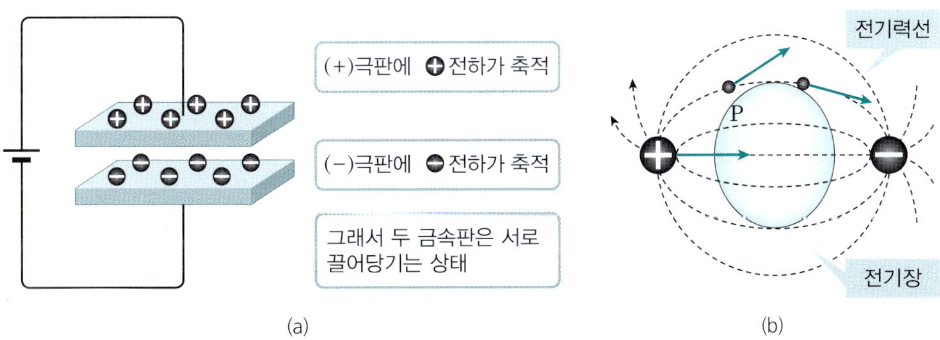

그러므로 전계가 작용하는 범위에 전기를 만드는 전자나 정공이 있다면 이들은 전계의 힘을 받아 전계가 가리키는 방향으로 이동하게 되는 성질이 있다. 이러한 현상을 **정전 유도 현상**이라고 하였다. 그리고 전계의 힘에 의해서 전자나 정공이 어느 곳으로 모이는 현상을 **전계 효과**(電界效果electric field effect)라고 한다.

그림 3.20 ⓐ와 같이 금속에 (+)전압을 인가하면 절연체에 전계가 위에서 밑으로 작용하므로 p-si 표면에 전자가 모이고, 그림ⓑ는 (-)전압의 공급으로 정공이 표면에 모이게 된다. 이것이 전계효과이다.

그림 3.20 **전계 효과 개념**

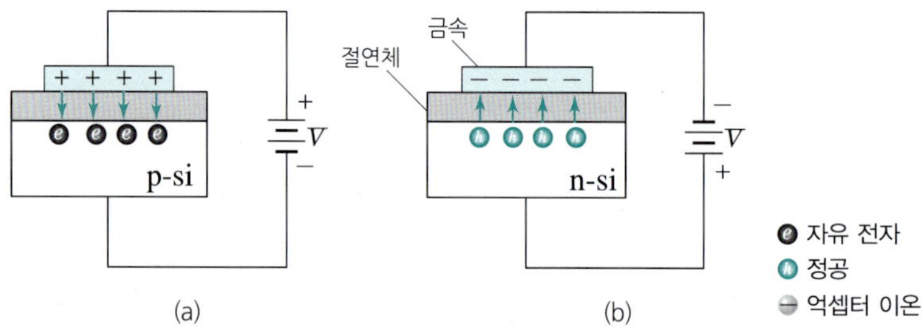

그림 3.21 **전계 효과 트랜지스터**

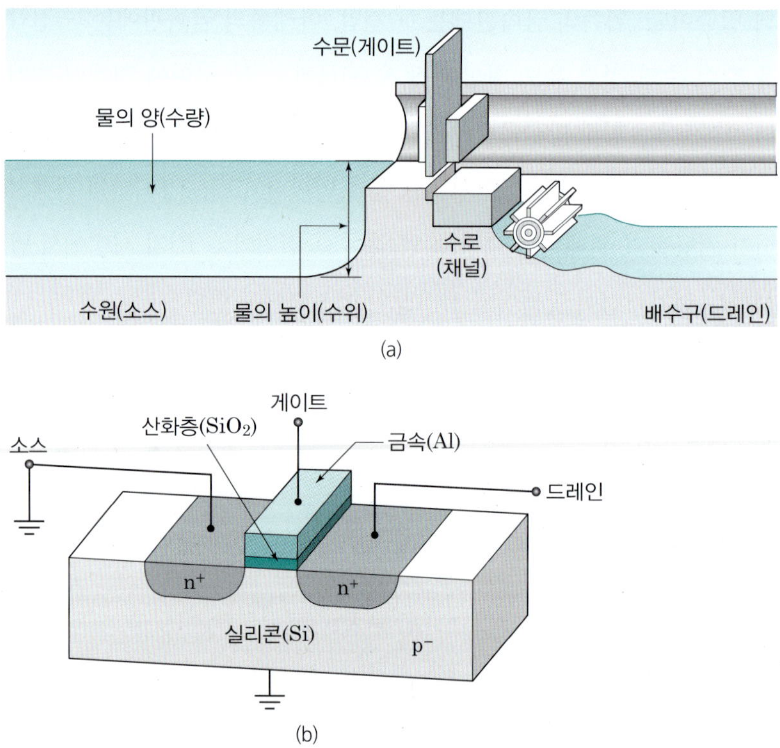

전계 효과를 이용하여 트랜지스터의 특성이 나오도록 구조를 설계 제조하여 전계 효과 트랜지스터를 만들어 디지털 회로 등에 사용한다. 그림 3.21은 전계 효과 트랜지스터를 나타낸 것이다. 전계 효과 트랜지스터를 이해하기 위하여 그림 3.2에 나타낸 담수호를 그림 3.21 ⓐ에서 다시

보여 주고 있다. 그림 (b)와 비교하면 수원은 소스, 수문은 게이트, 배수구는 드레인으로 생각하면 각 단자의 의미를 알 수 있을 것이다.

그림의 중앙 부분을 보자. 위층의 금속판이 있는데, 이것이 **게이트**gate 전극이다. 게이트란 문이라는 뜻이다. 그 밑에 절연체가 있고 그 밑에 p형 반도체가 적층 구조로 되어 있다. 이 부분이 바로 커패시터의 구조가 되는 것이다. 이 부분을 MOS 커패시터라 부르기도 하는데, 이는 위쪽부터 금속-산화막-반도체의 적층 구조가 바로 커패시터의 역할을 하기 때문이다. 여기에 게이트가 있는 중앙 부분의 왼쪽, 오른쪽에 n형 반도체를 똑같이 만들어 넣었다. 즉, 중앙 부분을 중심으로 왼쪽, 오른쪽이 대칭이 되는 것이다. 한쪽을 **소스**source, 즉 원천 또는 상수원(上水源)이라 하고, 오른쪽을 **드레인**drain, 즉 하수(下水)라는 뜻의 단자를 붙여 전계 효과 트랜지스터가 된 것이다. 그러니까 우리 가정에서 사용하고 있는 상수도와 하수도, 상수와 하수를 제어하는 수도꼭지를 연상할 수 있는 구조이다.

이제 그림 3.22를 통하여 전계 효과가 되는 과정을 살펴보자. 그림 (a)에서는 게이트에 (+)전압을 걸어 주었다. 그러면 금속판에 (+)전하가 생

그림 3.22 전계 효과 트랜지스터의 동작

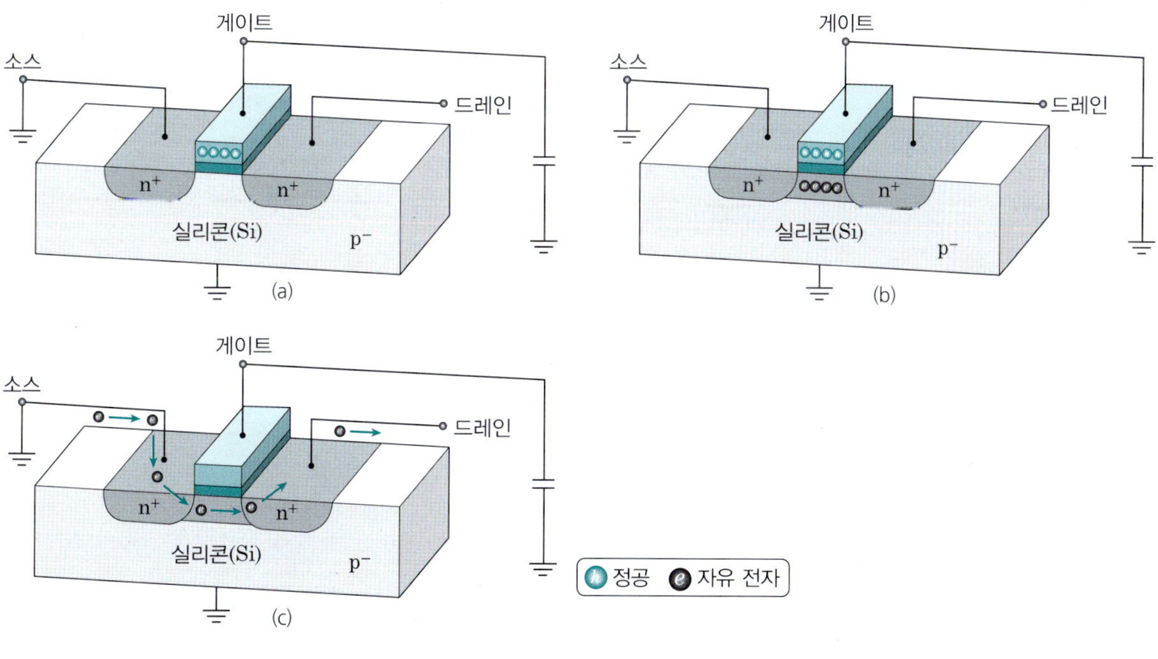

그림 3.23 **nMOS의 구조**(전압을 공급하지 않은 경우)

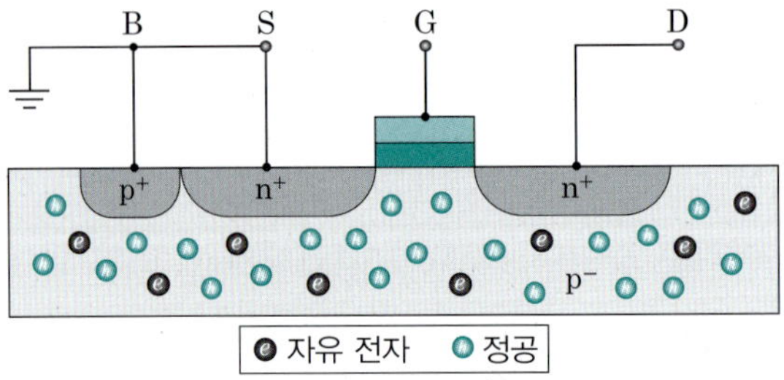

길 것이다. 그러면 정전 유도 현상에 의해 전계가 수직 방향으로 형성될 것이고, 이 전계의 힘이 p형 기판에 미치게 되어 p형 반도체에 있던 전자가 그 표면으로 모이게 된다. 그림 (b)와 같이 절연체 밑에 전자들이 모이게 되는데 이것이 전계 효과이다. 전계 효과로 전자가 지나갈 수 있는 길이 만들어진 것이다. 이 길을 채널channel이라고 한다.

라디오 방송에도 채널이라는 말을 쓰고 있다. 각 방송국에서는 특정의 주파수 대역, 즉 채널을 설정하여 놓고, 이 채널을 통하여 특정의 주파수가 통과할 수 있도록 길을 만들어 준 것이다. 마찬가지로 전자가 통과하여 이동할 수 있도록 길을 만든 것이다. 전자가 지나갈 수 있도록 한 것을 n 채널이라고 한다. 물론 정공이 지나갈 수 있게 한 것도 있는데 이것은 p 채널이라고 한다. 앞에서 n은 전자, p는 정공의 의미가 있다고 하였다. 그림 (c)에서 전자의 길인 n 채널이 만들어져 전자가 이동하고 있는 상태를 보여 주고 있다. 전자가 이동하여 드레인 전류를 만드는 것이다. 이것이 MOSFET의 기본 동작이다.

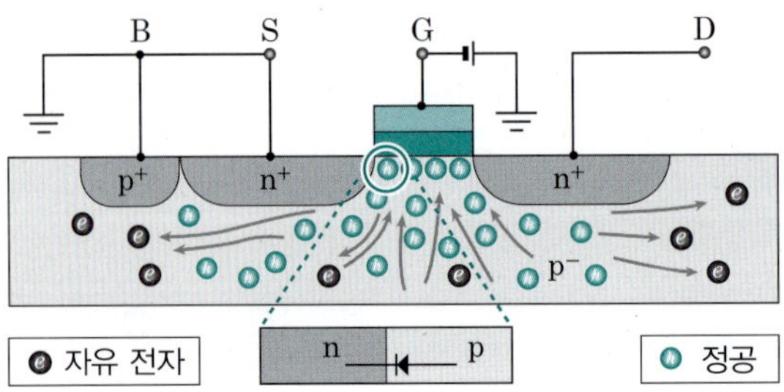

그림 3.24 **nMOS의 전자와 정공의 이동**($V_{GS} < 0$)

2 nMOS의 동작

전계 효과 트랜지스터는 pMOS가 먼저 개발되어 사용되었고, 그 다음 nMOS, CMOS의 순으로 개발되었다. 먼저 nMOS의 동작에 관하여 살펴보자.

그림 3.23에서 nMOS의 단면을 보여 주고 있는데, 기판은 p형 반도체이다. 그러므로 정공이 많이 있고, 전자가 적은 물질의 특성을 갖는다. 외부의 단자에 전압이 공급되지 않은 상태이다.

p형 반도체이므로 기판에는 정공이 전자보다 많이 분포하고 있다. 전압은 전위차와 같은 것이므로 전압을 표시할 때는 항상 기준 전압이 있어야 한다.

지금 그림 3.24에서는 FET의 세 단자, 즉 소스, 게이트, 드레인이 표시되어 있고, 소스와 기판(이것을 영어로 bulk라고도 한다)이 접지와 연결되어 있다. 여기서 먼저 게이트 전압이 음(-)의 전압이라고 하자. 게이트-소스 사이의 전압 V_{GS}가 0[V]이다. 게이트에 음(-)전압이 공급되면, 게이트 밑에 있는 MOS 커패시터의 산화막에 강한 전계가 만들어지는데, 이 전계의 힘 방향이 위쪽으로 걸리니까 산화막 밑의 반도체 표면에 정공이 많이 모이는 정공의 축적 효과가 나타난다.

축적 효과란 기판이 p형 반도체이어서 원래 정공이 많이 있는 물질인데, 정전 유도 현상에 의해서 기판 표면에 더욱 많은 정공이 쌓이는 현상

그림 3.25 nMOS의 (a) 게이트 전압이 낮을 때와 (b) 높을 때의 상태

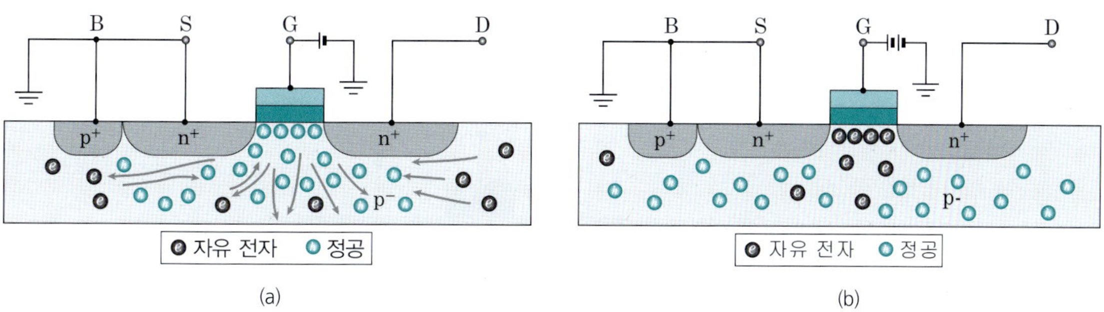

을 말한다. 소스 영역과 기판 표면 사이에는 p-n접합 다이오드가 있는 것으로 생각할 수 있다. n형에 비하여 p형의 전압이 높지 않으므로 전류가 흐를 수 없는 상태이다. 소스에서 드레인으로 전류가 흐르지 못하는 스위치-차단(SW-OFF) 상태가 된다.

이제 그림 3.25 (a)와 같이 게이트 전압이 낮은 양(+)의 전압으로 바뀌게 되면 산화막에 걸렸던 전계의 힘이 점차 반대로 걸리게 된다. 그러면 게이트 밑에 몰렸던 정공들이 기판의 밑부분으로 밀려나고 대신 음(-)전하인 자유 전자들이 게이트 밑으로 몰려오기 시작한다. 게이트의 전압이 양(+)전압으로 더욱 커지게 되면 그림 (b)와 같이 되어 기판의 표면이 n형의 성질을 띠게 된다. 게이트의 전압에 의해서 산화막에 전계가 생겨 반도체의 표면이 반대의 성질로 바뀌게 된다. 그러면 소스의 n^+ 영역의 소스 영역과 역시 n^+ 영역의 드레인이 서로 연결되는 효과를 가져온 것이다. 즉, 두 영역으로 전자가 이동할 수 있는 길이 만들어진 것이다. 이와 같이 전하가 이동할 수 있는 길인 통로를 채널이라고 하였다. 전자가 이동할 수 있는 통로이므로 n 채널이라고 이름을 붙여 사용하고 있다. 전자가 소스에서 드레인으로 이동하였으니 전류는 드레인에서 소스로 흐른 것이다. 이 상태가 스위치-접속(SW-ON) 상태이다.

여기서 결론을 내 보자. nMOS는 게이트 전압이 0[V] 이하이면 SW-OFF 상태가 되고, 문턱 전압 이상이 되면 스위치-접속(SW-ON) 상태가 된다. 문턱 전압은 대략 0.6~0.7[V]이다. nMOS에서 게이트를 중심으로 왼쪽, 오른쪽에 있는 소스와 드레인 영역은 물성적 특성이 동일하다. 다만, 전압이 높은 쪽이 드레인이 되고 낮은 쪽이 소스 단자가 된다.

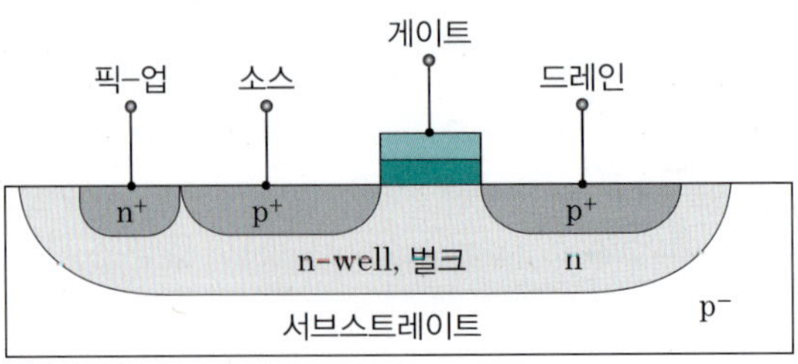

그림 3.26 n-well pMOS의 구조

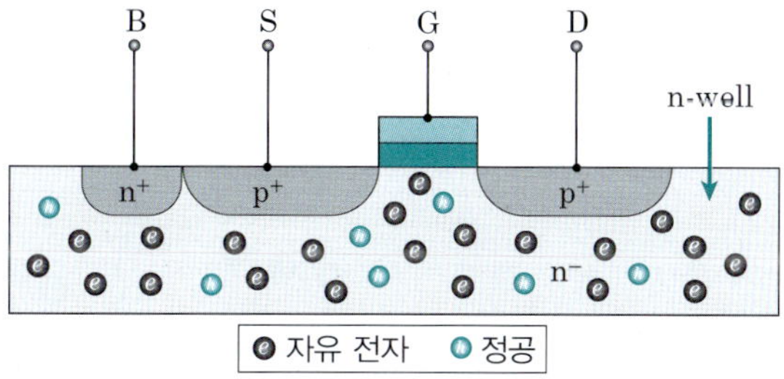

그림 3.27 pMOS의 구조

3 pMOS의 동작

그림 3.26은 pMOS의 구조를 나타낸 것이다. 기본적으로 nMOS와 다를 것이 없다. 다만, n−well 영역이 존재하고, 그 속에 게이트를 중심으로 왼쪽과 오른쪽에 p^+ 영역이 있는 점이 다르다.

well이란 우리말로 우물이라는 뜻이다. n−well은 전자가 많이 있는 우물이라는 말이다. n−well이 필요한 이유는 MOS 소자를 만들 때는 기판의 물질과는 반대의 물질로 만들어야 하기 때문이다. 즉, nMOS에는 p형 반도체 기판, pMOS를 만들 때는 n형 기판이 필요한 것이다. p형 기판 위에 pMOS를 만들어야 하니 n형 기판이 필요한 것이다. 그래서 n−well 영역을 만든 것이다. 이것은 CMOS를 전제하여 한 것이다. CMOS는 하나의 기판 위에 두 개의 소자를 제작해야 하기 때문이다.

이제 pMOS의 동작을 살펴보자. pMOS는 nMOS와 반대로 생각하면

그림 3.28 pMOS의 양(+)의 게이트전압의 기판 상태

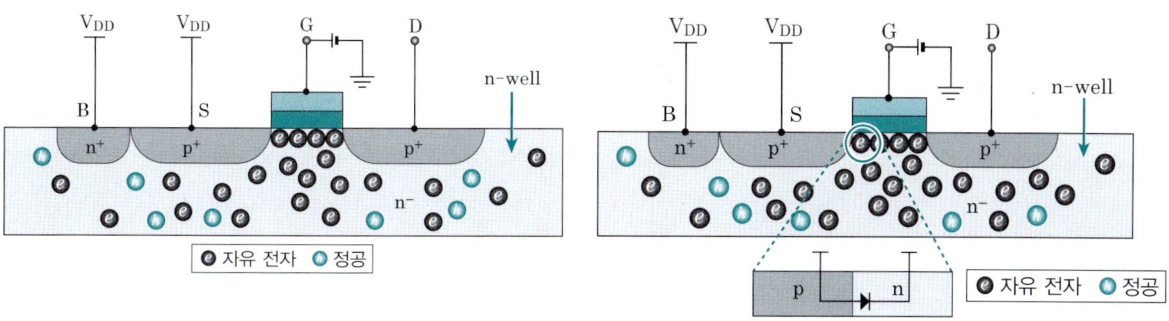

(a) (b)

그림 3.29 **pMOS의 p 채널의 형성**

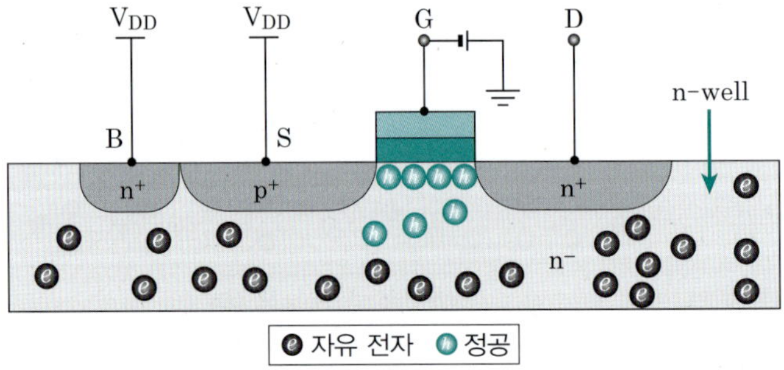

된다. 그림 3.27에서는 전압이 공급되지 않은 pMOS의 상태를 보여 주고 있다.

기판으로 쓰이는 n-well은 전자가 많이 있고, 상대적으로 정공이 적게 분포하는 것이다. 그런데 n^- 표시가 있다. 이것은 무엇인가? 반도체 소자를 만들 때 불순물을 넣어 주어야 하는 것은 이미 알고 있다. n^-, n^+, p^+ 등의 표시는 불순물의 양을 나타낸다. 그러니까 n^+는 n^-보다 불순물의 양이 많다는 것을 의미한다. 그 차이는 대략 1,000배 정도이다.

그림 3.28 (a)를 보자. 기판(bulk)과 소스에 전원 전압 V_{DD}가 공급되었고, $V_{GS}>0$, 즉 게이트 전압이 소스 전압보다 높을 때, 산화막에 걸리는 전계가 게이트 밑의 n형 표면에 전자들이 몰려들게 하면서 정공을 밀쳐내는 작용을 하게 된다. 그림 (b)와 같은 방향의 p-n 접합 다이오드가 생기는 것으로 볼 수 있다.

이 상태에서는 p형과 n형 사이의 전압이 같으므로 전류가 흐르지 못한다. 이제 그림 3. 29와 같이 게이트 전압이 계속 떨어져서 음(-)의 값에 도달, 즉 $V_{GS}<0$ 이면 정공이 게이트 밑으로 모이고 전자들은 기판으로 밀려날 것이다. 정공이 게이트 밑으로 몰려와 정공이 지나갈 수 있는 길이 만들어졌다. 즉, p 채널이 생겨 소스에서 드레인으로 정공이 이동할 수 있는 것이다. pMOS에서도 문턱 전압이 있는데, 보통 −0.6~−0.7[V] 정도이다.

4 CMOS의 동작

CMOS는 앞에서 살펴본 nMOS와 pMOS를 하나의 기판에 제작한 것이다. 두 개의 소자를 하나의 기판에 제작해야 하므로 기판과 반대의 불순물층인 불순물 우물이 필요하다. 종류는 n-well, p-well, twin-well 등이 있다.

그림 3.30에서는 twin-well의 CMOS 소자를 보여 주고 있다. CMOS의 동작은 앞서의 nMOS와 pMOS의 동작을 생각하면 된다. 그림에서는 pMOS와 nMOS의 드레인을 묶어 출력 단자로 쓰고, 두 소자의 게이트를 묶어 입력 단자로 쓰면 바로 CMOS 인버터를 쉽게 만들 수 있다. 디지털 회로를 설계할 때 NOT 개념, 즉 NAND 혹은 NOR 게이트만의 디지털 회로 설계 등의 이유도 이와 같이 CMOS로 인버터를 쉽게 만들 수 있기 때문이다.

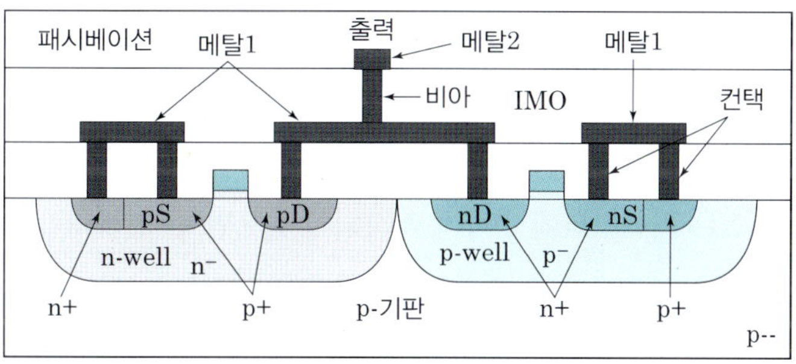

그림 3.30 CMOS의 단면 구조

6 반도체 메모리

1 우리의 두뇌를 닮은 반도체

반도체 분야에서 쓰이고 있는 메모리memory라는 말은 반도체 기억 소자라고 번역한다. 이것은 컴퓨터 등에서 정보와 명령을 저장하는 기능의 역할을 하는 반도체 소자이다. 반도체 메모리에는 몇 가지 종류가 있다. 기본적으로 DRAMdynamic random assess memory과 SRAMstatic random access memory이 있다.

RAM(Random Access Memory)
기억된 정보를 읽어 내기도 하고 다른 정보를 기억시킬 수도 있는 메모리로, 전원이 끊어지면 휘발유처럼 기록된 정보도 날아가기 때문에 휘발성 메모리라고도 한다. 따라서 컴퓨터의 주기억 장치, 응용 프로그램의 일시적 로딩(loading), 데이터의 일시적 저장 등에 사용된다.

RAM이란 컴퓨터, 휴대 전화 등의 정보 기기에 사용되는 메모리로 기기 속에 데이터를 기억시킬 수 있으며, 또 불러 낼 수 있는 기능이 있다. 즉, 정보 '1' 또는 '0'을 써 넣을 수 있고, 기억된 정보를 읽어서 불러올 수 있다. 이런 연유로 **읽기/쓰기 메모리**(RWMread/write memory)라 부르기도 한다. **SRAM**은 전원이 공급되는 동안은 기억된 정보를 그대로 유지하기 때문에 '정적(靜的)static'이라 하는 것이다. DRAM은 커패시터의 충·방전에 따라 정보를 기억하고 읽어 내는 기능의 소자로, **기억 세포**memory cell에 있는 커패시터에 전하가 저장되어 있으면 이 전하의 양은 시간이 지남에 따라 줄어들게 되어 있다. 왜냐하면 커패시터는 어떤 원인에 의하여 방전할 수 있기 때문이다. 그래서 '동적(動的)Dynamic'이라는 말을 쓰게 된 것이다.

DRAM (Dynamic Random Access Memory)
RAM의 한 종류로, 저장된 정보가 시간에 따라 소멸되기 때문에 주기적으로 재생시켜야 하는 특징을 가지고 있다. 구조가 간단해 집적이 용이하므로 대용량 임시 기억 장치로 사용된다. DRAM은 SRAM보다 구조가 간단하다. 한 비트를 구성하는데 SRAM은 여섯 개의 트랜지스터가 필요한 반면, DRAM은 한 개의 트랜지스터와 한 개의 축전지가 필요하다. 따라서 고밀도 집적에 유리하다. 또한 전력 소모가 적고, 가격이 낮아 대용량 기억 장치에 많이 사용된다. DRAM은 전원이 차단될 경우 저장되어 있는 자료가 소멸되는 특성이 있는 휘발성 기억 소자이다. DRAM은 우리나라 반도체 산업의 주류를 이루고 있는 것으로 반도체 사업 중에서 비중이 매우 큰 제품이다.

DRAM의 경우 손톱만 한 면적에 수십 억 개의 작은 **기억 세포**memory cell가 존재한다. 이 기억 세포 1개에 1 비트의 정보가 저장된다.

그림 3.31 (a)에서는 DRAM 메모리셀을 보여 주고 있는데, MOS형 트랜지스터와 커패시터 각 1개로 구성되어 있다. 그림 (b)는 **비트선**bit line과 **워드선**word line이 배선되어 있는 것을 나타낸 것이다. 워드선은 어떤 셀을 선택할 것인가의 기능을 가지며, 비트선은 정보를 공급하기 위한 것이거

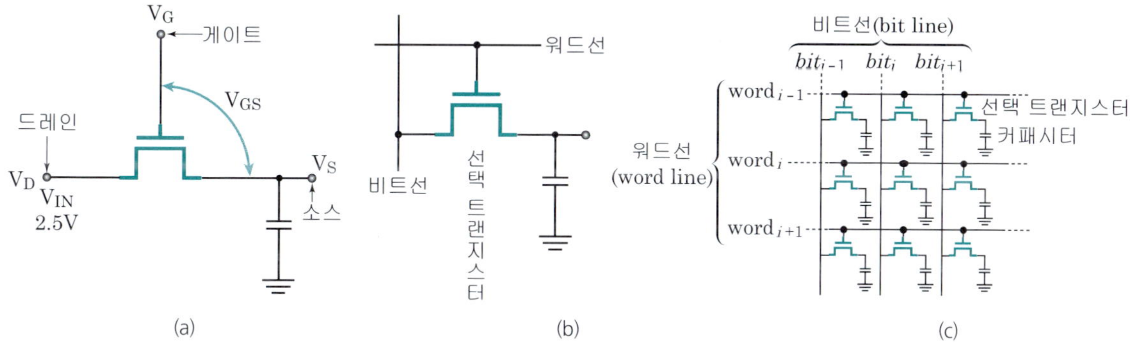

그림 3.31 (a) 기본 메모리셀의 구조 (b) 1_cell 메모리망 (c) 9_cell 메모리망

나 저장된 정보를 감지하는 기능을 갖는다. 그림 (c)에서는 메모리셀들의 집합체인 **메모리망**memory matrix을 보여 주고 있는데, 구성되어 있는 망 속에 수많은 정보가 기억되는 것이다. 여기서 워드선은 게이트 단자를 공통 접속하고, 비트선은 드레인 단자를 공통 접속하였다.

보통 64 Mb DRAM의 경우, 메모리 매트릭스의 크기는 1[cm]×2[cm]의 면적에 6,400만 개의 메모리셀을 집적하여 사용하고 있다. 즉, 6,400만 개의 정보를 동시에 기억시킬 수 있는 것이다. 이 메모리셀의 수를 무한히 증가시킬 수 있다면 사람의 두뇌에 접근할 수 있을 것이다. 요즈음의 증가 추세라면 인간의 두뇌를 따라잡을 날이 그리 머지않아 보인다.

SRAM
(Dynamic Random Access Memory)
플립플롭 방식의 메모리 장치를 가지고 있는 RAM의 하나이다. 전원이 공급되는 동안만 저장된 내용을 기억하고 있다.

2 메모리셀에 전하가 있는가 없는가에 따라

보통 컴퓨터 등 정보 기기의 기억 능력은 메가바이트(M byte)로 표현한다. 메모리셀 1개의 기억 능력이 1비트이다. 8비트가 1바이트이므로 4 M($4\times2^{10}\times2^{10}$)바이트이면 4,194,304비트이다. 즉, 4,194,304개의 메모리셀이 있다는 것이고, 4,194,304개의 정보를 동시에 저장할 수 있는 능력을 갖게 되는 것이다.

이 메모리셀에 있는 커패시터는 전하가 있는 경우와 없는 경우로 나눌 수 있는데, 전하가 있으면 '1'의 상태, 없으면 '0'의 상태가 되는 것이다.

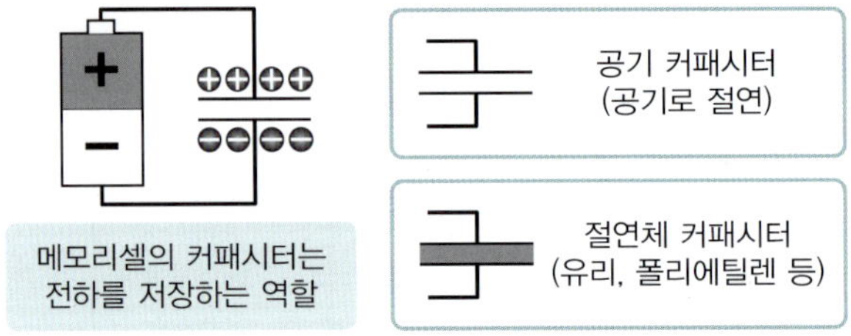

그림 3.32 커패시터에 전기를 담는다.

전하가 저장되는 원리는 겨울철에 오는 눈에 비유할 수 있다. 눈이 많이 오는 겨울에 밖에 놓아 둔 그릇에 눈이 소복이 쌓이는 것을 생각하면 될 것이다. 그릇에 눈이 쌓이면 정보 '1', 눈이 녹아 없어지면 정보 '0'으로 생각하면 이해할 수 있을 것이다. 그림 3.32에 커패시터에 전하가 저장되는 상태를 나타내었다. 메모리셀의 커패시터의 역할은 전기를 담아 두거나, 담겨져 있는 전하를 빼내는 것이다. 커패시터는 공기를 사용하거나 유리, 폴리에틸렌polyethylene 등의 절연체를 사용한다.

그림 3.33은 DRAM셀의 기본 동작을 나타낸 것이다. 그림 (a)와 같은 상태에서는 커패시터에 전하가 존재할 수 없다. 왜냐하면 MOS 트랜지스터의 게이트에 연결된 워드선에 전압이 공급되어 있지 않기 때문이다. 그러나 그림 (b)와 같이 워드선에 (+)전압, 비트선에 (−)전압을 공급하면 비트

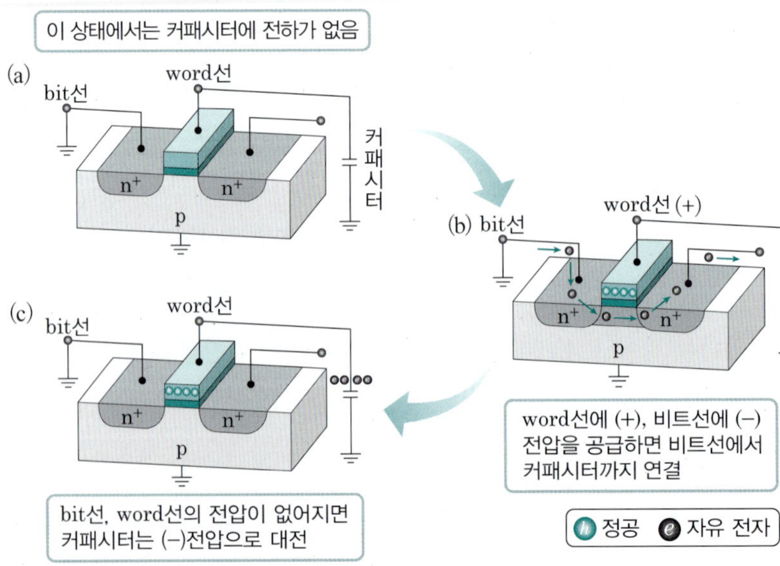

그림 3.33 DRAM 메모리셀의 동작

선에서 커패시터로 전자가 이동하여 전하를 축적한다. 그림 (c)에서는 비트선과 워드선의 전압을 없애면 커패시터에는 (-)전하가 대전하게 된다.

3 DRAM과 SRAM에서 MOS 트랜지스터의 역할

결국 비트선은 전하를 감지하는 기능을 갖는 것이다. 비트선과 워드선 사이에 접속되어 있는 MOS 트랜지스터가 n 채널인 경우를 살펴보자.

이것을 일반적으로 엔모스(nMOS)라고 부른다. 그림 3.34 (b)와 같이 게이트의 금속판에 워드선이 연결되어 있어 여기에 (+)전압을 인가한다. 그러면 전계 효과가 일어나 채널이 만들어지고, 커패시터에서 비트선까지 연결 상태가 되니까 커패시터의 전하가 비트선으로 이동하게 된다. 그 결과 비트선에 (-)전기 신호가 출력된다. 반대로 데이터의 쓰기 기능은 워드선에 (+) 전압을 걸면 비트선으로부터 커패시터까지 연결된다. 그래서 비트선에서 전자를 끌어와 커패시터에 전하가 저장되어 정보를 기억하는 것이다. 이것이 DRAM이다.

여기서 MOS 트랜지스터의 기능을 살펴보면 MOS를 통하여 커패시터에 전하를 저장하거나 저장된 전하를 빼내는 역할을 하므로, MOS 트랜지스터는 스위치switch 역할을 하는 것이다.

이제 SRAM을 살펴보자. DRAM의 경우는 1개의 메모리셀에 1개의

그림 3.34 DRAM에서 MOS의 역할

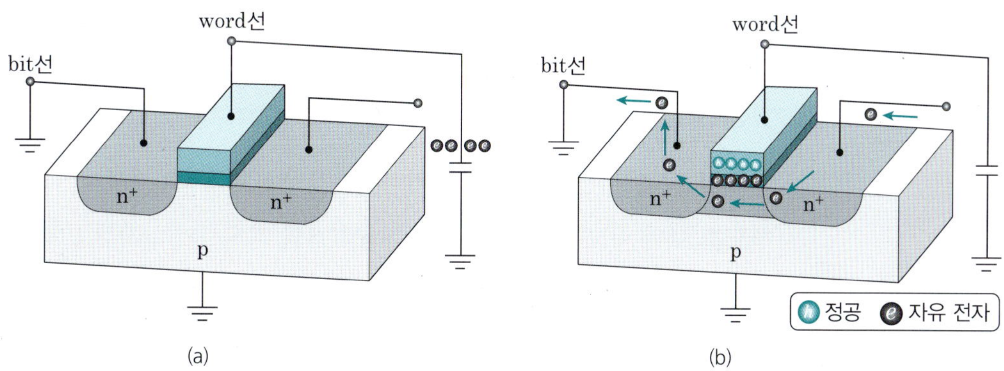

그림 3.35 SRAM의 구조

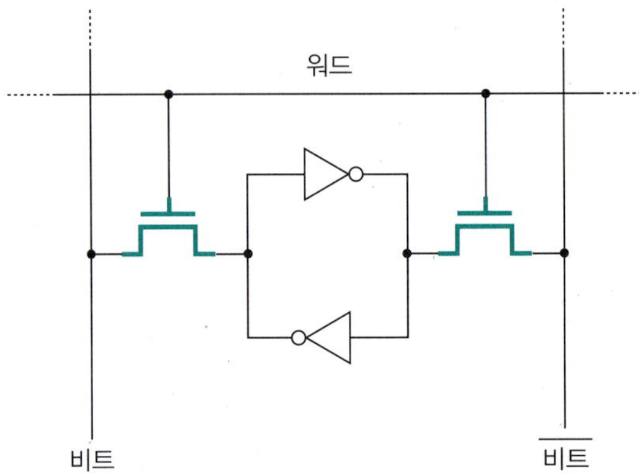

트랜지스터가 필요하였다. SRAM은 DRAM에 비하여 비교적 복잡한 구조를 가지고 있다. 그림 3.35에서 기본적인 SRAM의 메모리셀을 보여 주고 있는데, 커패시터는 사용하지 않는 특징이 있다. 중앙 부분의 소자는 앞서 살펴본 인버터이다. 직렬 연결된 인버터 두 개가 정보를 저장하는 역할을 한다. 인버터 한 개에 nMOS와 pMOS가 각 1개씩이므로 모두 6개의 트랜지스터로 구성되어 있다. 그리고 nMOS 트랜지스터의 게이트에 워드선, nMOS의 왼쪽에 비트선, 오른쪽에 $\overline{\text{비트}}$선이 연결되어 있는 구조이다. 좌·우의 nMOS는 전하를 공급하는 스위치 역할을 담당하게 된다. 전하가 기억되는 원리는 다음에 자세히 살펴볼 것이다.

4 여러 가지 메모리의 동작

(1) DRAM의 데이터 쓰기

그림 3.31 (c)에서 보여 준 DRAM의 메모리망 중에서 4개의 메모리셀 cell만 선택하여 그 동작을 살펴보자.

그림 3.36에서는 데이터 '1'을 기억시키기 위하여 4개의 메모리셀의 구성도를 보여 주고 있는데, 각 셀에는 nMOS와 커패시터가 각각 1개씩이고, nMOS의 게이트는 가로줄인 워드선 word_0와 word_1, nMOS의 드레인은 세로줄인 비트선 bit_0, bit_1에 각각 접속하여 구성하고 있다. 그리

고 각 셀의 명칭은 00_cell, 01_cell, 10_cell, 11_cell로 부르기로 한다.

① 01_cell에 2진수인 데이터 '1' 기억

먼저, 00_cell에 2진수인 데이터 '0', 01_cell에 2진수인 데이터 '1'을 기억시키는 원리를 살펴보자.

이 경우에는 그림과 같이 워드선 word_0에 2진수 '1'(이것은 nMOS에 2.5[V]를 공급하면 된다)을 공급하여 nMOS를 SW-ON시키고, 워드선 word_1에 연결되어 있는 nMOS의 게이트에 2진수 '0'을 공급하여 10_cell과 11_cell을 OFF시킨다. 이 상태에서 bit_0에 2진수 '0', bit_1에 2진수 '1'을 넣어 주면 00_cell에는 커패시터에 충전되어 있던 전하가 방전하여 논리 '0'이 될 것이다. 반면, 01_cell에는 논리 '1'로 충전될 것이다. nMOS의 높은 전압 쪽이 드레인이 되고 낮은 전압 쪽이 소스가 되기 때문에 높은 쪽에서 낮은 쪽으로 전하가 흘러 커패시터에 충전되는 것이다. 여기서 '2진수'와 '논리'라는 말은 넓은 의미에서 같은 뜻으로 보아도 좋다. 그리고 논리 '0'과 '1'의 전기적 의미는 각각 0[V], 2.5[V]를 나타낸다.

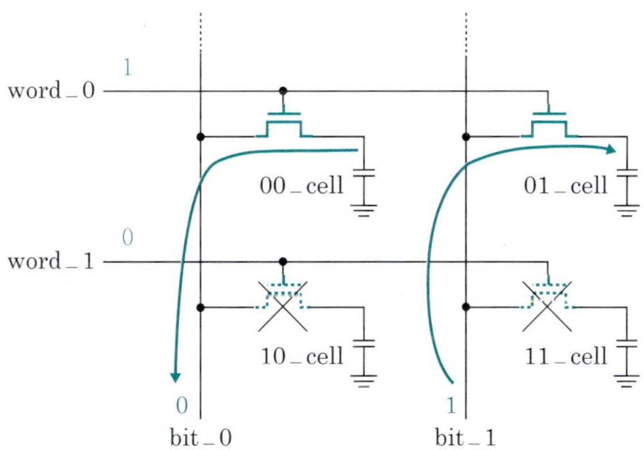

그림 3.36 4_셀 DRAM의 데이터 '1' 쓰기 동작(00_cell='0', 01_cell='1'의 경우)

② 10_cell, 11_cell의 번지에 논리 '1'을 기억시키는 경우

이제 10_cell과 11_cell의 두 곳에 논리 '1'을 기억하는 동작을 살펴보자.

그러자면 word_0='0', word_1='1'을 주어 00_cell와 01_cell을 SW-OFF시키고, 10_cell과 11_cell을 SW-ON시킨다. 이 상태에서 bit_0='1',

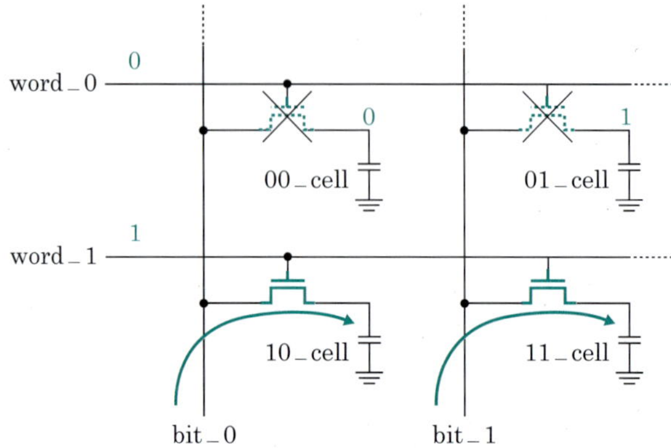

그림 3.37 4_셀 DRAM의 데이터 '1' 쓰기 동작(10_cell='1', 11_cell='1'의 경우)

bit_1='1'을 공급하면 00_cell과 01_cell의 커패시터에 전하가 충전하여 이 두 번지의 기억 셀에 논리 '1'이 기억되는 것이다. 이 동작을 그림 3.37에서 보여 주고 있다.

(2) DRAM의 데이터 읽기

■ 00_cell, 01_cell의 번지에 기억된 논리 '1'의 읽기

이번에는 DRAM에 기억된 논릿값을 읽어 보자.

그림 3.38과 같이 00_cell, 01_cell의 번지에 논리 '1'의 상태가 기억되어 있다고 하자. word_0='1', word_1='0'로 하여 00_cell, 01_cell의 nMOS가 SW-ON 상태가 된다. 그러면 커패시터에 저장되었던 데이터가 비트선 bit_0, bit_1으로 출력되어 저장된 값을 읽을 수 있게 된다. 여

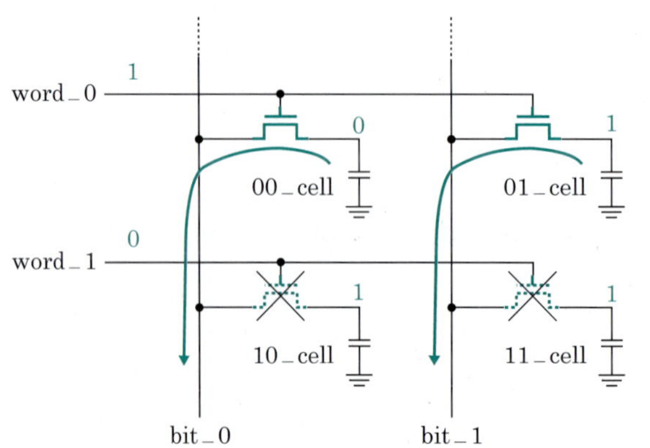

그림 3.38 00_cell, 01_cell의 번지에 기억된 논리 '1'의 읽기

기서 생각하고 넘어갈 것이 있다. 바로 커패시터의 충전과 방전이다. 커패시터는 전하를 저장하는 기능과 방전하는 기능이 있다고 하였다. 커패시터에 저장되어 있던 전하의 양이 어느 정도 방전되면 이것이 논리 '1'인지 논리 '0'인지 구별하기 어렵게 된다. 그래서 주기적으로 전하를 보충해 주어야 하는데, 이것을 **재충전**refresh이라고 한다. DRAM은 이런 재충전의 동작을 위한 회로와 방전을 지연시키는 회로 등이 추가되어 전체 회로가 다소 복잡한 특징이 있다.

(3) SRAM의 데이터 쓰기

SRAMstatic random access memory에 대한 동작을 살펴보자.

그림 3.39에서는 기본적인 SRAM의 회로도를 보여 주고 있는데, nMOS 2개, CMOS 인버터 2개로 구성되어 있다. CMOS는 nMOS와 pMOS로 구성되므로 결국 SRAM은 6개의 MOS 트랜지스터가 필요하다. 그림에서 보면 두 개의 nMOS의 게이트에 워드선, nMOS의 한쪽에 비트선, 다른 쪽에 $\overline{\text{비트}}$선이 접속되어 있다. 비트선과 $\overline{\text{비트}}$선은 서로 반대의 논릿값을 갖는다. 비트='1'이면, $\overline{\text{비트}}$='0'이 그것이다.

이제 SRAM에 논리 '1'을 써 보자. 논리 '1'을 기억시키기 위하여 그림 3.40을 살펴보자. 워드선의 값을 논리 '1'로 하면 두 개의 nMOS는 ON상태가 될 것이다. 이때, 비트='1', $\overline{\text{비트}}$='0'을 공급하면 이 두 값이 두 개의

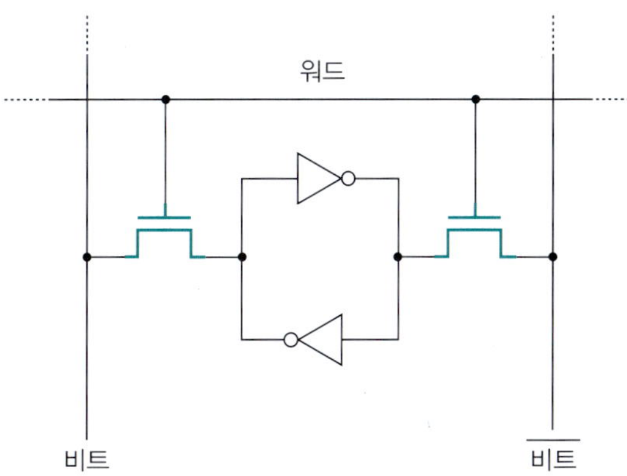

그림 3.39 SRAM의 구성도

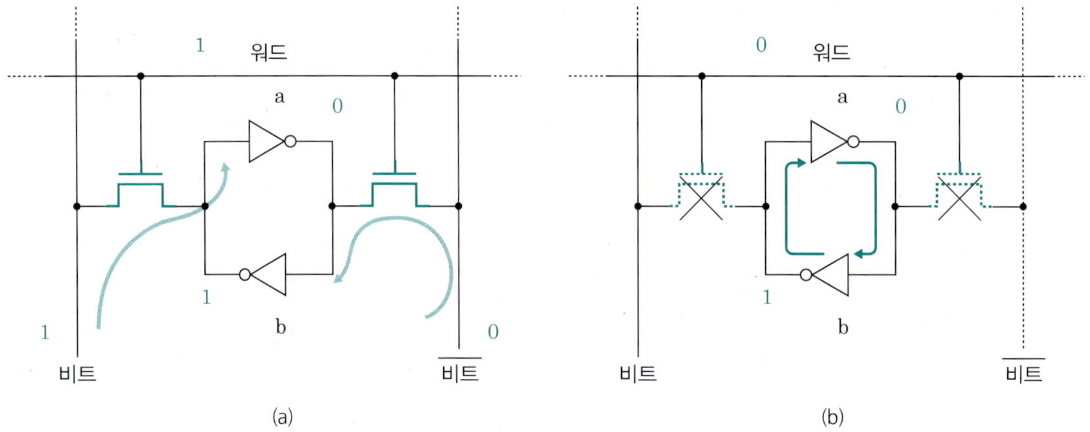

그림 3.40 SRAM의 (a) 논리 '1' 값의 입력 (b) 논리 '1' 값의 기억 유지

nMOS를 지나게 되는데, 비트='1' 값이 인버터 a의 입력으로 공급되어 논리 '0' 출력을 얻는다. 반면, $\overline{\text{비트}}$='0'의 값도 nMOS를 통과하여 인버터 b의 입력으로 들어가 논리 '1'의 출력을 얻을 수 있는 것이다.

논릿값을 기억시키고 난 후, 워드선의 값을 논리 '0'으로 하면 두 개의 nMOS는 SW-OFF 상태가 되므로 더 이상의 논릿값은 들어가지 못한다. 이러한 과정으로 서로 직렬로 연결된 두 개의 인버터가 계속 돌아 논릿값이 없어지지 않고 유지되는 동작으로 기억되는 것이다.

(4) SRAM의 데이터 읽기

이제 SRAM의 기억 내용을 읽어 내어 보자. 그림 3.41과 같이 워드선에 논리 '1'을 공급하자. 그러면 2개의 nMOS가 ON 상태가 될 것이고,

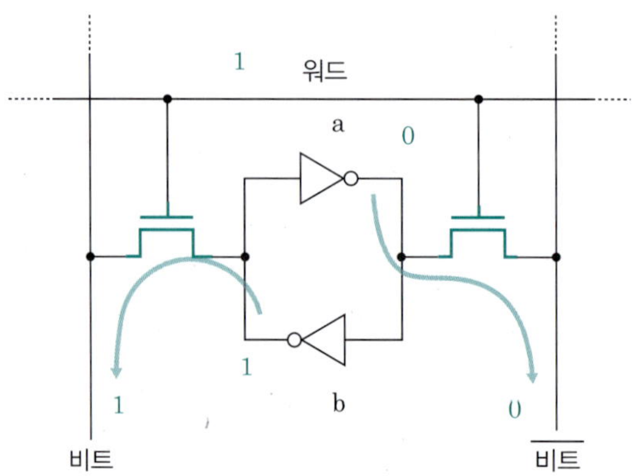

그림 3.41 SRAM의 논릿값 읽기(비트='1', $\overline{\text{비트}}$='0')

인버터 b의 출력이 왼쪽의 nMOS를 통하여 비트선으로 출력되고, 인버터 a의 출력이 오른쪽의 nMOS를 통하여 $\overline{\text{비트}}$선으로 출력되어 읽혀지는 것이다.

(5) ROM의 특성

일반적으로 ROMread only memory이라고 하면 마스크 ROM을 말한다. 이것은 불휘발성의 기본 구조로 웨이퍼를 제작하는 단계에서 미리 내용을 써 넣는 것이다. 그러므로 기억시킨 내용을 변경할 필요가 없는 고정적인 내용을 기억시키는 데 사용하는 소자이다. ROM에서 메모리셀을 하나의 MOS 트랜지스터로 구성할 수 있으므로 집적도를 높이는 데 효과적이며 낮은 비용으로 실현할 수 있는 특징이 있다. 보통 고집적화에는 NAND형이 우수하나, 주변 회로 구성의 용이성, 속도 등의 성능 면에서 NOR형이 장점을 가지고 있다.

ROM(Read Only Memory)
한 번 기록한 데이터를 빠른 속도로 읽을 수 있지만, 다시 기록할 수 없는 메모리를 말한다. 컴퓨터의 판독 전용 기억 장치로, 전원이 끊어져도 정보가 없어지지 않는 불휘발성(non-volatile) 기억 장치이다. 문자 패턴 발생기나 코드 변환기처럼 행하는 처리가 일정하고 다량으로 사용되는 것은 기억할 정보를 소자의 제조와 동시에 설정하기 때문이다. 따라서 ROM은 정보를 소자의 구조로서 기억하고 있으므로 바꾸어 쓸 수가 없는 것이다.

ROM의 구성 방법으로는 트랜지스터를 직렬 접속하여 구성하는 NAND형과 병렬 접속하는 NOR형으로 구분된다. 이를 그림 3.42에 나타내었다. (a)는 MOS 트랜지스터 9개를 이용하여 직렬 접속한 구성도이며, (b)는 9개의 트랜지스터로 병렬 접속한 구성도이다.

그림 3.42 ROM
(a) NAND형 (b) NOR형

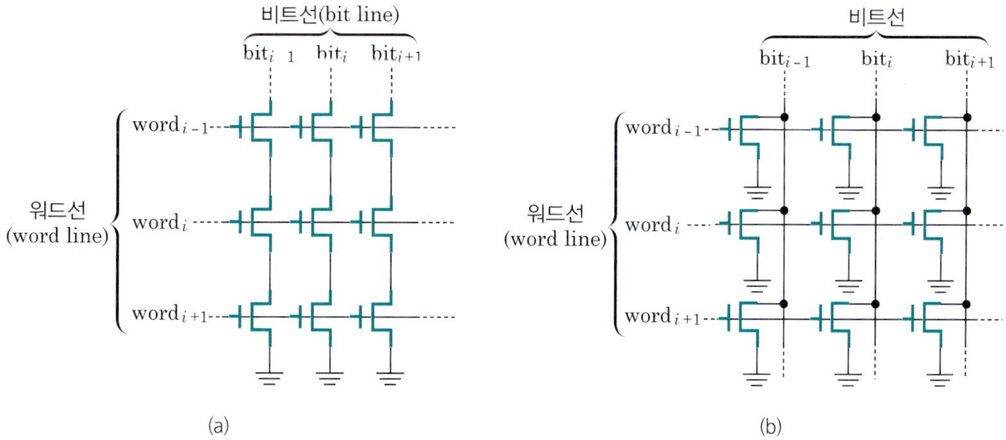

(6) NOR형 ROM의 읽기 동작

ROM은 읽기만 할 수 있는 메모리 소자이다. 그러므로 ROM의 읽기 동작을 살펴보기로 한다.

그림 3.43은 4개의 MOS 트랜지스터로 셀을 구성하여 병렬로 접속한 것이다. 00_cell, 01_cell, 10_cell, 11_cell이 그것이다. 워드선 word_0, word_1은 각 MOS의 게이트에 연결되고, 비트선 bit_0, bit_1은 드레인 단자에 접속되어 있으며 전원 전압 V_{DD}에 저항 R0, R1이 연결되어 NOR형 ROM을 구성하고 있다.

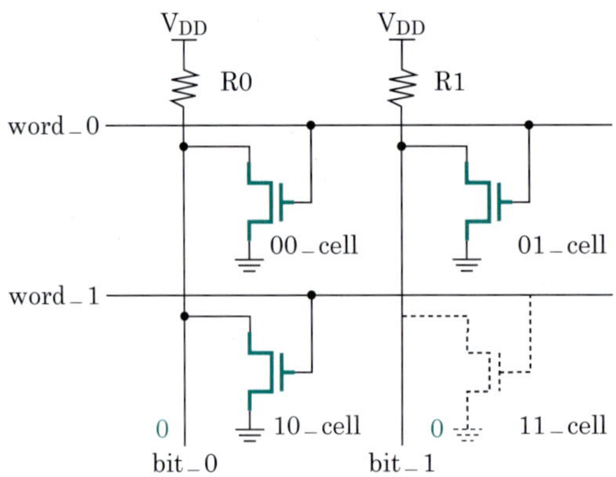

그림 3.43 NOR형 ROM의 구조 (4_cell)

① word_0 번지의 데이터 읽기

이것의 동작을 이해하기 위하여 그림 3.44를 보자.

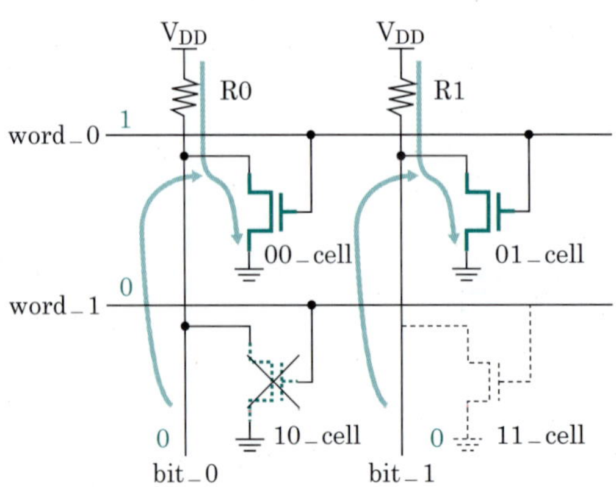

그림 3.44 NOR형 ROM의 데이터의 읽기(word_0='1'의 경우)

word_0 = '1', word_1 = '0'이므로 00_cell과 01_cell의 nMOS가 ON 상태를 유지하므로 전원 진압 V_{DD}로부터 저항 R0, R1을 통하여 흐르는 전류와 bit_0, bit_1에 있던 전하가 두 MOS를 통하여 접지 V_{SS}로 빠져나가 bit_0, bit_1에 논리 '0'의 값이 출력되어 데이터가 읽혀지는 것이다.

② **word_1 번지의 데이터 읽기**

word_1 번지의 내용을 읽어 내는 동작을 살펴보기 위하여 그림 3.45를 보자.

word_1 = '1'이므로 10_cell이 SW-ON상태가 되므로 V_{DD}에서 저항 R0를 통하여 흐르는 전류와 bit_0에 있던 전하가 10_cell의 nMOS를 통해 빠져나가니 비트선 bit_0에 논리 '0'의 값이 출력되는 것이다. 여기서 11_cell은 가상의 셀로 구성되어 있다. 그래서 전원 V_{DD}로부터 저항 R1을 통하여 그대로 bit_1에 전달되어 논리 '1'의 값이 출력된다.

ROM은 읽기 전문 메모리 소자이어서 반도체 제조 회사에 미리 필요한 논릿값을 저장하여 놓는 것이다. 그러므로 새로 기억시키거나, 수정할 수 없고, 단지 읽기만 가능한 것이다. 그리고 구성 방식이 트랜지스터를 병렬로 접속하고 각 셀은 자신의 전원 전압과 접지를 갖는 독립적인 구조의 특징이 있다. 이것은 번지의 개수가 아무리 많아도 선택 번지에 연결되어 있는 트랜지스터는 항상 1개이다. 즉, 출력되는 논릿값은 1개의 트랜지스터를 통과하는 데 걸리는 시간밖에는 소모되지 않아 정보의

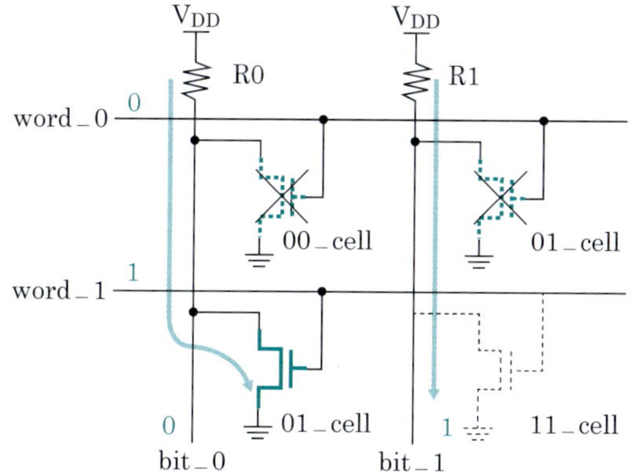

그림 3.45 NOR형 ROM의 데이터 읽기 (word_1='1'의 경우)

출력 속도가 빠른 특징을 가지고 있기도 하다.

(7) NAND형 ROM의 읽기 동작

이것의 동작을 이해하기 위하여 그림 3.46의 구조를 보자.

전원 전압 V_{DD}에서 이웃하고 있는 nMOS를 통하여 접지 V_{SS}로 연결되어 있는 구조이다. 그림에서 보면 6개의 셀이 수직 구조로 직렬 접속한 형태이다. 보통 nMOS의 문턱 전압 V_{TH}는 0.6[V] 정도이다. 그러나 그림에서 파란색 굵은선 표시의 nMOS인 00_cell과 11_cell은 미리 메모리 소자를 제조할 때, 0[V] 이하, 즉 (−)의 문턱 전압을 갖도록 만든다.

이 트랜지스터의 특징은 전원 전압 V_{DD}=2.5[V]가 들어오면 당연히 ON 상태가 되며, 접지 전압 V_{SS}=0[V]가 들어와도 ON 상태가 되는 것이다. 왜 그럴까? nMOS는 항상 문턱 전압보다 높은 게이트 전압이 있으면 ON되는 성질이 있기 때문이다. 문턱 전압이 V_{TH}=−1.5[V]라면 V_{TH}=0.6[V]는 상당히 높은 전압이다. 그러므로 전원이 있는 한 늘 nMOS가 ON 상태를 유지하는 것이다. 이것이 (−)의 문턱 전압을 갖도록 한 이유이다.

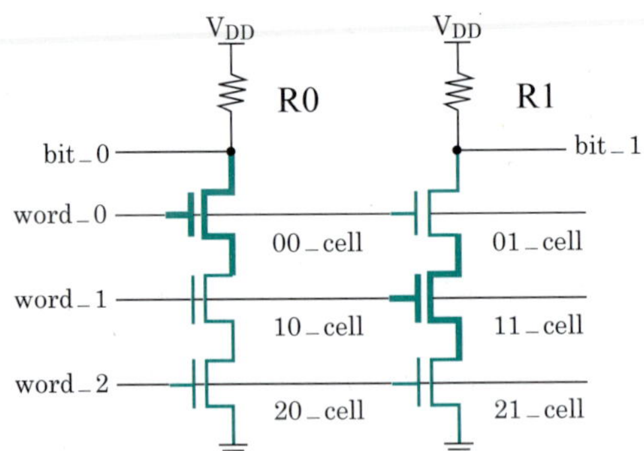

그림 3.46 NAND형 ROM의 구조 (6_cell)

① **word_0 번지의 데이터 읽기**

그림 3.47에서는 워드선 word_0='0'의 경우, 6개의 cell로 구성되어 있는 NAND형 ROM의 읽기 동작을 보여 주고 있다. 선택된 번지의 워드

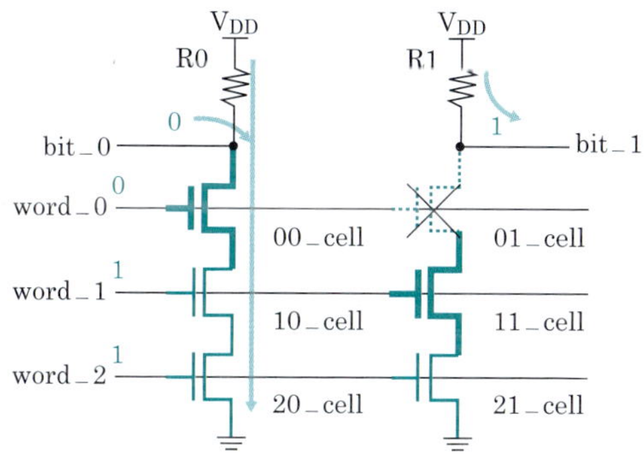

그림 3.47 **NAND형 ROM의 동작** (word_0='0'의 경우)

선에는 논리 '0', 비선택 번지의 워드선에는 논리 '1'의 값을 준다.

그러니까 선택 번지인 word_0='0', 비선택 번지인 word_1='1', word_2='1'이 공급되었다. 이런 상태에서 비트선 bit_1을 보자. 11_cell과 21_cell은 ON 상태를 유지하나, 01_cell은 SW-OFF 상태이어서 전원 전압 V_{DD}에서 저항 R1을 통하여 비트선 bit_1으로 논리 '1'의 값이 출력된다.

한편, 비트선 bit_0는 어떻게 작용할까?

비트선 word_1=word_2='1'이므로 10_cell과 20_cell은 ON 상태를 유지할 것이다. 물론 word_0='0'상태이기는 하나, 이 트랜지스터의 문턱 전압이 음(-)의 값을 가지므로 항상 SW-ON 상태에 있다. 그러므로 전원 전압에서 bit_0에 있던 전하들이 V_{DD}→00_cell→10_cell→20_cell→V_{SS}의 경로로 빠져나가 비트선 bit_0에는 논리 '0'의 값을 읽어 내는 것이다.

② **word_1 번지의 데이터 읽기**

이번에는 그림 3.48과 같이 6개의 셀 중 word_1만 논리 '0'이 공급된 경우를 살펴보자.

bit_0 쪽을 보자. word_1 = '0'이므로 10_cell이 OFF 상태이므로 전원에서 내려온 전류가 그대로 비트선 bit_0로 나와 읽혀지는 것이다. 이제 bit_1 쪽은 어떻게 동작할까?

word_1 ='0'가 공급되기는 하였으나, 이 트랜지스터는 음(-)의 문턱 전압을 가지고 있으므로 여전히 ON 상태를 유지한다. 그러므로 V_{DD}→01_cell→11_cell→21_cell→V_{SS}의 경로를 따라 빠져나가므로 비트선 bit_1의 출력은 논리 '0'이다. 여기서 V_{DD}에 접지인 V_{SS}까지 전류가 빠져나가기 위해서는 트랜지스터 3개를 거쳐야 한다. 이것은 워드선이 3개인 경우이지만, 수억 개의 워드선이 있는 경우는 반응 속도가 느리다. 이것이 단점이긴 하지만, NAND형은 셀들을 작게 집적시킬 수 있다. 즉, 집적도를 높일 수 있는 것이다. NAND형은 NOR형보다 제조 과정에서 영역과 영역 사이의 공간을 줄여서 만들 수 있기 때문이다.

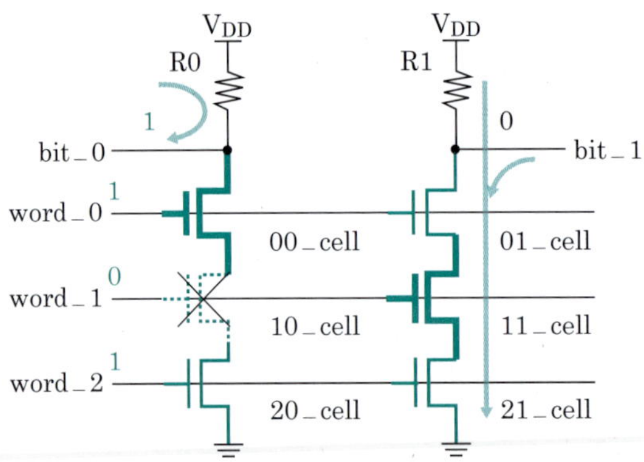

그림 3.48 **NAND형 ROM의 동작**
(word_1='0'의 경우)

03 학 · 습 · 문 · 제

01. 정보 기기에 사용하는 전자 소자인 저항은 무엇인가?

02. 정보 기기에 사용되는 커패시터란 무엇인가?

03. 다이오드는 어떤 일을 하는 반도체 소자인지 설명하시오.

04. 다이오드의 응용 예를 설명하시오.

05. 태양 전지는 어떤 일을 하는지 설명하시오.

06. 태양 전지의 동작 원리는 무엇인가?

07. 발광 다이오드는 어떤 일을 하는 반도체 소자인가?

08. 발광 다이오드의 기본 재료는 무엇인가?

09. 발광 다이오드에서 빛이 나오는 원리를 설명하시오.

10. 가시광선이란 무엇인가?

11. 백색을 내는 발광 다이오드의 제조 방법에 대하여 설명하시오.

12. 전계 효과란 무엇인가?

13. nMOS 트랜지스터에서 기판으로 p형 반도체를 사용하는 이유는 무엇인가?

14. nMOS 트랜지스터에서 n 채널이 되는 원리를 설명하시오.

15. pMOS 트랜지스터에서 기판을 n형 반도체로 사용하는 이유는 무엇인가?

16. pMOS 트랜지스터에서 p 채널이 만들어지는 원리는 무엇인가?

17. twin-well, two-metal 기술을 이용한 CMOS 소자의 구조를 그리고 설명하시오.

학 · 습 · 문 · 제

18. CMOS 소자의 동작 원리를 설명하시오.

19. 반도체 메모리에서 기억 세포(memory cell)란 무엇을 말하는가?

20. DRAM이란 무엇인가? 또 nMOS와 커패시터의 역할은 무엇인가?

21. DRAM 메모리셀의 동작을 설명하시오.

22. SRAM의 기본 회로를 그리고 설명하시오.

23. DRAM의 데이터 쓰기 동작을 하나의 예를 들어 설명하시오.

24. DRAM의 데이터 읽기 동작을 하나의 예를 들어 설명하시오.

25. SRAM의 데이터 쓰기 동작을 하나의 예를 들어 설명하시오.

26. SRAM의 데이터 읽기 동작을 하나의 예를 들어 설명하시오.

27. ROM이란 무엇인가?

28. NOR형 ROM의 읽기 동작을 하나의 예를 들어 설명하시오.

29. NAND형 ROM의 읽기 동작을 하나의 예를 들어 설명하시오.

CHAPTER

4

집적 회로가 만들어지기까지

1 반도체 소자

2 CMOS의 제조 과정

3 디지털 회로의 설계

4 레이아웃(layout) 설계

5 반도체 전공정(front-end)

6 반도체 후공정(back-end)

7 반도체 패키지

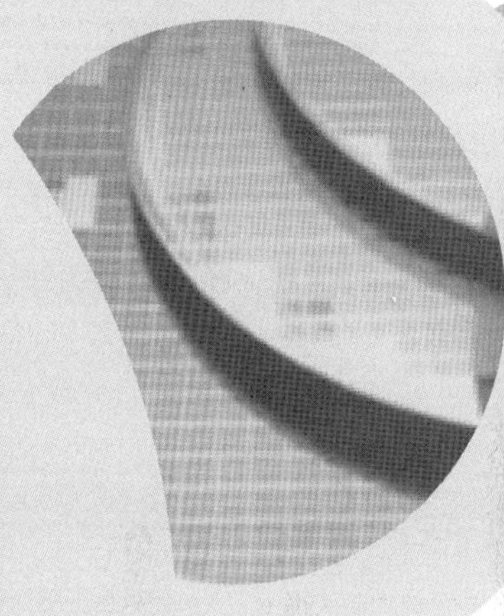

1 반도체 소자

1 트랜지스터의 변천

트랜지스터의 종류는 그림 4.1과 같이 바이폴러bipolar 트랜지스터와 유니폴러unipolar 트랜지스터로 구분하며, 쇼클리 등이 개발한 것이 바로 바이폴러 트랜지스터이다. 유니폴러 트랜지스터는 우리말로 번역하면 단극성 전계 효과 트랜지스터(FETfield effect transistor)인데, 접합형 전계 효과 트랜지스터(JjunctionFET)가 먼저 개발되었다. 그 후 모스 전계 효과 트랜지스터(MOSmetal oxide semiconductorFET)가 개발되어 오늘에 이르고 있으며, 요즈음 집적 회로에는 거의 대부분 MOSFET를 사용하고 있다.

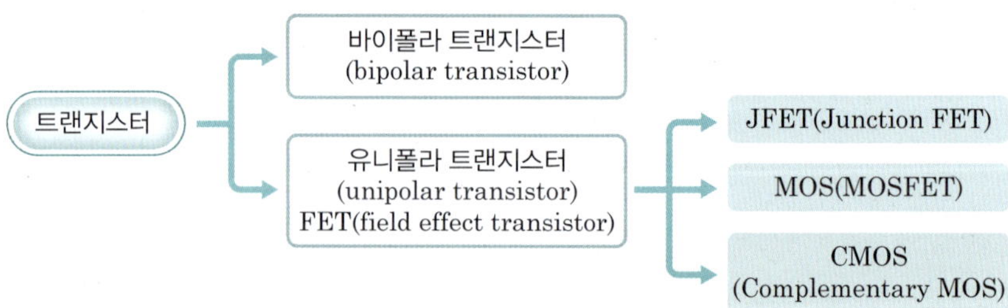

그림 4.1 **트랜지스터의 분류**

여기서 모스라는 용어를 살펴보자. **모스**란 MOSFET에서 앞의 MOS만을 따서 부르는 것인데, 일반적으로 그렇게 부르고 있다. 트랜지스터를 구성하는 핵심 물질이 '금속(Metal)-산화물(Oxide)-반도체(Silicon 혹은 Semiconductor)'의 적층 구조를 하고 있어 붙여진 이름이다.

모스가 발명된 계기는 1950년대로 거슬러 올라간다. 미국의 벨Bell연구소의 한 연구원이 연구 중에 우연한 실수로 확산로 속으로 공기가 주입되면서, 이 공기 속의 산소(O_2)가 확산로 내에 장착된 실리콘 웨이퍼 물질과 반응하여 그 표면을 파랗게 변화시킨 것이 **산화막**oxide(SiO_2)이라고 확인하면서 MOS 트랜지스터를 발명하게 된 계기가 되었다. MOS 트랜지스터는 반드시 산화막이 필요하기 때문이다. 확산로는 실리콘 원판에 원하는 불순물을 넣어 주는 장치를 말한다. 산화막은 일종의 절연체인데, 집적 회로를 만들 때 여러 가지 용도로 사용하는 물질이다. 게이트 산화막으로 쓰이고, 소자와 소자 사이를 절연하거나 보호막 또는 커패시터의 유전체 등으로 사용하는 중요한 물질로 오늘날 평면형 집적 회로 시대를 여는 데 큰 기여를 한 물질 중 하나이다.

그림 4.2는 모스 기술의 변천 과정을 나타낸 것이다. pMOS만으로 회로를 설계하고 제조하는 기술과 nMOS만으로 설계 및 제조를 하는 기술, nMOS와 pMOS 기술 모두를 사용하는 CcomplimentaryMOS 기술로 변천해 왔다. 여기서 n과 p는 제2장에서 살펴본 바와 같이 전자(n)와 정공(p)을 상징적으로 나타내 주는 것이다. 그러니까 nMOS는 전자, pMOS는 정공에 의하여 트랜지스터가 동작하는 것이다. nMOS는 n 채널, pMOS는 p 채널을 의미하기도 한다.

반도체 물질에서 전류를 통하게 하는 매개체에는 전자(n)와 정공(p)이 있는데, 전자만으로 작동하는 것이 nMOS이고, 정공만으로 트랜지스터가 작동하는 것이 pMOS인데 이 둘을 하나의 기판에 만든 소자가 CMOS이다. 이 두 소자는 서로 반대의 특성을 나타내기 때문에 CMOS의 Ccomplimentary를 우리말로 번역하면 상보(相補)의 의미를 갖는다. 상보란 p와 n이 반대의 특성을 가지고 있으나 이를 잘 조합하여 구성하면 서로를 보완하는 특성을 보이는데, 여러 가지 장점이 있어서 그렇게 구성한다. 보완 관계에서 얻을 수 있는 장점은 소모되는 전력을 낮출 수 있고, 디지털 회로의 기본인 부정 회로(NOT gate)를 만들기 쉽다는 것이다. 물론 칩의 면적을 많이 소모하는 단점도 있기는 하지만, 현재 집적 회로의 제조에서 CMOS를 가장 많이 사용하고 있다. 그러나 아직도 특수한 분야에 바이폴러 트랜지스터가 사용되고 있다.

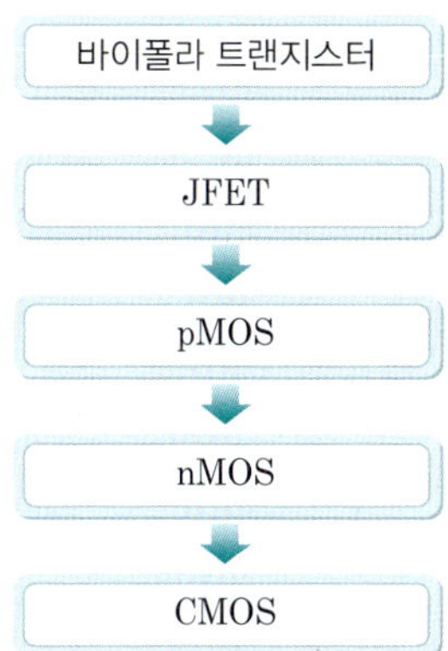

그림 4.2 트랜지스터의 변천 과정

2 MOS의 구조

그림 4.3은 MOS의 구조를 나타낸 것이다. 전계 효과 트랜지스터의 한 부류인 MOSFET의 MOS는 수직 구조의 물질의 종류에서 붙여진 이름이다. 그림과 같이 맨 위의 물질이 금속인 알루미늄(Al), 그 밑에 규소와 산소가 결합하여 만들어진 산화막(Oxide), 그 밑에 실리콘(Si)이 있는 적층 구조로 이루어져 있다.

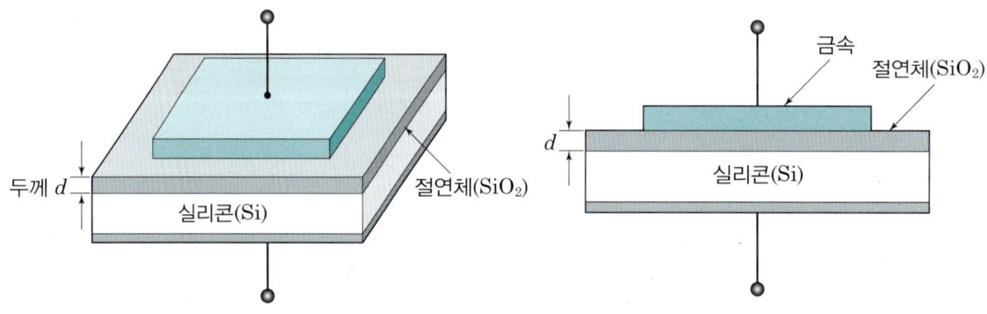

그림 4.3 금속(M)-산화물(O)-반도체(S)의 적층 구조

그림 4.4는 MOSFET의 구조를 나타낸 것이다. 중앙의 수직 구조에서 왼쪽, 오른쪽에 n^+ 영역이 있는데, 이것은 n형 불순물(As, P)을 보통보다 더 많이 넣었다는 표시를 한 것이다. 이곳에는 불순물을 더 많이 넣어 주어야 한다. 불순물을 더 많이 넣어 준 영역은 저항이 작아져 전류가 더 잘 흐를 수 있다.

실리콘인 **기판**substrate 영역에는 p^-로 표기되어 있다. 기판은 영어로 벌크bulk라고도 한다. 이것은 p형 불순물(붕소, B)을 보통보다 적게 넣어 준 것이다. 여기서의 + 혹은 −는 전기의 양극, 음극을 나타내는 것이 아니라, 불순물 농도의 차이를 나타낸 것이므로 혼동이 없기를 바란다. 농도의 차이는 회사마다 다르나, 대략 p^+ 농도는 p^- 농도에 비하여 10^3배 정도 높다. 뒤에 살펴볼 n^+, n^-도 마찬가지로 농도의 차이를 나타낸 것이다. 여기서 또 하나 우리가 눈여겨 볼 것이 기판의 불순물 종류(p^-)와 위쪽의 n^+가 반대의 불순물이라는 것이다.

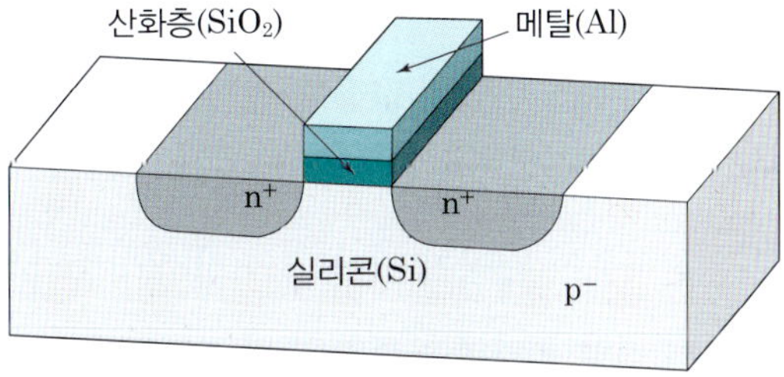

그림 4.4 MOSFET의 구조

3 nMOS의 구조

그림 4.5는 nMOS 구조를 나타낸 것이다. 그림 4.4와 비교하여 다른 것은 수직 구조의 맨 윗부분은 금속이 아니고, 폴리를 사용하였다. 폴리는 **폴리실리콘**poly silicon을 줄여서 부르는 명칭이다. 요즈음 금속 대신에 폴리를 많이 사용하기에 바꾼 것이며 성능에는 큰 차이가 없다. p^+ 영역이 추가되었는데, 이것은 요즈음 반도체의 미세 공정 기술이 발전하여 트랜지스터의 크기를 아주 작게 만들고 있다. 이렇게 되면 트랜지스터에 문제가 생길 수 있어서 그림의 밑부분인 실리콘 바닥에 전압을 공급해 주어야 한다. 그러기 위해서는 바닥에 도체 물질의 단자를 부착해야 하는데, 붙이기가 어려울 뿐만 아니라 불편하다. 모든 단자가 위쪽으로 연결하도록 하면 트랜지스터 회로를 구성하는 데 편리하다. 그러니까 p^+ 영역은 **기판 바이어스**substrate bias 효과 때문에 일정한 전압을 공급해야 하는데, 이 용도의 불순물 영역이라고 보면 된다.

기판 바이어스 효과
MOS 트랜지스터에서, 소스와 기판 사이에 역바이어스 전압 V_{BS}를 인가함으로써 그만큼 채널과 기판 간의 공핍층이 확산되어서 고정 전하가 늘어나 임계값 전압 V_T(드레인 전류가 흐르기 시작하는 점의 게이트 전압)가 상승한다. V_T의 변동을 방지하는 것이 목적이다.

기판 바이어스는 왜 공급해 주어야 할까?

nMOS의 경우로 살펴보자. 소스와 기판 사이의 p-n 접합은 항상 0이

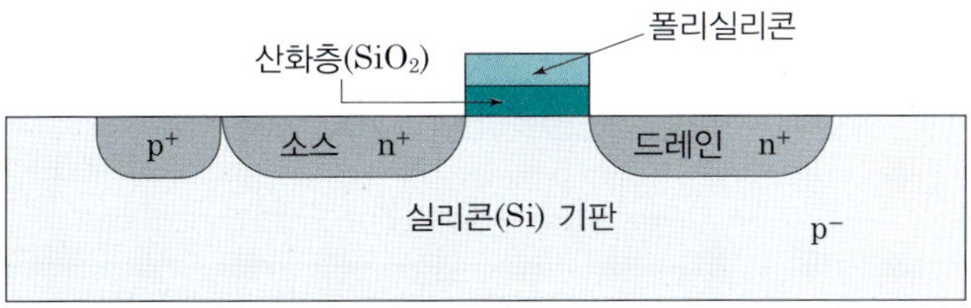

그림 4.5 nMOS의 구조

거나 역바이어스이어야 한다. 왜냐하면 소스-기판 사이의 전압이 항상 0[V]이거나 그 이상의 값을 가져야 하기 때문이다. 보통 소스 단자는 접지와 연결하는데, 기판에 (-)전압을 공급하면 기판과 채널 사이에 형성된 공간 전하층이 넓어져 이 영역의 전하가 증가하게 된다. 이 증가된 전하가 문턱 전압에 영향을 주게 되어 소자의 특성이 변할 수 있다. 변화된 문턱 전압은 항상 (+)전압이어야 하기 때문에 기판 바이어스 전압은 항상 (+)전압이어야 한다. 물론 pMOS의 경우는 그 반대이다.

그러면 왜 p^-로 하지 않고, 농도가 높은 p^+로 할까? 이것은 도체에서 인가한 전압이, 바로 p^-로 전달하도록 하는 것보다 도체에 인가한 전압이 농도가 높은 p^+를 통하여 p^-에 전달하도록 하는 것이 훨씬 유리하기 때문이다. 이것은 반도체에서 불순물 농도가 높으면 저항값이 작아지는 경향이 있어서 그렇게 하는 것이다. 즉, 도체 → p^+ → p^-로 전달되도록 하면, '가장 낮은 도체의 저항 →그 다음 높은 p^+ 저항 →그 다음 높은 p^- 저항'으로 이어지니 전압이 잘 전달되는 것이다. 뒤에서 살펴볼 pMOS도 마찬가지이다. 도체 → n^+ → n^-순으로 전달되어야 좋다.

이제 nMOS의 구조를 보다 더 자세히 살펴보자.

그림 4.6에서는 앞에서 보았던 구조의 위쪽으로 단자들이 붙어 있다. 좌측부터 소스source, 게이트gate, 드레인drain이 그것이다.

소스, 즉 source란 무엇인가? 원천이란 말이다. 무엇의 원천이란 말인가? 소스와 연결된 영역이 n^+이다. n형 불순물이 높은 영역이다. 그러므로 n형의 원천이란 뜻이다. n형이란 n형 반도체를 말하는데, 여기에는 전

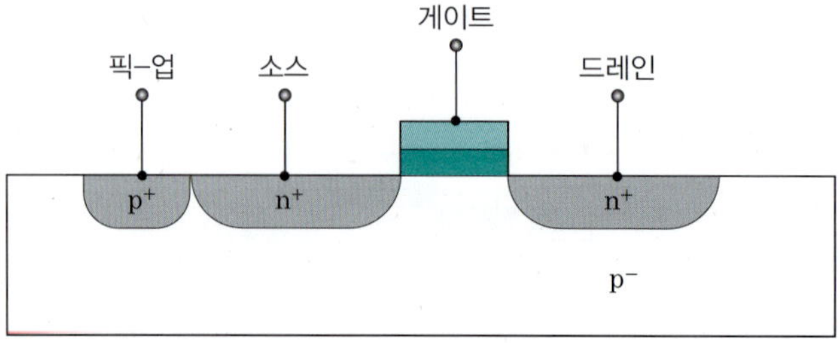

그림 4.6 nMOS의 단자 구조

류의 형성을 주로 전자가 주도하고 있는 영역이다. 이것을 다수 캐리어 majority carrier라고 하였다. 그러니까 다수 캐리어의 원천이란 뜻도 된다. 오른쪽의 드레인, 즉 drain은 무슨 뜻인가? 물이 빠져나간다는 의미이다. 그래서 하수구라는 말도 있다. 다수 캐리어가 빠져나가는 기능을 하는 영역이다. 소스라는 원천에서 다수 캐리어를 공급해 주고, 이것을 드레인에서 빼내는 상수도와 하수도를 연상하게 한다. 소스와 드레인은 항상 한 쌍이어야 한다. 소스가 n^+이면 드레인도 n^+, 소스가 p^+이면 드레인도 p^+이어야 한다.

소스와 드레인 사이의 실리콘 위에 산화막이 있고 그 위에 폴리층인 게이트 단자가 있다. gate는 문이라는 뜻이다. 무엇이 다니는 문일까? 게이트는 다수 캐리어가 다닐 수 있도록 문 역할을 하는 단자이다. 문을 닫으면 다수 캐리어가 다니지 못할 것이고, 문을 열어 놓으면 잘 다닐 수 있을 것이다.

문을 닫고 여는 기능은 어떻게 하면 될까? 게이트에 전압을 달리 걸어 주면 된다. 이것은 다음에 자세히 살펴볼 것이다. 이와 같이 nMOS가 작동하여 트랜지스터로서의 기능을 수행하기 위해서 소스, 드레인, 게이트, 기판 등 4개의 단자가 필요하다. 기판에 전압을 공급하는 단자 이름을 픽-업pick-up이라 명명하였다.

그림 4.7은 nMOS의 입체 구조, 기호와 평면 구조를 나타낸 것이다. 트랜지스터를 설계할 때는 그림 (b)와 (c)의 관점에서 보고, 제조의 관점에서는 (a)와 (c)를 중요시한다. 트랜지스터를 제조하는 과정은 (a)와 같이 밑에서부터 여러 개의 층을 쌓아 올라간다고 생각할 수 있다.

그림 4.7 (c)의 평면 구조를 **레이아웃**layout이라고도 한다. 위에서부터 한 층씩 걷어 낸다고 하면 먼저 폴리 게이트, 두 번째 산화막, 세 번째 소스/드레인, 네 번째는 기판이 될 것이다. 이것을 거꾸로 생각하면 바로 제조 공정의 과정이 된다.

그림 4.7 nMOS의 (a) 입체 구조 (b) 평면 구조 (c) 기호

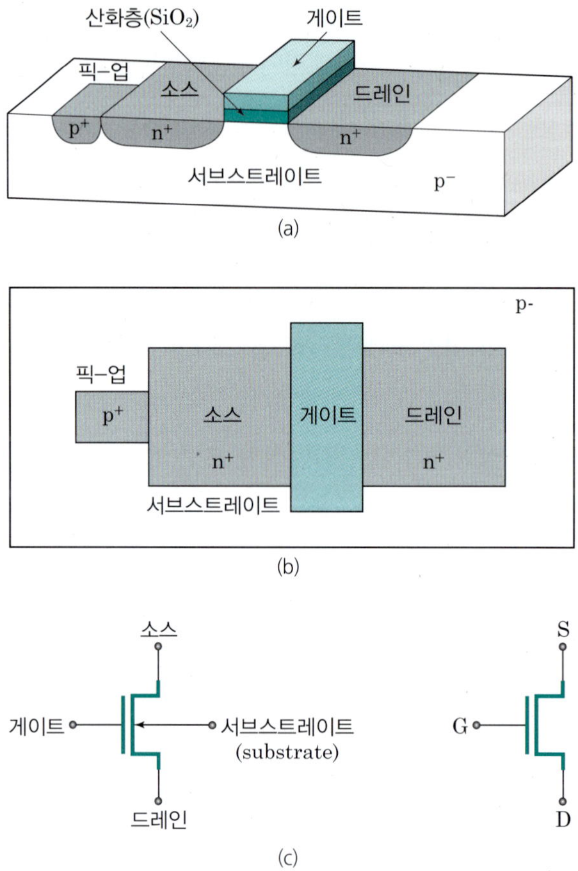

4 pMOS의 구조

이제 pMOS 구조를 살펴보자.

그림 4.8은 pMOS의 구조를 나타낸 것인데, 기본적으로 nMOS 구조와 같다. 다른 점은 n^- 영역인 n-well과 소스와 드레인이 p^+ 영역으로 된 것이다. well은 우물이라는 뜻이다. n-well이니까 n형 우물, 즉 n형 불순물이 있는 영역이다. 이 영역이 필요한 것은 pMOS를 여기에 만들기 위함이다.

기판의 물질과 반대의 소자를 만들어야 한다는 것을 앞에서 기술하였다. nMOS에서는 기판이 바로 p^-이이시 nMOS를 바로 민들 수 있었으

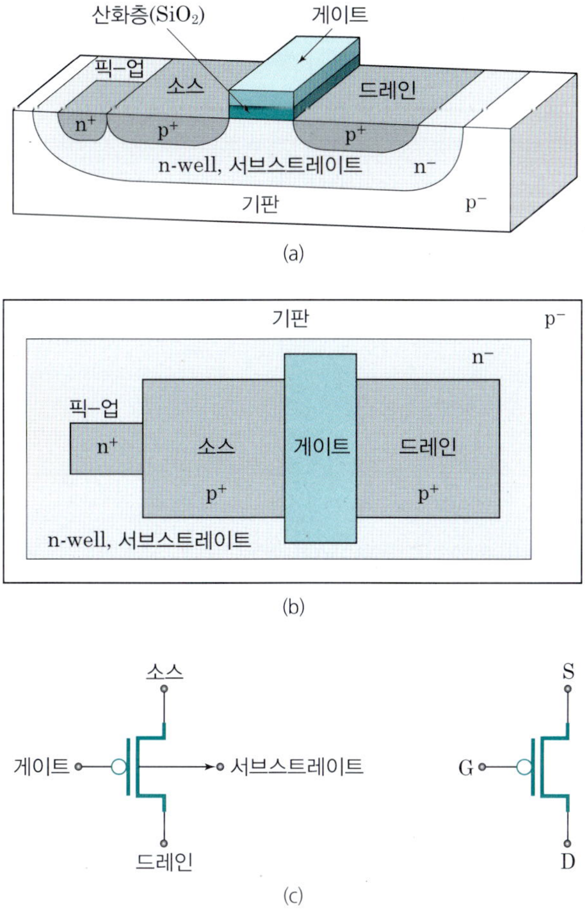

그림 4.8 **pMOS의** (a) 입체 구조 (b) 평면 구조 (c) 기호

나, pMOS에서는 n형 기판이 필요하다. 그래서 p^- 위에 소스(p^+), 드레인(p^+)의 pMOS가 들어갈 자리를 확보하기 위하여 n^-급의 n-well을 만드는 것이다. 그림 4.8 (c)의 게이트 단자에 작은 원(○)이 붙어 있음을 기억해 주기 바란다. pMOS의 회로 기호이다.

5 CMOS의 구조

CMOS는 nMOS와 pMOS를 하나의 기판에 제작한 것이다. 두 개의 소자를 하나의 기판에 제작해야 하므로 기판과 반대의 불순물층인 불순

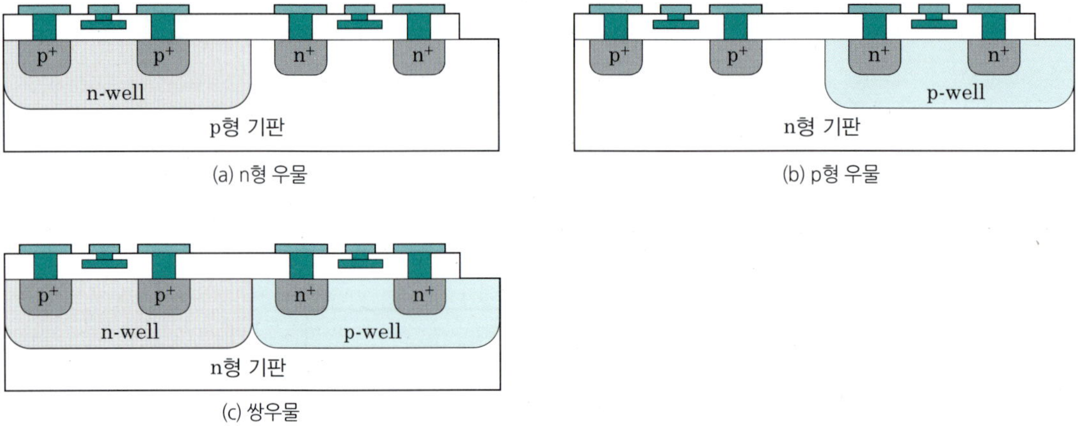

그림 4.9 CMOS well 기술

물 우물이 필요하다. 그림 4.9에 나타낸 것과 같이 CMOS의 종류에는 n-well, p-well, twin-well 등이 있다.

그림 4.10에서는 n-well 공정을 이용한 CMOS 부정 회로, 즉 NOT 회로(인버터)를 보여 주고 있다. nMOS의 드레인과 pMOS의 드레인을 묶어 출력 단자로 사용하고, 두 소자의 게이트를 묶어 입력 단자로 사용하면 그림과 같은 CMOS 인버터가 쉽게 만들어진다.

그림 4.10 CMOS 인버터의 (a) 회로도와 (b) 단면

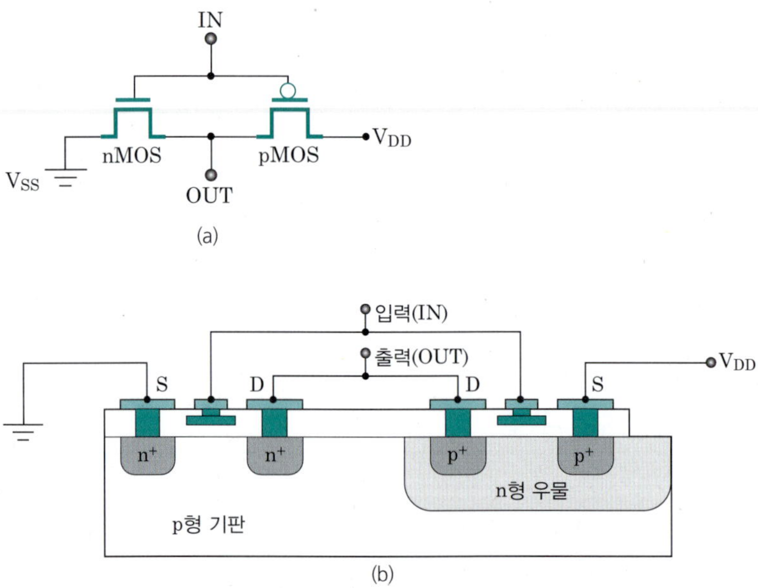

2 CMOS의 제조 과정

지금까지 nMOS, pMOS, CMOS에 대하여 살펴보았다. 그러면 디지털 회로의 기본 소자인 CMOS를 어떻게 만드는지 살펴보자.

앞에서 CMOS의 제조 공정에는 n-well, p-well, twin-well 등의 공정이 있음을 알았다. 반도체의 제조 공정은 회사마다 사용하는 기술이 다르다. 공정 단계도 세밀하게 나누면 백여 단계가 넘는다.

여기에서는 그림 4.11에 나타낸 것과 같은 평면도와 단면도를 갖는 CMOS 공정을 진행하기로 한다. 공정의 과정을 대폭 줄여 중요한 단계만을 기술하여 제조 공정을 살펴본다. 사용하는 기술은 2층 금속double metal에 twin-well CMOS 공정으로 하였다.

그림 4.11 (a)에서 보면 다각형의 형태로 여러 층들이 포개져 있다. 그림 (b)에서와 같이 밑에서부터 기판, well층, 액티브(n^+ 및 p^+)층, 폴리층, 메탈 1, 메탈 2층 등으로 층들이 겹겹이 쌓여 있는 것을 볼 수 있다. 이와 같이 반도체를 만들 때는 여러 종류의 층들을 쌓아올려 만든다는 것이 반도체 소자의 공정 과정을 이해하는 데 도움을 줄 것이다. 그림 (a)의 레이아웃 도면과 비교하여 보면 형태가 다른 직사각형이 7개의 층으로 쌓여 있는데, 이 각각의 층은 공정에서 하나하나의 마스크로 제작하고 이 마스크들을 이용하여 공정이 진행된다. **액티브**active영역은 nMOS, pMOS가 만들어질 영역을 말한다. 액티브 영역은 우리말로 활성 영역이라고도 한다. 무엇이 활성화한다는 말인가? nMOS, pMOS가 들어가 동작하는 것이므로 이들이 동작하는 것을 활성이라고 표현한 것이다.

이제 그림 4.11에 나타낸 CMOS 소자를 만드는 과정을 살펴보자.

그림 (a)는 (b)를 위에서 본 평면도이다. 밑에서부터 순서대로 차곡차곡 쌓아올라온 것이다. 여러 층으로 구성된 것이다. (a) 옆에 있는 각 층의 명칭을 (b)와 비교하여 보기 바란다. 메탈은 metal, 폴리는 poly silicon, 액티브는 active, 컨택은 contact, 비아는 via를 각각 나타낸다.

그림 4.11 CMOS의 (a) 평면도(layout) (b) 단면도

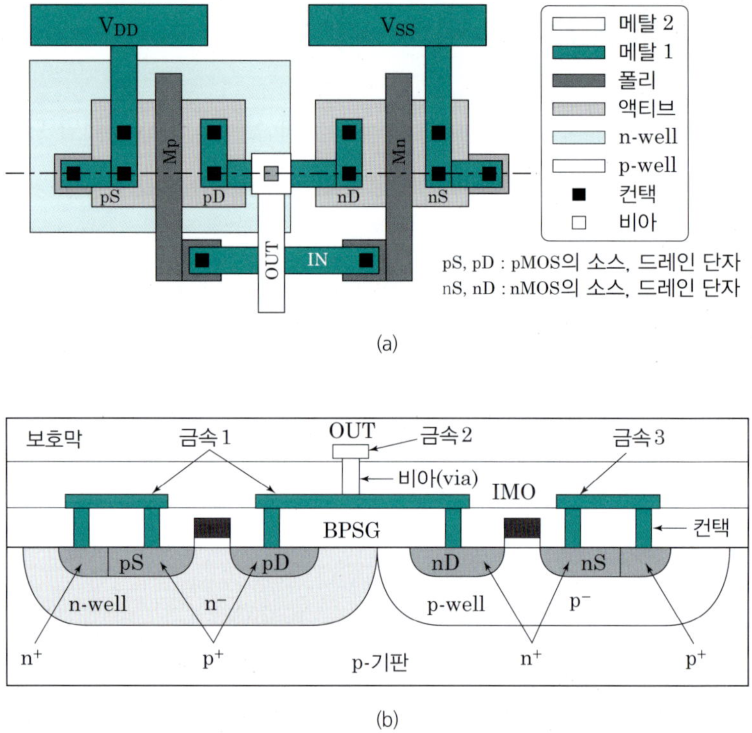

1 초기 산화(initial oxidation)

먼저 아주 얇은 초기 산화막을 성장한다. 산화막은 반도체 제조에서 중요한 공정의 하나로, 800~1,200℃ 사이의 온도에서 마른 산소나 수증기를 실리콘 표면에 반응시키면 얇고 균일한 산화막을 얻을 수 있다. 산화막은 다음의 화학 반응을 통하여 얻을 수 있다.

$$SiH_4 + 2\,O_2 \rightarrow SiO_2 + 2\,H_2O \qquad (4.1)$$

SiH_4 가스와 산소를 혼합하여 적절한 온도로 반응하여 성장하고 부수적으로 발생하는 H_2O는 배출된다. **산화**란 산소와 결합하여 산소 화합물을 만드는 것이다. 우리 생활에서 볼 수 있는 철의 빨간 녹을 비유해 볼 수 있다. 철이 공기 중의 산소와 결합하여 산화철이 되듯이 실리콘이 산소와 결합하여 산화가 되는 것이다. 산화막이 형성되는 과정은 다음 절

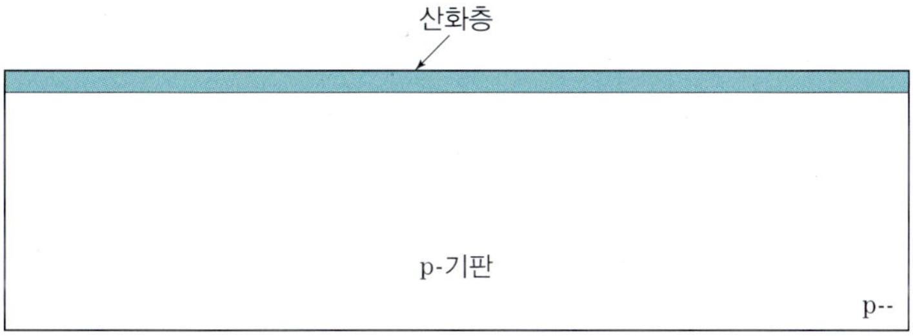

그림 4.12 초기의 산화막의 성장

에서 살펴보는 제조 공정을 참고하기 바란다.

2 질화막의 증착과 감광액 도포

다음으로 이어지는 단계로 질화막nitride(Si_3N_4) 증착이 있다. p형 실리콘 위에 질화막을 증착한다. 이 질화막 증착은 제조 과정에서 필요한 다른 목적의 공정을 수행할 수 있도록 도와주고 그 목적이 이루어지면 없애는 과정이다. 질화막은 다음 화학 반응을 통하여 얻을 수 있다.

$$3\ SiH_4 + 4\ NH_3 \rightarrow Si_3N_4 + 12\ H_2 \qquad (4.2)$$

SiH_4 가스와 암모니아 가스인 NH_3를 혼합하여 적절한 온도와 시간을 변수로 하여 반응시키면 질화막이 증착된다.

그 다음 질화막 위에 **감광 물질**(感光物質, PRphoto resist)을 도포coating한다. 이 감광 물질은 유기 용액으로 질화막 위에 필요한 만큼 떨어뜨린 후, 스피너로 기판을 회전시키면 표면에 얇고 균일한 막이 형성된다. 감광액은 말 그대로 어떤 물질이 빛을 받으면 그 특성이 변하는 물질이다. 감광막은 반도체를 제조할 때, 웨이퍼 원판 표면 위에 미세한 회로를 그리기 위하여 빛과 함께 광학 공정에 사용하는 액체인데, 웨이퍼 위에 균일하게 입혀진 감광액을 빛에 노출시키면 그 물질의 화학적 성질이 변하게 된다. 그러면 그 변화된 부분만을 제거함으로써 웨이퍼 위에 원하는 패턴을 남길 수 있다. 감광액은 빛에 노출된 부분이 제거되는냐, 노출되지

증착
금속을 고온으로 가열하여 증발시켜 그 증기로 금속을 박막상(薄膜狀)으로 밀착시키는 방법을 말하는데, 진공 속에서 이루어지는 진공 증착이라고도 한다. 응용예로서 실리콘 트랜지스터에서는 실리콘에 직접 리드선을 달기가 어려우므로 기판의 베이스 및 이미터 부분에 알루미늄을 증착한다.

감광 물질
빛이니 V선, c선, 중성자선과 같은 방사선의 작용을 받아서 화학적·물리적 변화를 일으키는 화학 물질을 말하는데, 감광제라고도 한다.

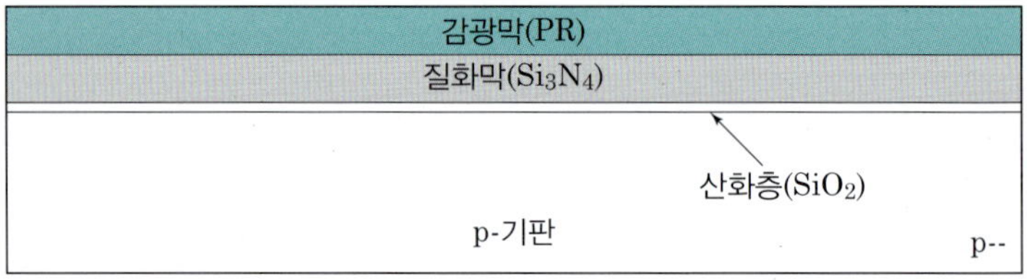

그림 4.13 질화막의 증착과 감광액의 도포

않는 부분이 제거되느냐에 따라 **양성형**positive PR과 **음성형**negative PR로 분류된다. 즉, 양성형은 빛에 노출된 부분이 현상 용액에 녹고, 음성형은 그 반대의 성질을 갖는다.

3 n-well 마스킹

우리는 앞서 twin-well CMOS 공정으로 진행하기로 하였다. 그것의 하나로 먼저 n-well을 형성하기 위하여 n-well **마스킹**masking 작업을 해야 한다. 마스크란 겨울에 날씨가 추우면 코와 입을 막아 주기 위하여 착용하는 것이다.

마스킹(masking)
물리적 현상이나 효과가 내부 또는 외부의 방해를 받아 가려져 나타나지 않거나 약화되는 일을 말한다. 전파 등의 잡음이나 방해 전파로 인하여 검출되지 않는 현상을 이른다. 목적 성분의 검출 또는 정량을 방해하는 공존 성분을 계(系) 외로 제거하는 일이 없이 적당하게 화학 처리하여 그 방해를 없애는 일이다.

반도체를 만들 때 **마스크**mask는 어떤 역할을 할까? 마스크란 코와 입에만 찬바람이 들어가지 못하게 막아 주는 역할을 하지 않는가? 그렇다. 반도체 제조 공정에서도 특정 영역에만 무엇을 넣어 주어야 하는 과정이 있다. 그래서 그 영역만을 규정하기 위하여 마스크가 필요하다. 또 반도체를 만들 때는 빛이 필요하다. 빛을 이용하여 감광액의 성질을 변화시켜야 하기 때문이다. 그래서 마스크의 형태는 얇은 유리판 위에 크롬으로 투명 영역과 불투명 영역으로 구분하여 제작한다. 투명 영역은 빛이 통과할 것이고, 불투명 영역은 빛이 통과하지 못할 것이다. 요즈음은 디지털카메라를 사용하니 잘 모를 수 있으나, 옛날 사진기는 필름이 꼭 필요하였다. 이 필름의 역할이 바로 마스크이다.

지금 우리는 n-well 영역을 만들기 위해서 마스크 작업을 하고 있는 것이다. 이 영역에만 n^- 불순물을 넣어 주어야 하는 것이다. n^- 불순물의 기

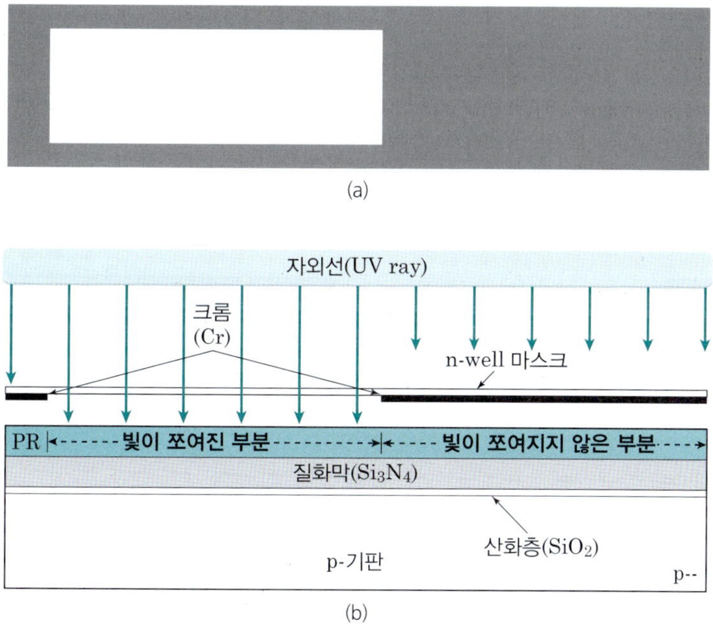

그림 4.14 **n-well 형성을 위한** (a) 마스크와 (b) 마스크 작업

판 속에는 pMOS가 만들어진다는 것을 앞에서 살펴보았다. 그림 4.14에서 n-well 영역을 규정하기 위한 (a) 마스크와 (b) 마스크를 이용하여 빛(자외선)을 쪼여 감광액의 성질을 변화시키고 있는 과정을 보여 주고 있다.

4 질화막의 식각

그림 4.15에서는 n-well 영역의 빛에 노출된 감광막이 (a) 제거된 후, (b) 질화막이 식각된 과정을 보여 주고 있다. 이 영역으로 n형 불순물을 넣어 주는 공정이 이어지는 것이다.

식각etching은 웨이퍼 상의 특정 영역의 물질을 화학 반응을 통하여 제거하는 공정이다. 다시 말하면 자외선과 감광액을 이용하여 현상과 인화 과정 후 필요한 부분을 제거하는 공정인데, 반도체 집적 회로 제작에 중요한 공정이다. 질화막이나 산화막 등의 매질을 화학 용액을 이용하여 없애는 습식 식각wet etching과 가스, 플라스마, 이온빔 등을 이용하여 제거해야 할 부분을 깎아 내는 건식 식각dry etching이 있다.

식각
화학 용액이나 가스를 이용해 실리콘 웨이퍼 상의 필요한 부분만을 남겨 놓고 나머지 물질을 제거하는 것으로, 식각 방식은 가스나 플라스마, 이온빔을 이용하는 건식 식각과 화학 약품을 사용하는 습식 식각이 있다.

그림 4.15 **n-well 영역을 위한** (a) 감광막과 (b) 질화막의 식각

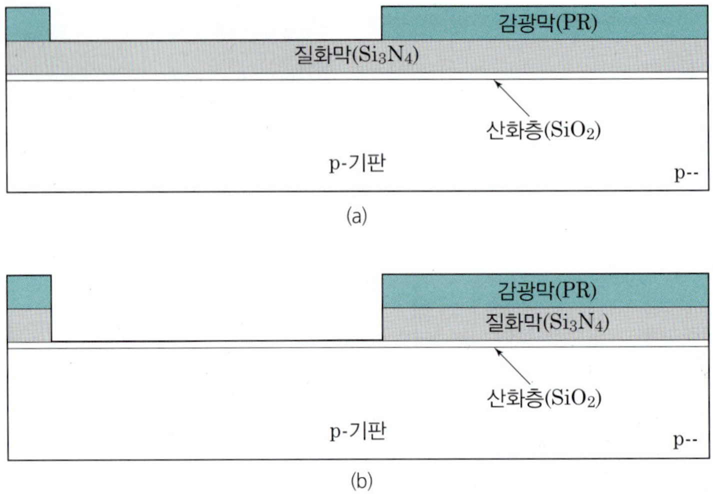

습식 식각은 식각시킬 매질을 녹일 수 있는 화학 용액을 이용하여 필요한 부분을 녹여 내는 방법인데, 마치 마당에 쌓여 있는 눈을 필요한 만큼 부분적으로 없애고자 하는 경우와 같은 이치이다. 예를 들어 가로×세로가 500[mm]×500[mm]인 면적을 더운 물을 부어 녹여 내는 것과 같은 것으로 보면 될 것이다. 이 방법은 제거해야 할 부분을 정확히 제거할 수 없는 단점을 가지고 있다. 한편, **건식 식각**은 어떤 분자나 이온에 에너지를 주어 빠르게 가속시켜 제거해야 할 부분의 분자나 원자에 충돌시켜 깎아 내는 방법으로 주로 정밀한 식각을 요하는 공정에 사용된다.

5 n-well 형성

이제 n-well이 형성될 영역, 즉 **창**window이 만들어졌으므로 이 창 영역으로 n형 불순물을 넣어 주면 된다. 그렇다면 n형 불순물을 어떻게 넣어 주면 될까?

식목일에 나무를 심어 보거나, 치과에서 임플란트implant라는 방법으로 치아를 이식한 경험이 있거나 들어 본 적이 있을 것이다. 임플란트란 '심는다.'라는 뜻이다. 무엇을 심을 것인가? 나무 혹은 치아를 심을 것인

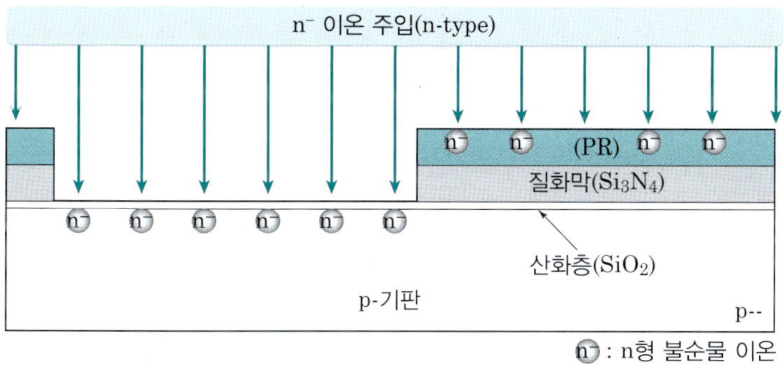

그림 4.16 n-well 영역의 불순물 주입

가? 불순물도 심을 수 있다.

이와 같이 반도체 공정에서도 불순물을 필요한 영역에 심을 수 있다. 이것을 **이온 주입**ion implantation이라고 하는데, 필요한 불순물 원자들을 매우 빠른 속도로 가속하여 웨이퍼 표면에 침투시키면 이 이온들이 웨이퍼 표면에 박힌다. 에너지가 충분하여 더 빠른 속도로 가속한다면 표면을 파고들어 갈 것이다. 다시 말하면, 반도체 결정 표면에 이온화된 불순물 원자를 고전압에 의한 고속 가속기를 이용하여 주입하여 필요한 만큼의 불순물을 침투시켜 심는 것이다. 두꺼운 감광막이나 질화막으로는 불순물이 파고들지 못하여 원하는 영역으로만 불순물을 넣어 줄 수 있는 것이다. 그림 4.16에서는 불순물이 주입되는 과정을 보여 주고 있다.

6 감광 물질(PR) 제거

질화막 위에 덮여 있던 감광막을 벗겨 낸다. 벗겨 내어 없애는 과정을 **스트립**strip한다고 한다. 이것은 어떤 막 위에 코팅되어 있는 물질을 벗겨

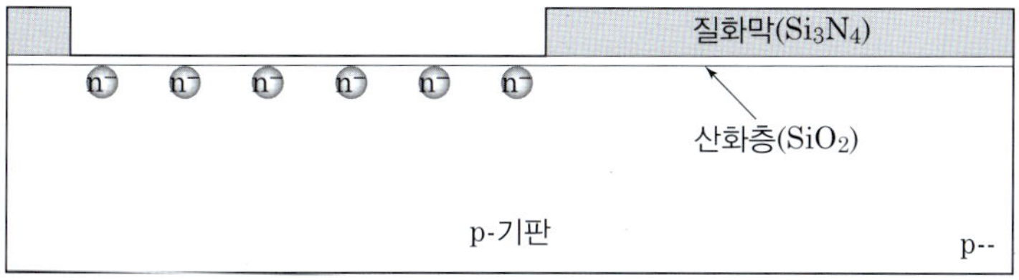

그림 4.17 감광막의 제거

내기 위한 공정을 말한다.

7 n-well 드라이브-인

이제 이온 주입 공정으로 이온들이 웨이퍼 표면에 들어가 있는데, 이것을 더 깊게 들어가도록 해야 한다. 원하는 깊이로 들어가게 하려면 적당한 온도와 시간 동안 웨이퍼를 가열해 주어야 하는데, 이 공정을 **드라이브-인**drive-in이라고 한다. 드라이브-인은 일종의 열처리를 뜻한다. 그러면 불순물 이온들이 실리콘 속으로 확산하여 수직 혹은 측면으로 퍼져 분포하게 되는데, 이를 그림 4.18에서 보여 주고 있다.

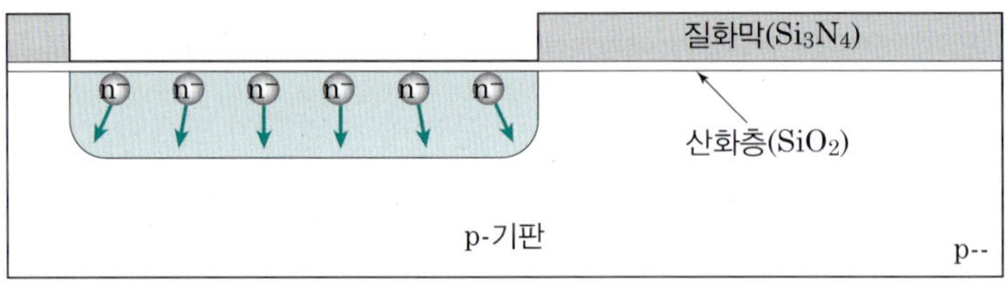

그림 4.18 n-well 드라이브-인

8 n-well 산화

이제 p-well 영역을 만들기 위한 전 단계로 n-well 산화막을 다시 형성한다. 초기 산화막을 만들 때와 같이 하면 된다. n-well 영역에 있던 초기 산화막 위에 더 두껍게 성장시키는 것이다. 이것은 n-well 영역으로 p형 불순물의 침투를 막기 위한 것이다. 물론 질화막이 있는 영역은 산화

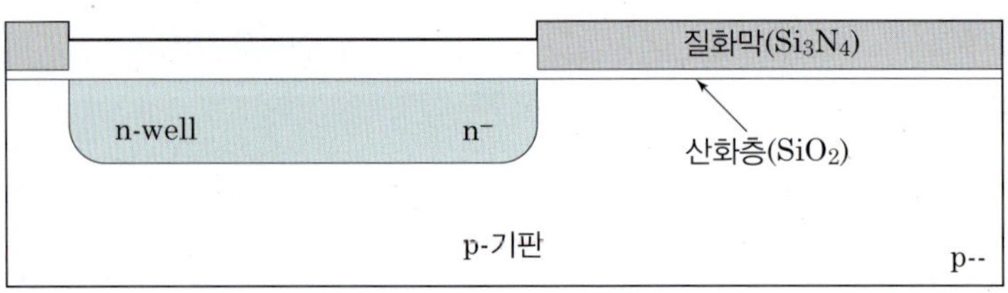

그림 4.19 n-well 산화막의 성장

막이 성장하지 못하고 얇은 상태 그대로 있어서 다음 공정에서 이 영역으로 p형 불순물을 침투시킬 수 있을 것이다.

9 질화막 제거

p-well을 만들기 위해 질화막을 스트립하여 제거하면 그림 4.20과 같이 얇은 산화막이 남게 되어 p형 불순물을 이온 주입할 수 있는 준비가 완료된다.

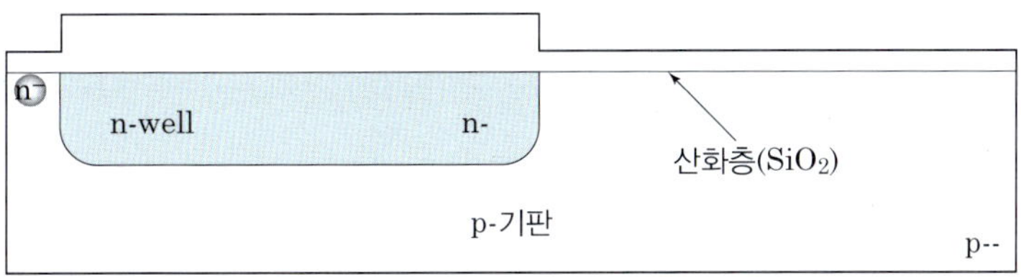

그림 4.20 질화막의 제거

10 p-well 형성

그림 4.16에서와 같은 이온 주입 방법으로 p형 불순물(B, 붕소)을 주입한다. 그림 4.21에서 p형 불순물 이온 주입 과정을 보여 주고 있는데, 두껍게 성장한 산화막으로는 불순물들이 침투하지 못하고, 얇은 산화막으로만 불순물들이 침투하여 실리콘층까지 주입된다.

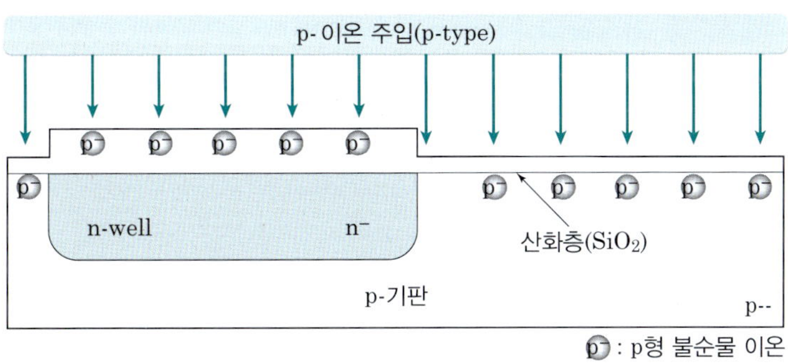

그림 4.21 p-well 영역의 불순물 주입

11 p-well 드라이브-인

그림 4.22와 같이 n-well에서와 같은 방법으로 p-well 영역으로 주입된 불순물을 드라이브-인drive-in 공정으로, 적절한 불순물 분포를 만들어 p-well 영역을 형성한 후, 추가된 산화막을 식각한다.

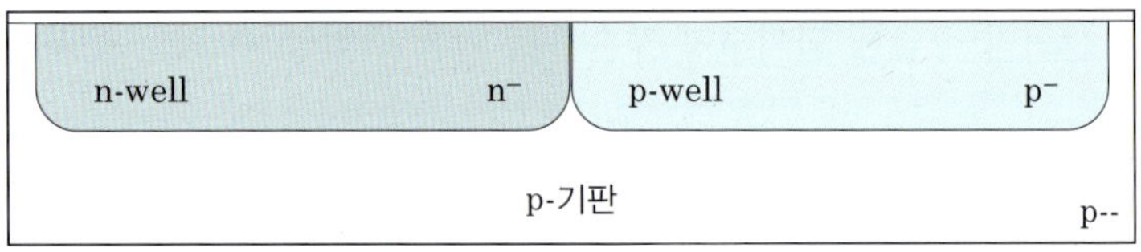

그림 4.22 p-well 드라이브-인

12 질화막 증착과 감광액 도포

이제 n-well 영역에 pMOS, p-well 영역에 nMOS를 만들어 넣어야 한다. 그림 4.23과 같이 질화막을 증착한 후, 그 위에 감광액을 도포한다. 이것은 액티브active 영역을 만들기 위한 전 단계 과정이다. **액티브 영역**이란 그림의 p-well 부분에 들어설 소스(n^+), 게이트, 드레인(n^+)이 있는 nMOS와 n-well 부분에 들어설 소스(p^+), 게이트, 드레인(p^+)을 갖는 pMOS가 만들어질 부분을 말한다.

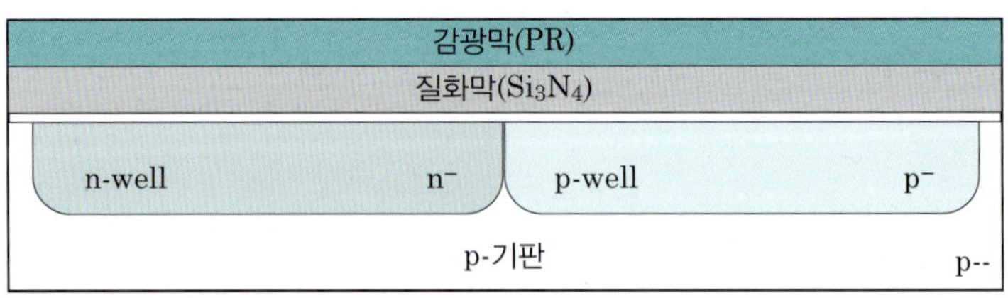

그림 4.23 질화막 증착과 PR 도포

13 액티브 마스킹

이제 그림 4.24 (a)와 같이 액티브 영역을 만들기 위해 n-well 마스크를 사용하여 (b)의 마스킹 작업을 수행한다. (a)에서 검은색 부분은 크롬이 있는 영역, 즉 불투명 영역으로 빛이 차단되는 부분이고, 흰색 부분은 투명 영역으로, 빛이 통과하여 감광막에 전달되어 그 막의 성질이 변하는 부분이다.

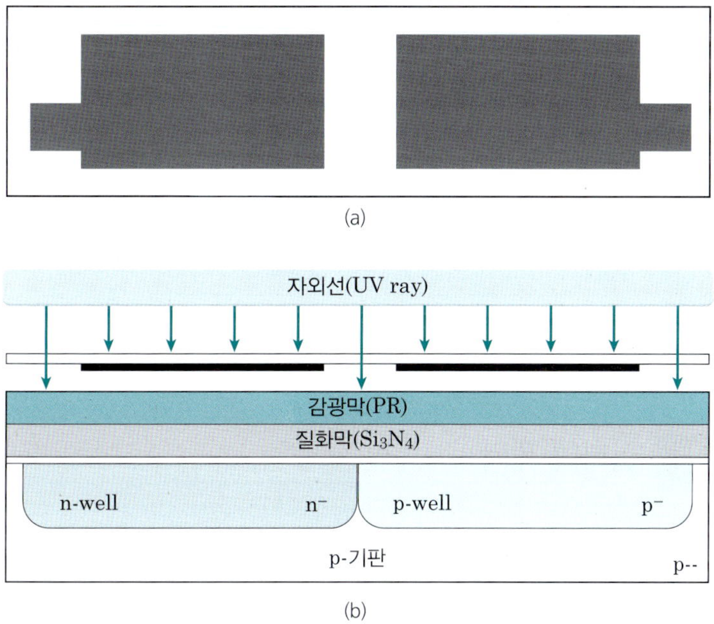

그림 4.24 **액티브 영역을 만들기 위한** (a) 마스크와 (b) 마스킹 작업

14 질화막 식각

그림 4.25에 나타낸 것과 같이 nMOS와 pMOS를 분리하는 공정을 위하여 이 공정이 수행된다.

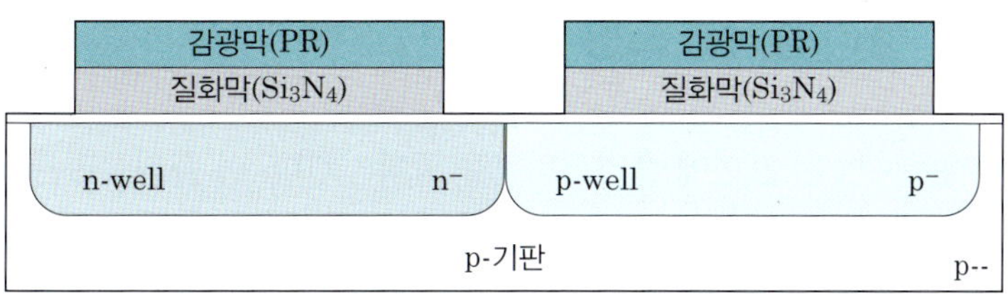

그림 4.25 **질화막의 식각**

15 감광막 제거와 필드 산화

이제 감광막을 벗겨 내고, 산화 과정으로 산화막을 성장시키는데, 질화막(Si_3N_4) 밑의 부분은 산화되지 않고, 질화막이 없는 부분만 산화가 진행되어 두꺼운 산화막이 만들어진다. **필드**field란 액티브 영역을 제외한 부분을 말한다. 일종의 소자와 소자를 분리하는 기능을 가지고 있는데, 이를 그림 4.26에 나타내었다.

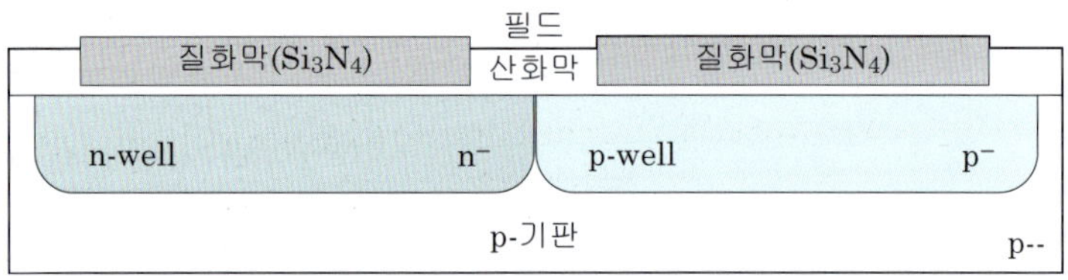

그림 4.26 **감광막의 제거와 필드 산화막 성장**

16 질화막 제거

그림 4.27과 같이 질화막을 제거하면 액티브 영역이 만들어져 nMOS와 pMOS가 들어설 준비가 완료된다.

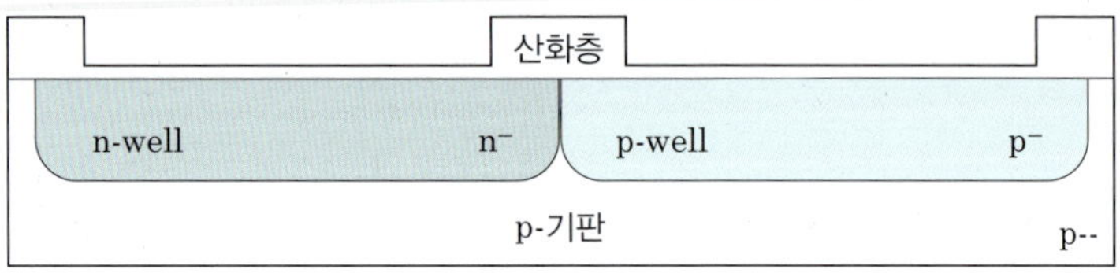

그림 4.27 **질화막의 제거**

17 폴리 증착과 도핑

웨이퍼의 전 표면에 폴리실리콘을 증착시킨다. 이 폴리실리콘의 용도는 nMOS와 pMOS의 게이트 영역의 단자로 사용될 부분이다. 금속 대신 사용하는 것이다. 이 폴리실리콘은 전도성이 미약하기 때문에 인(P)과

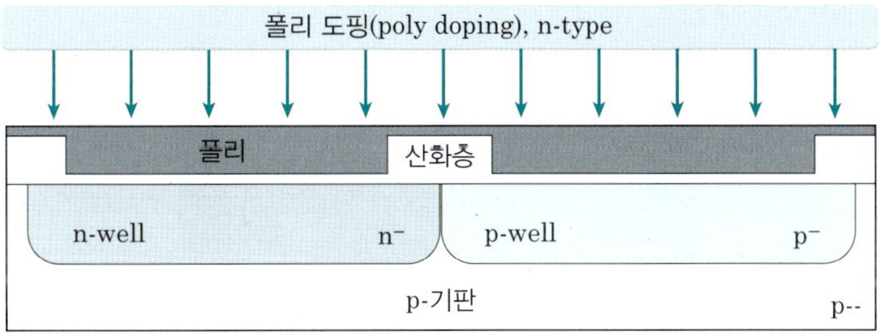

그림 4.28 폴리실리콘 증착과 도핑

같은 n형 불순물을 적당한 양으로 주입해 주어야 한다. 그림 4.28에서는 폴리실리콘에 n형 불순물을 주입하는 과정을 보여 주고 있다. **도핑**doping은 불순물을 주입한다는 말이다.

도핑의 이해를 돕기 위해 잠시 쉬어 가자. 운동선수는 우승의 꿈을 이루기 위하여 순간 근육의 힘을 증진시키는 스테로이드계 약물을 복용하는 경우가 있다. 이때 약물의 복용 여부를 확인하는 과정을 '도핑 테스트한다.'고 하는데, 이때 금지 약물의 복용을 도핑이라고 하였다. 마찬가지로 고유 반도체에 불순물을 주입하여 전자나 정공의 수를 조절할 때에도 쓰이는 용어이다. 운동선수는 도핑을 해서는 안 되지만 반도체에서는 도핑 과정을 거쳐야 반도체로서의 역할을 수행할 수 있게 된다.

18 폴리실리콘 마스킹

이제 그림 4.29와 같이 폴리실리콘을 웨이퍼 전 표면에 증착하고 도핑한 다음, 이 영역에 다시 감광액을 도포한다. 이 과정은 웨이퍼 전 표면에 형성된 폴리실리콘 중에 게이트 영역이 될 부분만을 남기고 나머지 모두는 제거하기 위한 공정이다. 그래서 그림 (a)와 같은 마스크를 사용하여 (b)와 같이 빛을 쪼여 주고 **현상**development하면 (c)와 같이 게이트 영역의 폭만큼만 감광막이 남는다.

앞에서와 마찬가지로 감광 물질은 빛이 쪼여진 부분이 그 성질이 변하는 특성이 있는데 이것을 이용하는 것이다. 물론 그 반대의 특성을 갖는

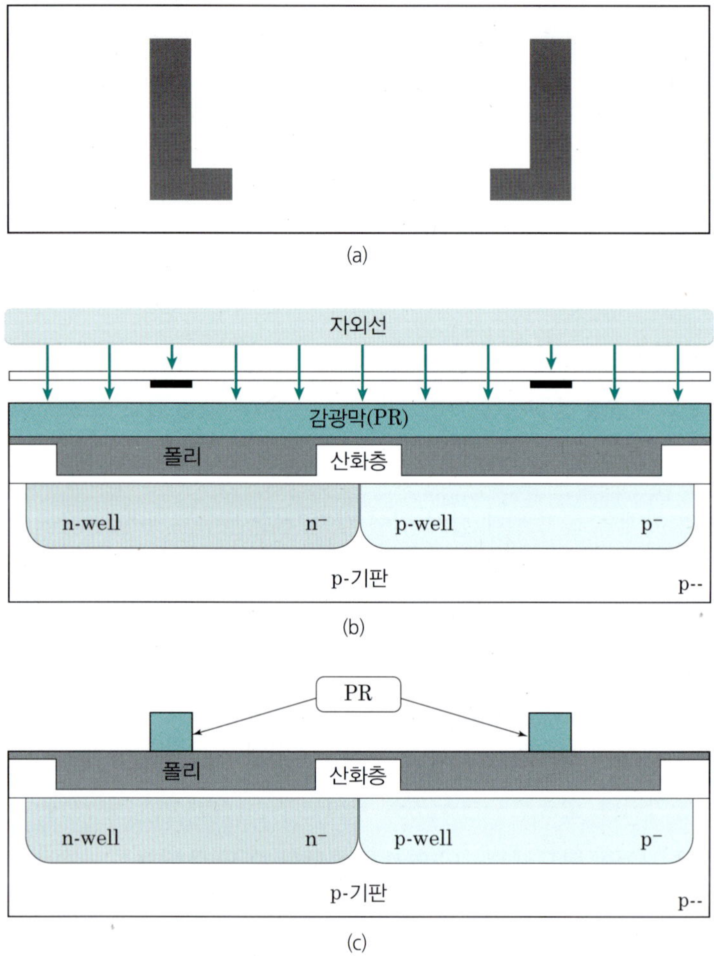

그림 4.29 (a)폴리 마스크 (b) 마스킹 (c) 현상

감광 물질(PR)도 있다. 여기서 현상이란 사진 현상과 유사한 말인데, 반도체 공정에서 마스크 작업을 한 후, 빛이 쪼여진 부분이 어떤 용액에 용해되어 없어지고, 쪼여지지 않은 부분을 남게 하는 작업을 말한다. 폴리 실리콘을 줄여서 그냥 폴리라고 부른다고 하였다.

19 폴리 식각과 감광막 제거

그림 4.30 (a)와 같이 폴리를 식각한 후, (b)처럼 감광막을 제거하고, (c)와 같이 다시 감광액을 도포한다.

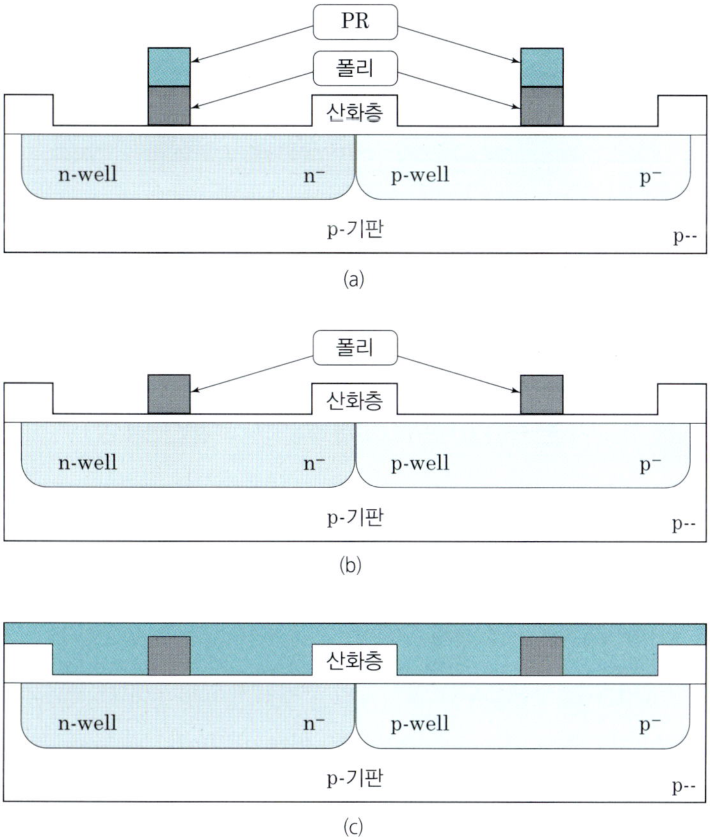

그림 4.30 (a) 폴리 식각 (b) 감광막 제거 (c) 감광액 재도포

20 n⁺ 이온 주입 마스킹(nMOS의 소스/드레인 형성)

이제 p-well 영역에 들어설 nMOS의 소스와 드레인 영역을 만드는 과정이 진행된다. 우선 마스크 작업을 수행하기 위하여 그림 4.31 (a)와 같은 마스크로 (b)처럼 빛을 쪼여 주어 마스킹 작업을 수행한다.

(a)

그림 4.31 **n⁺ 이온 주입**의 (a) 마스크 (b) 마스크 작업

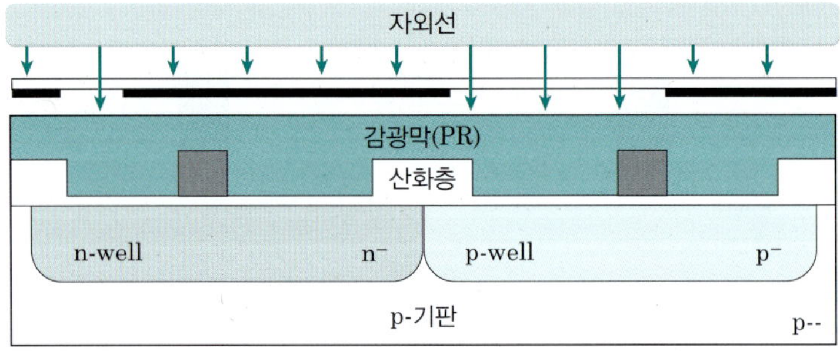

(b)

21 n⁺ 이온 주입(nMOS의 소스/드레인 형성)

현상 과정을 거치면 그림 4.32와 같이 n형 불순물이 주입될 창window이 만들어지는데, 이 영역으로 이온을 주입한다. 이 과정은 p−well 속에 만들어질 nMOS의 소스와 드레인 영역을 형성하는 공정이다. 그림에서 감광막이 있는 부분으로는 불순물이 주입되지 못하고 없는 부분으로만 불순물이 침투한다. 불순물은 n형이다. n형은 인(P)이나 비소(As) 등이 있다.

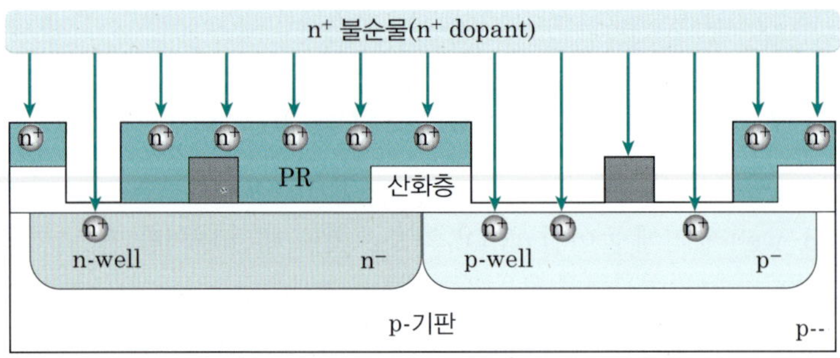

그림 4.32 n⁺ 이온 주입 과정

22 감광막 제거와 재도포

그림 4.33 (a)와 같이 PR을 스트립한 후, (b)와 같이 PR 코팅을 다시 한다. 이때의 PR은 n−well 영역에 들어설 pMOS의 소스와 드레인 영역을 만들기 위한 첫 과정으로 PR 도포가 필요하다.

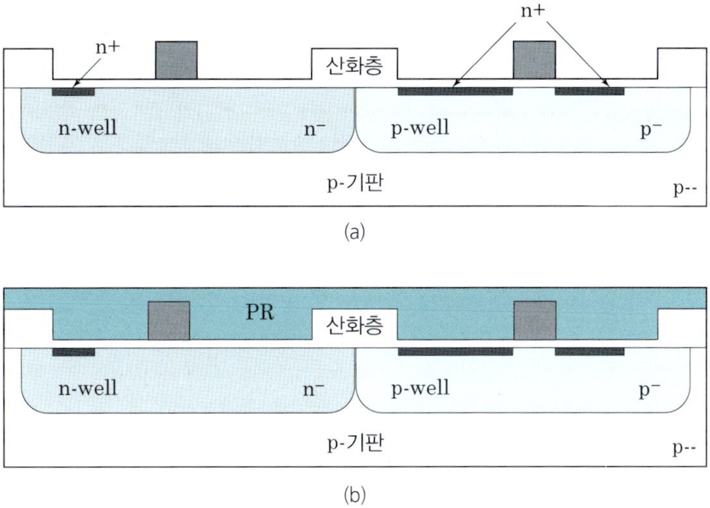

그림 4.33 (a) 감광막 제거와 (b) 감광막 재도포

23 p^+ 이온 주입 마스킹

앞에서의 n^+ 이온 주입 마스킹과 마찬가지로 이제 n-well 영역에 들어설 pMOS의 소스와 드레인 영역을 만드는 과정이 진행된다. 우선 마스크 작업을 수행하기 위하여 그림 4.34 (a)와 같은 마스크로 (b)처럼 빛을 쪼여 주어 마스킹 작업을 수행한다.

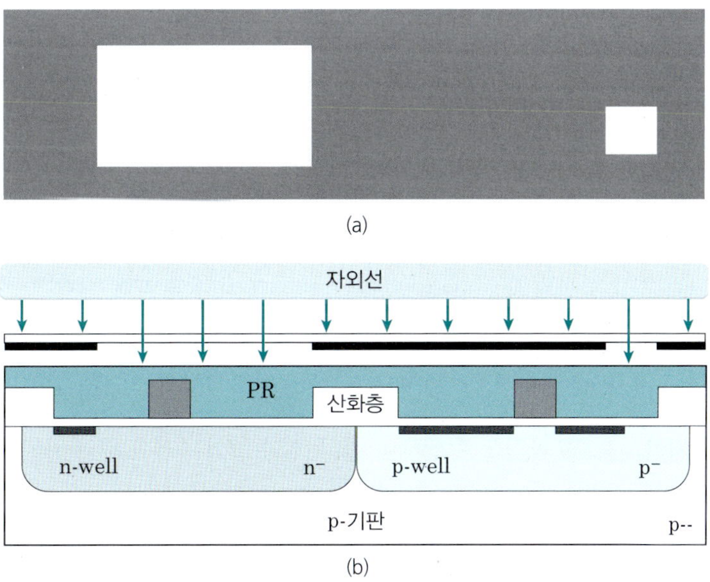

그림 4.34 **p^+ 이온 주입**의 (a) 마스크와 (b) 마스킹 작업

24 p^+ 이온 주입(nMOS의 소스/드레인 형성)

현상 과정을 거치면 그림 4.35와 같이 p형 불순물이 주입될 창window이 만들어지는데, 이 영역으로 이온을 주입한다. 이 과정은 n-well 속에 만들어질 pMOS의 소스와 드레인 영역을 형성하는 공정이다. 그림에서와 같이 감광막이 있는 부분으로는 불순물이 주입되지 못하고 없는 부분으로만 불순물이 침투한다. 이때의 불순물은 p형이다. p형은 불소(B) 등이 있다.

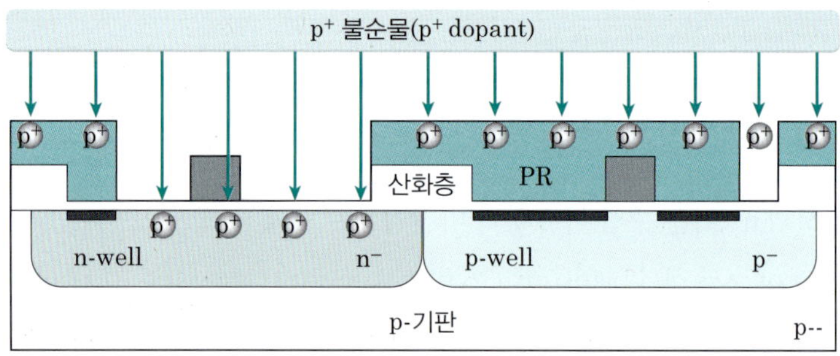

그림 4.35 p^+ 이온 주입

25 감광막 제거와 소스, 드레인 재산화

p^+ 이온 주입이 끝난 후, 사용했던 감광막을 벗겨 낸다. 그러면 그림 4.36 (a)와 같이 두 MOS의 소스, 드레인 부분과 픽-업pick-up 부분에 불순물이 주입되어 있다. 물론 픽-업 부분에는 n^+이다.

앞에서 살펴본 바와 같이 이온 주입은 주입될 불순물 이온에 강한 에너지를 주어 가속시켜 웨이퍼 표면에 이온을 침투시키는 것이므로, 웨이퍼 표면의 손상과 불순물의 재분포를 위하여 적당한 온도와 시간을 주어 **열처리**annealing 과정을 수행해야 한다. 불순물의 재분포는 주입된 이온이 수직과 측면으로 적당히 퍼져나가서 분포해야 소스와 드레인의 특성을 나타낼 수 있기 때문에 필요하다.

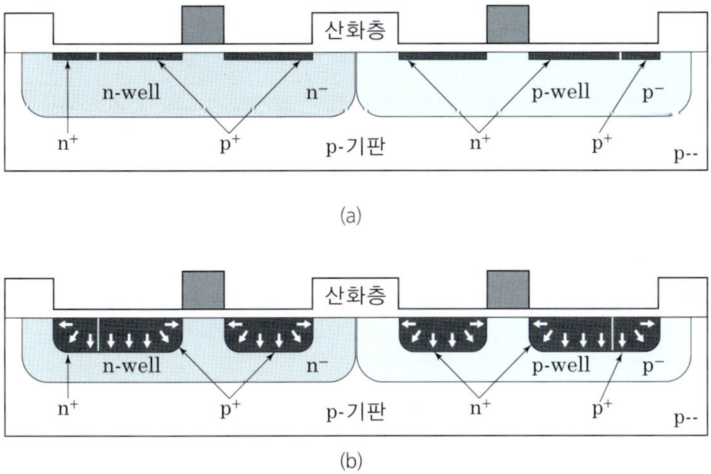

그림 4.36 (a) 감광막 제거와 (b) 재산화 및 열처리 과정

이온 주입 과정에서 나타날 수 있는 또 하나의 손상이 산화막 표면의 손상이다. 산화막 표면을 통하여 불순물이 주입됨에 따라 산화막 표면도 손상을 입었을 것이다. 그래서 재산화가 필요한 것이다. 재산화 과정에서는 적당한 열을 가해 주어야 하므로 재산화와 열처리가 동시에 수행되는 것이다. 이를 그림 (b)에서 보여 주고 있다.

26 BPSG 증착

그림 4.37에서는 BPSGBoro Phospho Silicate Glass라는 일종의 절연체를 증착한 결과를 보여 주고 있는데, 이 절연막은 폴리실리콘 재료를 사용하여 형성한 게이트 단자와 앞으로 제작할 소스와 드레인 단자의 금속과 겹치지 않아 전기적으로 절연이 되도록 하기 위한 공정이다.

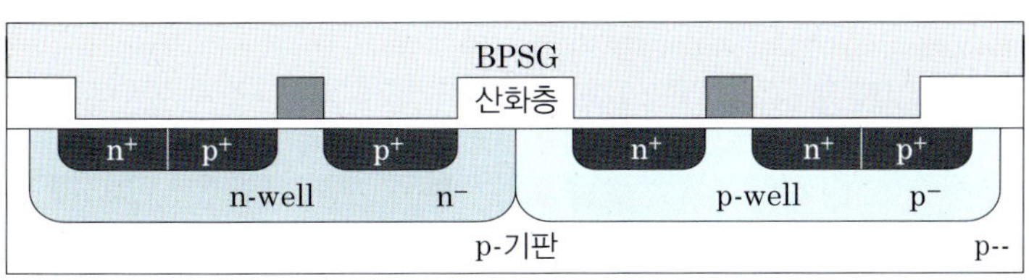

그림 4.37 BPSG막의 증착

27 컨택 마스킹

이제 p-well과 n-well 속에 있는 nMOS, pMOS의 소스와 드레인 단자를 만들기 위하여 BPSG막을 뚫어야 한다. 이 과정이 **컨택**contact 공정이다. 소스와 드레인 단자가 옆에 있는 다른 소자의 단자와 연결되어야 집적 회로의 기능을 나타낼 수 있기 때문이다.

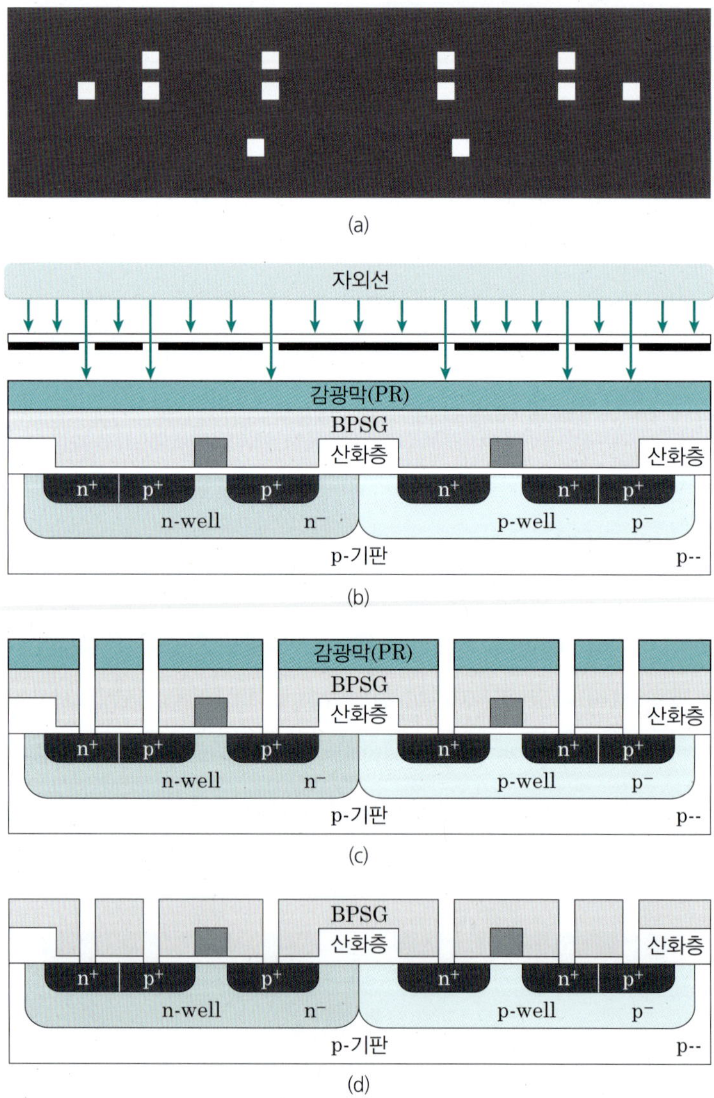

그림 4.38 **컨택 공정** (a) 마스크 (b) 마스킹 작업 (c) 식각 (d) 감광막 제거

그래서 그림 4.38 (a)와 같은 마스크를 이용하여 (b)와 같이 마스킹 작업을 한 후, (c)와 같이 현상 과정을 거쳐 컨택 식각을 통하여 BPSG에 구멍을 뚫어 메탈 1의 금속이 들어갈 수 있도록 한다. 그리고 마지막으로 감광막을 제거하면 (d)의 결과를 얻을 수 있다.

28 금속-1(Metal-1) 증착

그림 4.39에서와 같이 금속을 웨이퍼 전 표면에 증착시킨다. 이때 금속은 컨택 공정으로 만들어진 구멍을 통하여 채워져 소스, 드레인, 픽-업과 접촉하게 된다. 보통 금속은 알루미늄(Al)을 사용하나, 텅스텐, 티타늄 등의 합금을 사용하기도 한다.

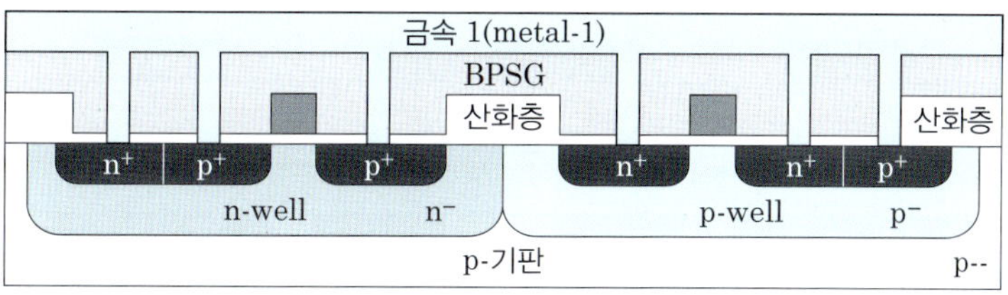

그림 4.39 금속-1 증착

29 금속-1(Metal-1) 마스킹

웨이퍼 위의 전 영역에 금속-1metal-1을 증착하였는데, 꼭 필요한 부분만을 남겨 두고 나머지는 없애야 한다. 이것을 수행하기 위하여 금속-1 마스킹 공정이 필요하다. 그림 4.40 (a)의 마스크를 이용하여 (b)와 같이 마스킹 작업을 하고, (c)와 같이 현상을 거친다.

그림 4.40 **금속-1**의 (a) 마스크 (b) 마스킹 작업 (c) 현상

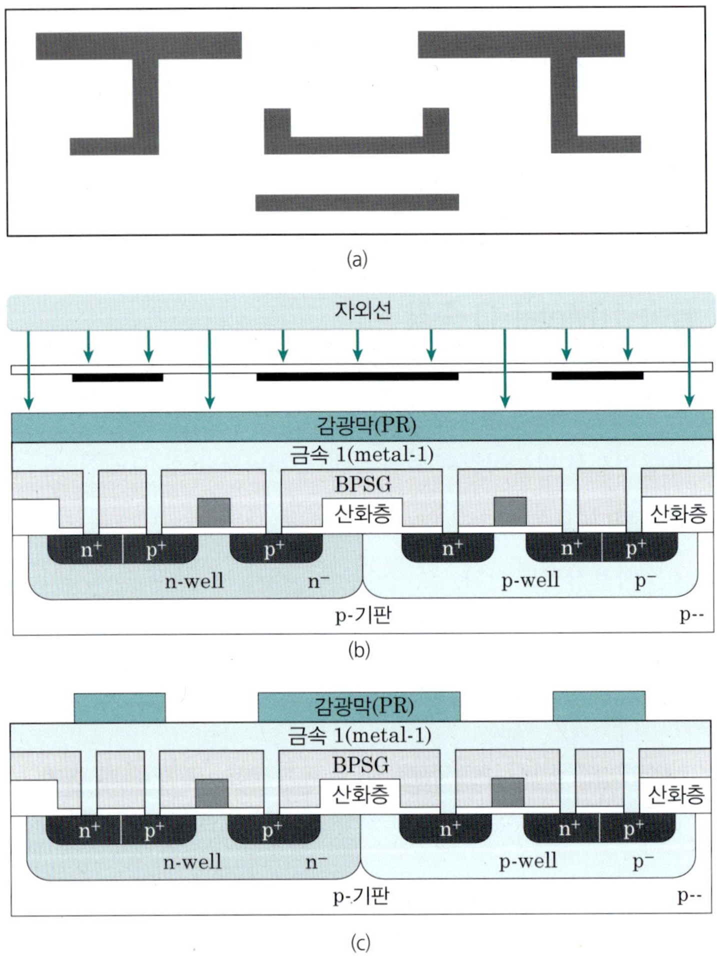

30 금속-1 식각(Metal-1 etching)과 감광막 제거

그림 4.41 ⓐ와 같이 금속–1 식각과 ⓑ의 감광막을 제거한다. 그러면 그림의 중앙 부분은 pMOS와 nMOS의 드레인이 서로 연결되고 오른쪽 부분의 nMOS의 n^+와 p^+가 접속된다. 왼쪽 부분은 pMOS와 p^+와 n^+가 접속되었다.

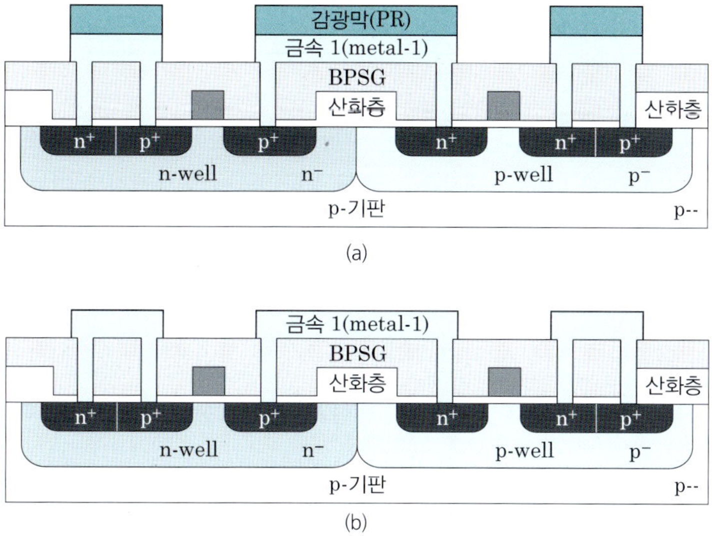

그림 4.41 **금속-1**의 (a) 식각 (b) 감광막 제거

31 금속층 절연 산화막 성장과 감광액 도포

우리는 앞서 두 개 층의 금속을 갖는 CMOS 트랜지스터를 만들기로 하였다. 그래서 두 개의 금속층을 절연하는 과정이 필요하다. 그 두 개의 금속층은 금속-1(Metal-1)과 지금부터 만들어야 하는 금속-2(Metal-2)이다. 이 두 개의 금속층을 절연하기 위하여 성장하는 산화막을 IMOInter Metal Oxide라고 한다. IMO 위에 감광액을 도포하였다.

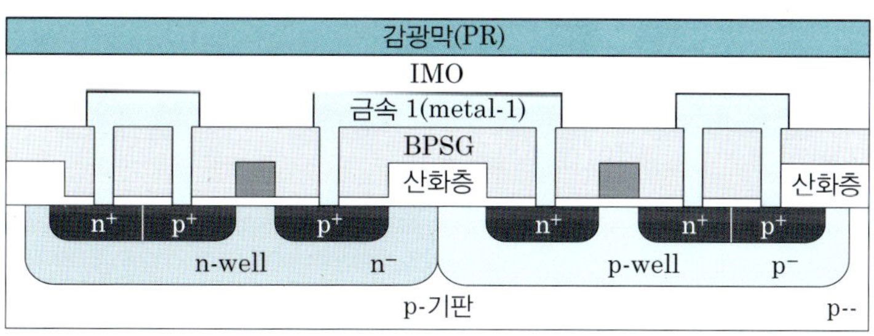

그림 4.42 **금속층 절연 산화막 성장과 감광액 도포**

32 비아(via) 마스킹

이제 두 개의 금속층 중 금속-2(Metal-2)의 증착이 진행되어야 하는데, 그 전 단계로 비아via 공정을 수행해야 한다. via의 사전적 의미는 '~을 경유하여', '~을 거쳐'이다. nMOS와 pMOS의 드레인 단자에 접촉되어 있는 금속-1층과 연결하여 외부의 출력 단자로 사용할 목적으로 금속-2층이 필요하다. 이렇게 하기 위해서 금속층의 절연 산화막인 IMO 층에 구멍을 뚫어야 한다. 이 과정을 수행하기 위해 그림 4.43 (a)의 via 마스크를 사용하여 (b)의 via 마스킹 작업을 수행한다.

그림 4.43 **via 공정**의 (a) 마스크 (b) 마스킹 작업

(a)

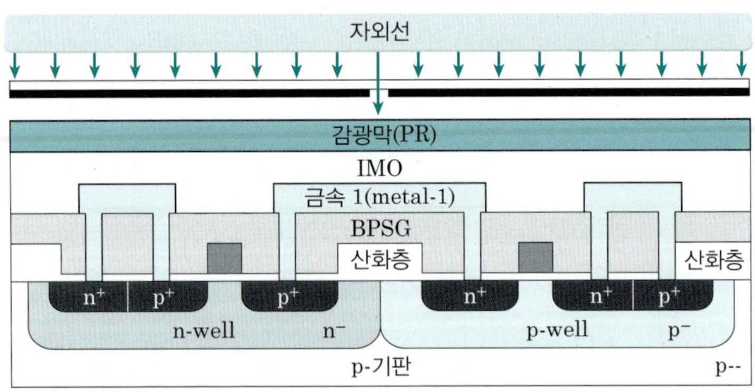

(b)

33 금속층 절연 산화막의 식각과 감광막 제거

금속층 절연막인 산화막(IMOInter Metal Oxide)의 식각과 감광막을 제거

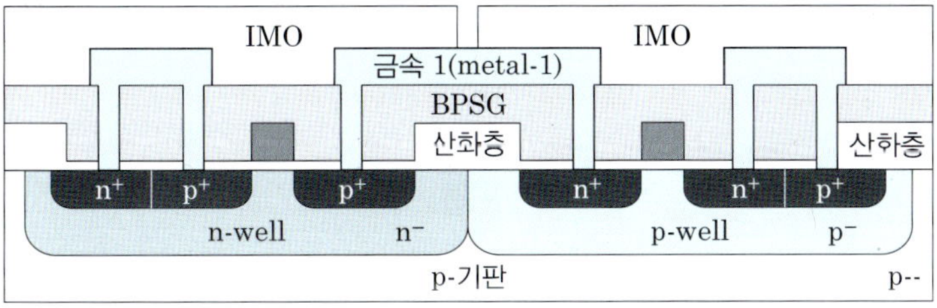

그림 4.44 금속층 절연 산화막(IMO)의 식각과 감광막 제거

하면 금속-2를 증착할 수 있는 준비가 되었다. 이를 그림 4.44에서 보여주고 있다.

34 금속-2(Metal-2) 증착

웨이퍼의 전 표면에 금속-2(Metal-2)를 증착한다. 그러면 금속-1과 같이 via 구멍으로 금속-2가 채워져 금속-1과 접촉이 된다. 이를 그림 4.45에 나타내었다.

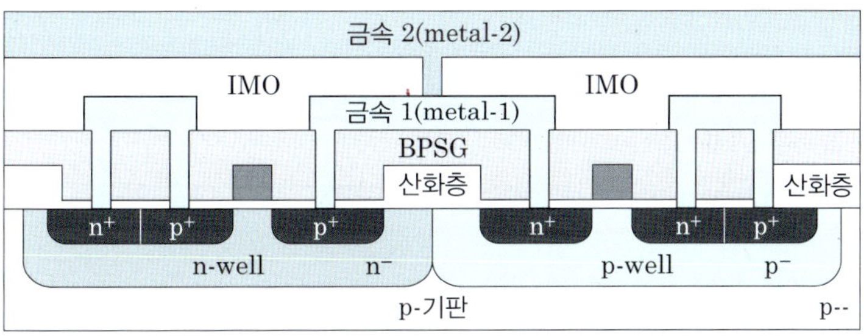

그림 4.45 금속-2의 증착

35 금속-2(Metal-2) 마스킹

그림 4.46과 같이 웨이퍼 전 표면에 금속-2를 증착하였기 때문에 필요한 부분만을 남기고 나머지는 모두 제거해야 한다. 그래서 그림 (a)의 금속-2 마스크를 사용하여 (b)의 금속-2 마스킹 작업을 진행한다.

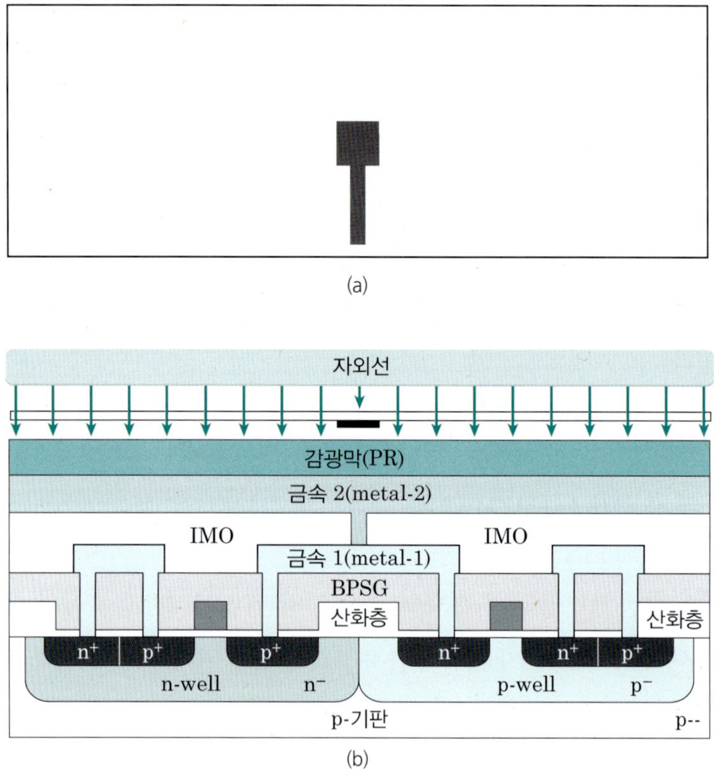

그림 4.46 **금속-2**의 (a) 마스크 (b) 마스킹 공정

36 금속-2(Metal-2) 식각과 감광막 제거

금속−2를 식각하고, 감광막을 제거하면 그림 4.47을 얻을 수 있다.

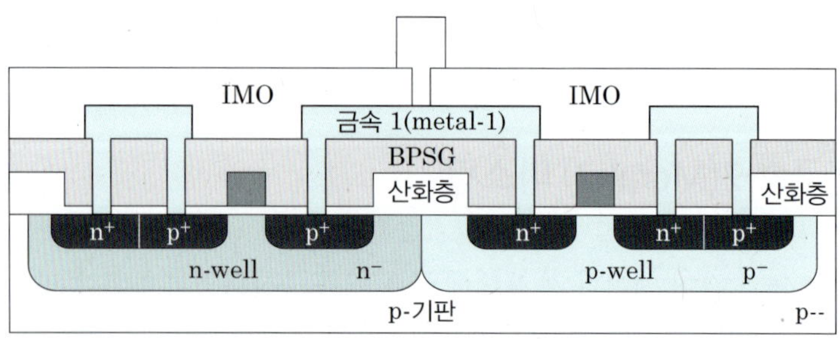

그림 4.47 **금속-2 식각과 감광막 제거**

37 보호막 형성

이제 마지막 공정으로 보호막 형성 공정을 진행한다. 이 **보호막** passivation은 말 그대로 칩 내부의 환경을 보호하는 기능을 갖는데, 외부의 압력 등에 의해 금속-2가 손상을 입거나 습기에 의하여 부식되는 것을 방지하는 역할을 하게 된다. 이를 그림 4.48에 나타내었다.

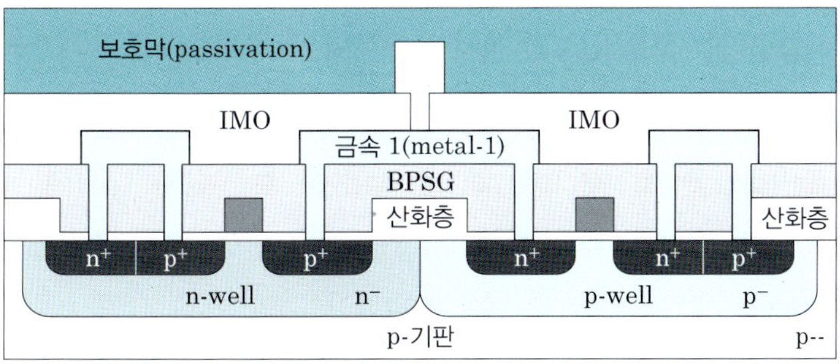

그림 4.48 보호막 형성

이렇게 하여 CMOS 트랜지스터가 완성되었는데, 이 CMOS가 디지털 회로의 기본이 되는 **인버터**inverter가 되는 것이다.

그림 4.49 (a)에서 nMOS와 pMOS의 드레인 단자를 묶어서 출력 단자로 사용하고, 두 소자의 게이트를 묶어서 입력 단자로 사용하면 (b)와 같은 인버터 회로가 되므로 디지털 회로의 집적 회로를 쉽게 만들 수 있게 된다. (a)에서 왼쪽 부분의 전원 전압 단자 V_{DD}, 오른쪽 nMOS의 소스를 접지 단자 V_{SS}로 사용하면 인버터 동작을 하는 CMOS가 구성된다.

그림 4.49 CMOS 구조의 (a) 인버터 (b) 인버터 회로도

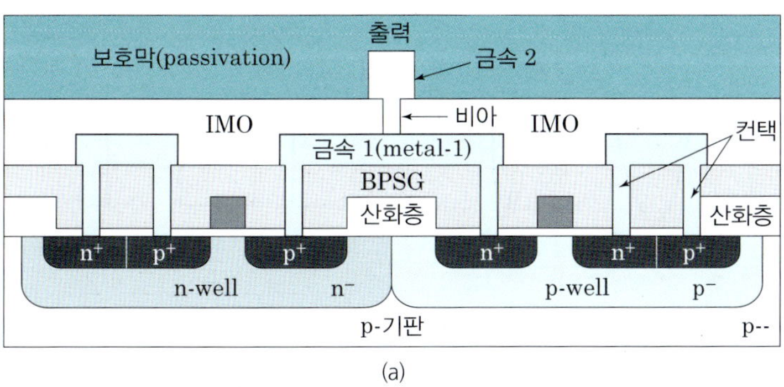

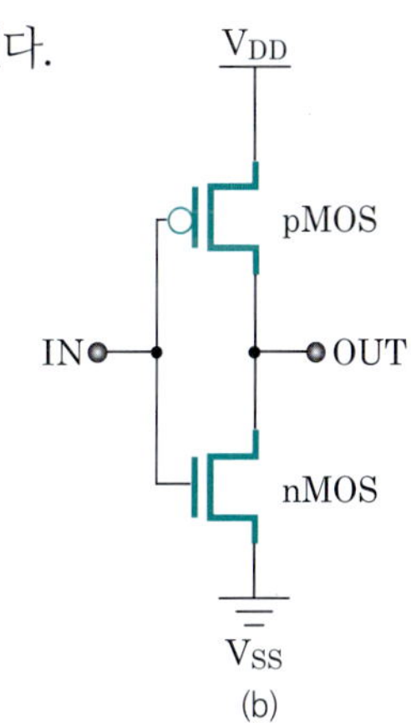

3 디지털 회로의 설계

1 디지털 신호

사람의 목소리를 전기 신호로 바꾸면 그림 4.50 (a)와 같이 교류 신호로 나타낼 수 있다. 이 신호가 **아날로그**analog 신호인데, 자연 상태에서 발생하는 모든 신호가 여기에 속하며 연속적인 값을 유지하므로 신호가 끊어지지 않는 장점이 있는 반면, 신호에 잡음이 들어갈 여지가 있다. 이것을 (b)와 같이 어떤 양으로 자른 후, 높은 값을 '1' 상태, 낮은 값을 '0' 상태로 하는 두 가지 상태로 나타낼 수 있다. 이것을 **디지털 신호 처리**(DSPdigital signal processing)라고 한다. 이와 같이 '0'과 '1''을 사용하는 두 가지 불연속적인 상태의 신호를 **디지털 신호**digital signal라고 한다.

디지털 신호는 정보 저장의 용량이 명확하고 재생이 용이하며 잡음에 강하고 정보의 암호화가 가능하다. 또 먼 거리 전송에도 신호의 찌그러짐이 없이 보낼 수 있는 장점을 가지고 있다.

디지털 신호 처리는 정보 신호를 수정하거나 개선할 목적으로 어떤 알고리즘algorism에 의해 수치적으로 처리하는 것을 말한다. **알고리즘**이란 컴퓨터에서 정보의 수정 문제를 해결하기 위하여 사용 가능한 기법을 말한다.

알고리즘(algorithm)
어떤 문제를 해결하기 위해 명확히 정의된(well-defined) 유한 개의 규칙과 절차의 모임을 말한다. 명확히 정의된 한정된 개수의 규제나 명령의 집합이며, 한정된 규칙을 적용함으로써 문제를 해결하는 것이다.

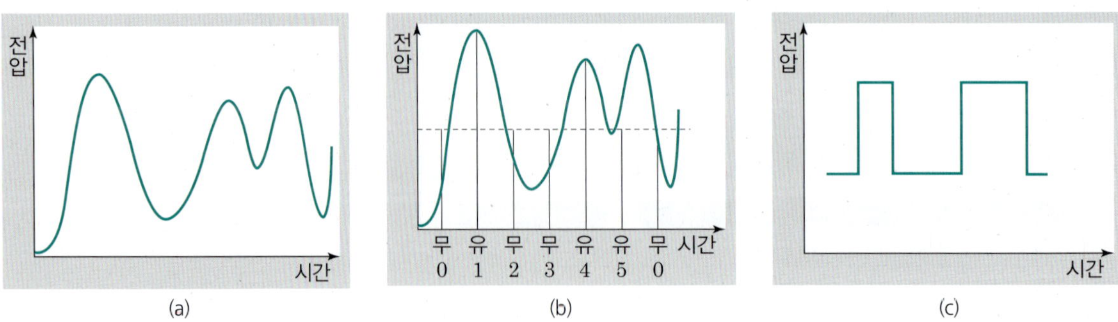

그림 4.50 **디지털 신호** (a) 아날로그 신호 (b) 디지털 신호 처리 (c) 디지털 신호

2 스위칭

디지털 작용이란 무엇일까?

그림 4.51과 같이 게이트에 디지털 신호를 보내 주면 드레인에 디지털 신호를 얻는 것을 **스위칭**switching이라고 한다. 스위칭이란 말 그대로 스위치를 이용하여 전기적으로 ON, OFF의 전환을 뜻한다. 이 스위칭의 특성이 바로 디지털 작용이 되는 것이다.

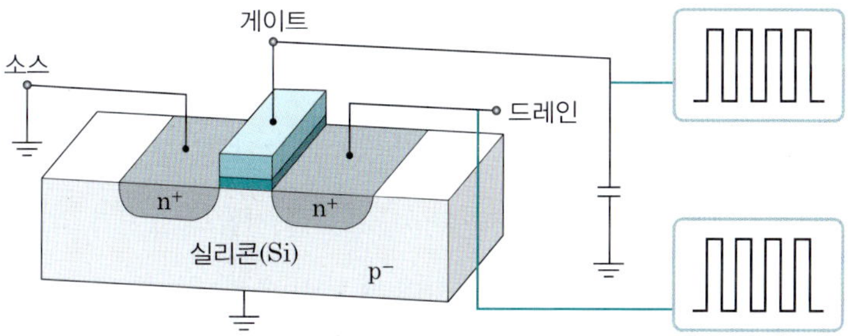

그림 4.51 트랜지스터의 스위칭 작용

디지털 회로는 디지털 신호인 2진수를 기본으로 하는 회로이다. 2진수 비트 '0', '1' 두 가지 수만을 사용하도록 한 것이다. 두 가지만 사용하여 일이 끝나는 것은 무엇이 있을까?

우리의 가정에서 빈번히 일어나고 있는 일 중에서 찾아보자. 창문을 열고 닫는 일이 있을 것이고, 또 형광등을 켜고 끌 때의 일이 있을 것이다. 형광등을 켜고 끌 때 사용하는 장치를 **스위치**switch라고 부른다. 이 스위치는 두 가지의 행위로 일이 끝난다. 그러니까 디지털 회로가 동작할 때의 특성과 유사하다. 그래서 디지털 회로를 스위치 회로라고 부르기도 한다. 이런 연유로 앞으로 디지털 회로와 스위치 회로는 같은 말이라고 이해하기 바란다.

우리는 CMOS가 nMOS와 pMOS를 하나의 기판에 제작된 소자라는 것을 알았다. n(전자), p(정공)는 서로 반대의 특성이 있고, 이들을 조합하여 만든 CMOS는 서로 보완하는 구조라고 하였다. 그러므로 nMOS가 ON 상태일 때, pMOS는 OFF 상태가 된다. 그 반대의 상태도 성립한다. 'ON 상태'는 스위치가 연결되어 전류가 통하므로 형광등에 불이 들어오는 상태, 즉 2진수 '1' 상태를 말하고, OFF 상태는 불이 꺼지는 상태, 즉 2진수 '0'를 의미한다.

이 CMOS가 동작하기 위해서는 전원 전압을 공급해 주어야 한다. 보통 이 전압을 V_{DD}라고 표기한다. IC에 전원을 공급하면 이것이 빠져나갈 **접지 단자**ground terminal가 필요하다. 접지란 감전 또는 디지털 회로의 파손 등의 전기적 사고를 예방할 목적으로 디지털 회로와 대지를 도선으로 연결하여 회로의 전위를 0으로 유지하는 것을 말한다. 이것을 V_{SS}라 하자.

요즈음에 만들어지는 IC는 성능이 우수하면서도 크기는 작게 만들고 있다. 그 덕분에 IC를 동작시키는 데 필요한 전압의 크기가 자꾸 내려간다. 종래에는 5[V]가 사용되었는데, 3.3[V], 2.5[V]까지 내려가더니, 급기야 1.8[V]까지 내려갔다. 전원 전압이 내려가면 소비 전력이 그만큼 떨어지므로 좋은 일이다. 전력은 전압과 전류의 곱으로 나타낸다. 반도체의 미세 가공 기술의 발전으로 소자의 크기가 더욱 작아지고 있다. 이 작아지는 MOS 소자가 견디려면 보다 낮은 전압을 공급해야 한다. 동작 전압이 낮으니까 소비 전력이 떨어지는 것이다.

MOS 소자의 단자는 소스(S), 게이트(G), 드레인(D)이다. 소스 전압을 V_S, 게이트 전압을 V_G, 드레인 전압을 V_D라 하자. 그리고 V_{GS}는 소스 전압을 기준으로 하였을 때의 게이트 전압으로 규정한다.

문턱 전압
어떤 장치 및 전자 부품이 동작을 시작하는 전압을 문턱 전압이라고 한다.

또 하나의 중요한 전압이 있다. MOS 소자의 문턱 전압이다. **문턱 전압**threshold voltage은 nMOS, pMOS의 게이트 밑의 채널에서 전류가 흐르기 시작하는 순간의 게이트 전압이다. 일반적으로 V_{TH}로 표기하며, nMOS의 문턱 전압은 V_{THN}, pMOS의 문턱 전압은 V_{THP}로 표기하기로 한다. 보통 nMOS의 문턱 전압은 0.6[V], pMOS의 문턱 전압은 −0.6[V]이다. n과 p는 서로 반대의 특성을 갖기 때문이다.

3 pMOS 스위치

디지털 회로의 기본 소자는 pMOS, nMOS이다. 물론 이 둘을 합치면 CMOS가 된다. 먼저 이들에 대한 동작을 살펴보자.

그림 4.52 (a)에 pMOS의 구조를 나타내었는데, 게이트에 (-)전압을 공급하면 소스-드레인 사이에 정공이 흘러 전류가 흐른다. 반대로 (+)게이트 전압에서는 전류가 흐르지 않는다. 이것은 제3장에서 살펴보았다. 그림 4.52 (b)는 pMOS 스위치 회로를 나타낸 것이다. pMOS는 게이트를 중심으로 왼쪽, 오른쪽이 대칭을 이루고 있는데, 똑같은 p^+ 불순물이 있는 영역으로 단자를 구별하는 방법은 높은 전압의 쪽이 소스 단자이고, 낮은 전압의 쪽이 드레인이 된다. 그리고 게이트-소스 사이의 전압, 즉 V_{GS}가 문턱 전압 V_{TH}보다 낮아야 채널이 형성되어 전류가 흘러 SW-ON 상태가 된다. 그림에서는 왼쪽에 2.5[V]가 공급되었으므로 이곳이 소스 단자이고, 오른쪽이 드레인이 된다. 드레인에 접속되어 있는 커패시터는 pMOS 스위치가 동작을 시켜 주어야 하는 짐, 즉 부하(負荷load)이다. 부하란 디지털 회로에 공급되고 있는 전력을 소모하는 소자를 말하

부하
전기적·기계적 에너지를 발생하는 장치의 출력 에너지를 소비하는 것 또는 소비하는 동력의 크기를 말한다.

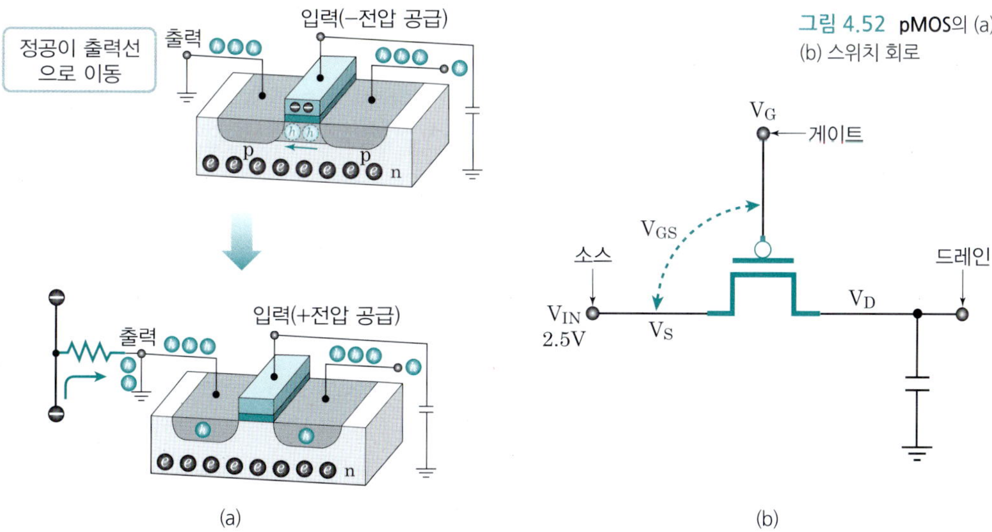

그림 4.52 pMOS의 (a) 구조 (b) 스위치 회로

는데, 여기서는 커패시터를 뜻한다. 동작을 시켜 주어야 한다는 것은 커패시터가 충전의 기능을 갖도록 해 주는 것이다. 충전을 하려면 공급해준 전력을 소모해야 하는 것이므로 부하의 역할을 한 것이다. 충전은 담수호에 물이 차는 것이고, 방전은 물을 방류하는 것이라 하였다.

입력 단자의 전압(V_{in})으로 2.5[V], 즉 논리 '1' 상태가 공급되고 드레인에는 0[V]라고 가정하고 시작한다. 이제 그림 4.53 (a)에서 보여 주는 pMOS 회로의 게이트에 2.5[V]를 공급하여 보자. 그러면

$$V_{GS} = V_G - V_S = 2.5[V] - 2.5[V] = 0.0[V] \tag{4.3}$$

이므로 pMOS의 문턱 전압 $V_{THP} = -0.6[V]$보다 크므로 스위치가 닫히니까 전류가 흐르지 못하여 스위치-차단(SW-OFF) 상태가 된다. 다시 입력에 0[V], 즉 논리 '0' 상태를 인가하면

$$V_{GS} = V_G - V_S = 2.5[V] - 0.0[V] = 2.5[V] \tag{4.4}$$

이므로 여전히 $V_{THP} = -0.6[V]$보다 크므로 SW-OFF 상태가 된다. 즉, 입력이 논리 '1' 상태이든 '0' 상태이든 소스에서 드레인으로 전류가 흐르지 않아 신호가 전달되지 않는다.

이번에는 pMOS가 스위치-접속(SW-ON) 상태가 되는 경우를 살펴보자.

그림 4.53 (b)에서와 같이 게이트에 전압 $V_G = 0[V]$를 공급한다. 그러면

$$V_{GS} = V_G - V_S = 0.0[V] - 2.5[V] = -2.5[V] \tag{4.5}$$

이므로 문턱 전압 $V_{THP} = -0.6[V]$보다 작아 SW-ON 상태가 되어 전류가 흐를 수 있으므로, 담수호인 커패시터에 전하가 쌓이기 시작하여 결국은 2.5[V]까지 오르게 된다. 입력의 값이 전달된 것이다. 입력에서 공급해준 전력이 커패시터의 충전 작용으로 소모하였으므로 부하의 역할을 한 것이다.

여기서 pMOS에 대하여 꼭 알아 두어야 할 다음의 사항을 기억해두자.

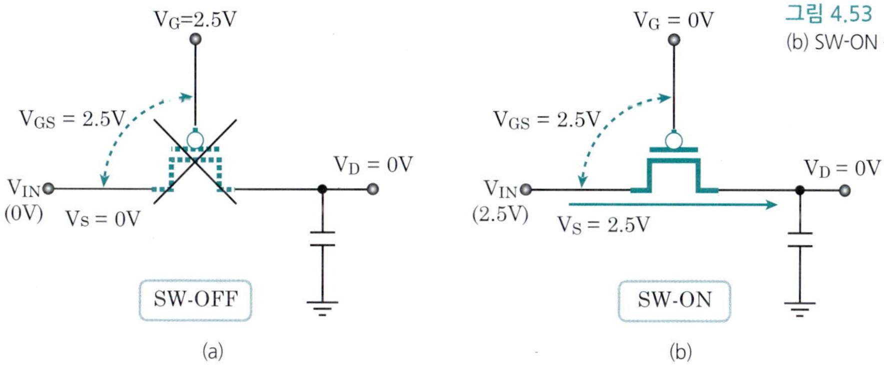

그림 4.53 **pMOS**의 (a) SW-OFF 상태 (b) SW-ON 상태

pMOS는
게이트에 높은 전압, 즉 논리 '1' 상태이면 SW-OFF 상태가 되고,
게이트에 낮은 전압, 즉 논리 '0' 상태이면 SW-ON 상태가 된다.

이번에는 커패시터가 V_{DD}, 즉 2.5[V]까지 충전된 상태에서 입력값이 0[V], 즉 논리 '0' 상태가 공급된다고 생각하자. 또 한 번 기억하자. pMOS에는 전압이 높은 쪽의 단자가 소스라고 하였다. 그러므로 커패시터가 있는 쪽이 2.5[V]까지 충전되었으므로 소스의 역할을 하는 단자가 되는 것이다. 이때

$$V_{GS} = V_G - V_S = 0.0[V] - 2.5[V] = -2.5[V] \tag{4.6}$$

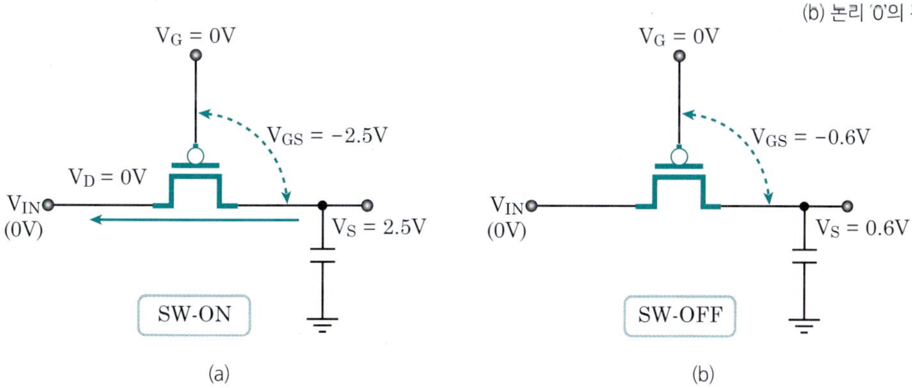

그림 4.54 **pMOS**의 (a) 논리 '1'의 전달 (b) 논리 '0'의 진달

가 되어 문턱 전압보다 낮으므로 pMOS는 SW-ON 상태가 된다. 그러면 담수호의 수문이 열리는 것이 되므로 물이 방류하듯이 커패시터의 방전 작용이 되는 것이다. 그러므로 그림 4.54 (a)에서와 같이 커패시터에 있던 전하들이 드레인 쪽으로 흘러 방전이 되는 것이다. 이제 (b)와 같이 커패시터가 있는 소스 전압이 방전이 되어 0.6[V]까지 떨어진 경우를 살펴보자.

$$V_{GS} = V_G - V_S = 0.0[V] - 0.6[V] = -0.6[V] \qquad (4.7)$$

가 되어 pMOS의 문턱 전압까지 내려가니까 pMOS가 SW-OFF 상태로 되기 시작하는 것이다. 커패시터에 0.6[V]를 남겨 놓고 나머지만을 방전하는 것이어서 완전한 0[V]를 전달하지 못하고 0[V] 부근까지만 전달하는 것이다. 이것이 pMOS가 논리 '0' 상태를 전달하는 데 취약한 것이다. 이를 (b)에서 보여 주고 있다.

4 nMOS 스위치

그림 4.55는 nMOS 스위치 회로를 나타낸 것이다. nMOS에서는 게이트를 중심으로 왼쪽과 오른쪽에 똑같은 n^+ 영역이 있는데, 전압이 높은 쪽이 드레인 단자이다.

그러므로 입력에 2.5[V]가 공급되었다면 입력이 드레인 단자가 되는 것이고 커패시터가 접속되어 있는 곳이 소스가 된다.

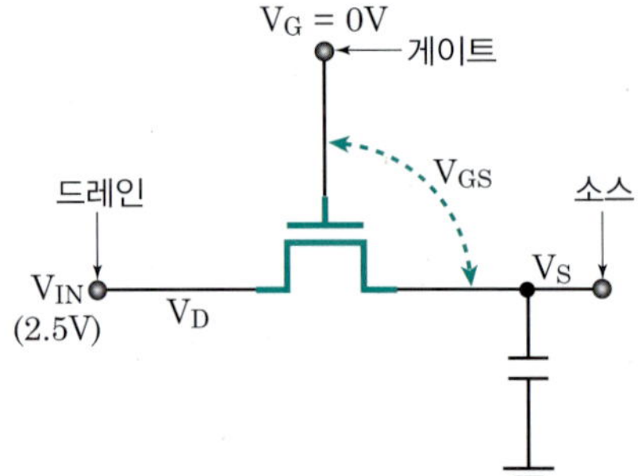

그림 4.55 nMOS 스위치

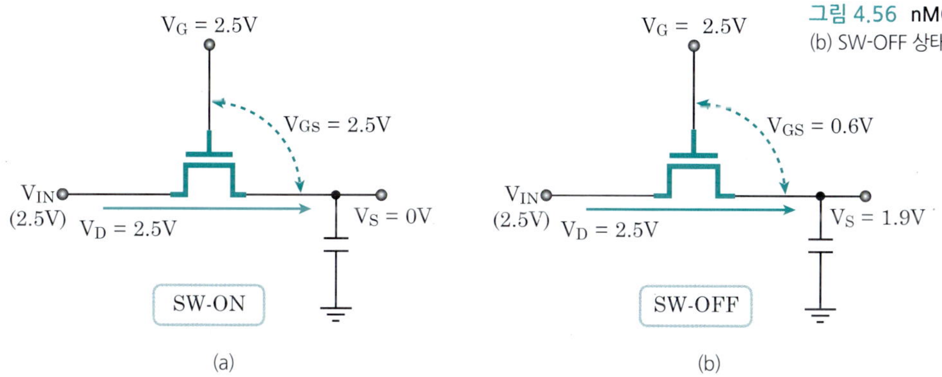

그림 4.56 **nMOS**의 (a) SW-ON 상태 (b) SW-OFF 상태

이때 소스가 0[V] 상태에서 게이트 단자에 2.5[V]가 공급되면

$$V_{GS} = V_G - V_S = 2.5[V] - 0.0[V] = 2.5[V] \tag{4.8}$$

가 되니 nMOS의 문턱 전압 V_{THN}=0.6[V]보다 높아 SW-ON 상태가 된다. 이를 그림 4.56 (a)에서 보여 주고 있다. (b)와 같이 ON 상태에서 2.5[V]의 입력 전압이 계속 커패시터에 전달되면 커패시터의 전압이 올라갈 것이다. 계속 충전이 되어 1.9[V]까지 상승하였다면

$$V_{GS} = V_G - V_S = 2.5[V] - 1.9[V] = 0.6[V] \tag{4.9}$$

가 되니 OFF 하기 시작할 것이다. 왜냐하면 nMOS 소자는 문턱 전압 이하로 떨어지면 형성되었던 채널이 소멸되어 전류가 흐르지 못하기 때문이

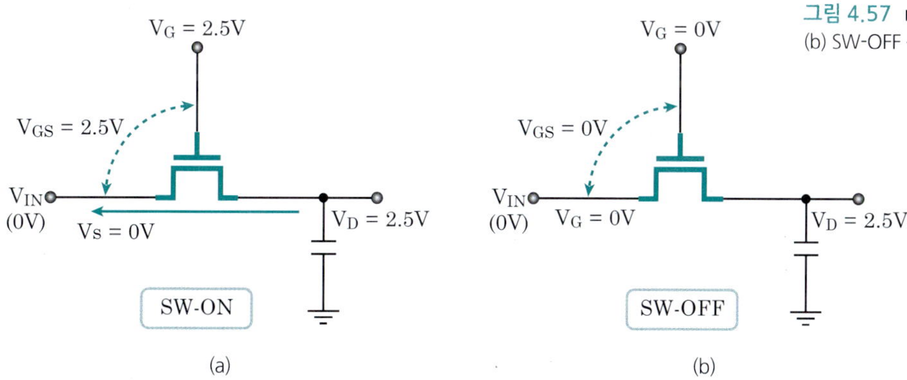

그림 4.57 **nMOS**의 (a) SW-ON 상태 (b) SW-OFF 상태

다. 이것은 nMOS가 1.9[V]보다 높은 전압의 전달 특성이 좋지 않다는 뜻이 된다. 완전한 2.5[V]를 전달하지 못하고 1.9[V]만 전달하기 때문이다.

이제 그림 4.57 (a)와 같이 입력이 0[V]가 공급된 경우를 살펴보자.

이 경우는 커패시터가 있는 쪽이 2.5[V]이므로 드레인 단자가 되고, 입력이 소스가 된다. 게이트-소스 사이의 전압 V_{GS}는

$$V_{GS} = V_G - V_S = 2.5[V] - 0.0[V] = 2.5[V] \quad (4.10)$$

가 되어 문턱 전압 V_{THN}=0.6[V]보다 높으므로 ON 상태가 될 것이다. 그러면 커패시터에 있는 전하들이 입력 방향으로 흘러 방전하게 될 것이다. 입력의 논리 '0' 상태가 전달된 것이다. 게이트 전압이 여전히 2.5[V]를 유지하고 있어 커패시터의 전하를 0[V]까지 모두 방전시킬 수 있어서 논리 '0' 상태를 확실히 전달할 수 있는 것이다. 그래서 nMOS는 논리 '1' 상태의 전달은 취약하나, 논리 '0' 상태는 확실하게 전달이 되는 특성을 가지고 있다.

nMOS의 동작 특성에 대하여 다음의 사항을 기억해 두자.

> nMOS는
> 게이트에 논리 '1' 상태에 있으면 SW-ON 상태이고,
> 게이트에 논리 '0' 상태에 있으면 SW-OFF 상태가 된다.

5 전달(transmission) 게이트

영어의 'transmission'은 '전송 또는 변속기'의 뜻이 있다. 'KBS에서 전파를 전송한다.'고 할 때, 이것은 KBS에서 할당된 주파수 통로, 즉 채널을 통하여 전파를 각 가정에 전송하는 것이다.

앞에서 잠시 살펴본 스위치는 입력에서 출력으로 신호를 전송하는 기능을 갖는 것인데, 스위치가 ON 상태이면 전송이 될 것이고, 그렇지 않으

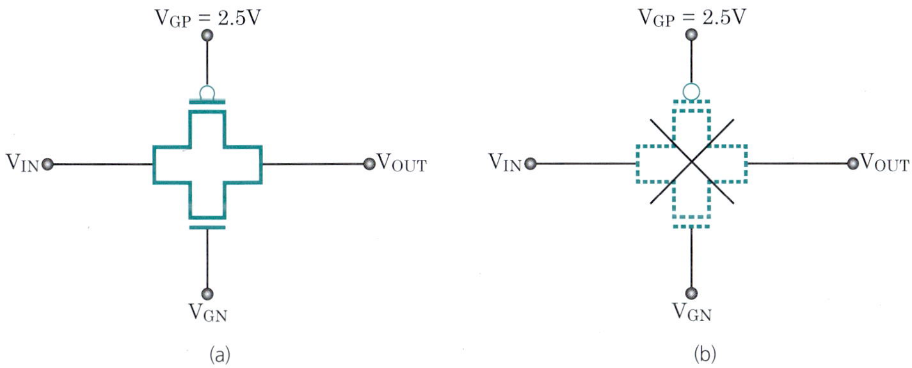

그림 4.58 CMOS 전달 게이트의 (a) 회로 (b) OFF 상태

면 전송하지 못할 것이다. 스위치란 신호를 전달하거나 전달하지 않는 기능을 갖는 것이므로 디지털 회로를 설계할 때 **전달**transmission **게이트**가 효율적으로 사용될 수 있다.

그림 4.58 (a)는 전달 게이트 회로를 나타낸 것인데, 이것은 nMOS와 pMOS를 병렬로 연결한 구조를 갖는다. nMOS와 pMOS가 조합되어 있으면 이것을 CMOS라고 하였다. 그러니까 **CMOS 전달 게이트**CMOS transmission Gate가 되는 것이다. 특별히 입력과 출력으로 신호를 전달하는 것이어서 전달 게이트라는 말이 붙었다.

앞에서 nMOS는 논리 '1' 상태를 전달하는 데 취약하고, pMOS는 논리 '0' 상태의 전달에 취약하다고 하였다. 이제 두 소자의 보완 관계에 있는 CMOS 전달 게이트를 사용하면 이러한 취약점을 해결할 수 있을 것이다.

이제 그림 (b)와 같이 CMOS 전달 게이트의 pMOS에 2.5[V], nMOS에 V_{SS}, 즉 0[V]를 공급한 경우를 보자. 이 경우, nMOS, pMOS 모두 동작하지 않아 OFF 상태에 있다. 그러므로 입력의 값이 출력으로 전달되지 않는다.

그림 4.59 (a)에서 pMOS에 0[V], nMOS에 2.5[V]를 공급하고, 출력에 있는 커패시터에 2.5[V]가 미리 걸려 있었다고 가정하자. 그러면 pMOS는 출력단이 소스가 될 것이고, nMOS는 입력 쪽이 소스가 된다. 그리고 두 소자 모두 ON 상태에 이를 것이기 때문에 커패시터에 걸려 있는

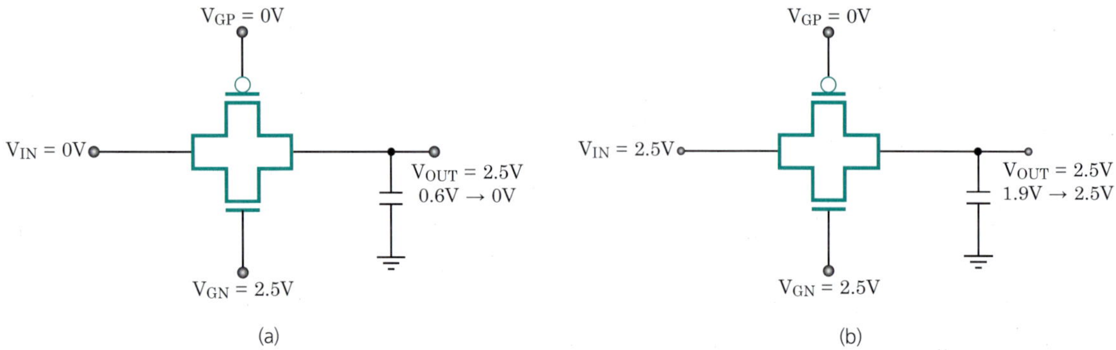

그림 4.59 **CMOS 전달 게이트**의 (a) 논리 '0' 전달 (b) 논리 '1' 전달

2.5[V]는 pMOS와 nMOS를 통하여 방전될 것이다. 방전이 되다가 커패시터의 전압이 0.6[V]가 되면 pMOS는

$$V_{GS} = V_G - V_S = 0.0[V] - 0.6[V] = -0.6[V] \qquad (4.11)$$

가 되어 OFF 상태가 될 것이다. 그러나 nMOS는

$$V_{GS} = V_G - V_S = 2.5[V] - 0.0[V] = 2.5[V] \qquad (4.12)$$

이므로 계속해서 ON 상태를 유지하게 되면서 nMOS를 통하여 커패시터의 방전은 계속 이루어질 것이므로, 커패시터의 전압이 0[V]가 될 때까지 완벽하게 방전이 이루어진다. 그래서 확실한 논리 '0' 상태를 전달할 수 있는 것이다.

그림 (b)에는 논리 '1' 상태를 전달하기 위한 회로를 나타낸 것이다. 출력 전압이 0[V]에서 1.9[V]가 될 때까지는 두 소자가 모두 ON 상태이어서 전달할 수 있으나, 출력 전압이 1.9[V]가 되면 nMOS의 게이트-소스 사이의 전압 V_{GS}는

$$V_{GS} = V_G - V_S = 2.5[V] - 1.9[V] = 0.6[V] \qquad (4.13)$$

가 되어 nMOS는 OFF 상태에 이르게 되므로 pMOS만이 동작되어 2.5[V]까지 상승하게 된다. 그러므로 pMOS를 통하여 확실한 논리 '1' 상태를 전달할 수 있는 것이다.

6 CMOS 회로의 설계

디지털 회로를 구성하는 기본 회로는 인버터, NAND, NOR 등이 있는데 이들을 설계해 보자.

앞에서 살펴본 바대로 디지털 논리는 스위치 작용으로 설명할 수 있다. 스위치를 올렸을 때, 논리 '1' 상태, 즉 참true이고, 스위치를 내렸을 때 논리 '0' 상태, 즉 거짓false이다. 2진수의 논리이다. 2진수의 논리로 수학적 계산을 하는 것이 **논리 연산**(論理演算, logical operation)이다. 이것은 연산의 대상 및 결과가 참과 거짓 두 개의 값 중 어느 하나를 취하는 계산을 말한다. 논리 연산의 종류는 기본적으로 '논리곱AND operation', '논리합OR operation' 그리고 '논리 부정NOT'이 있다.

(1) 논리합(OR operation)

논리합OR operation은 우리말로 '혹은' 또는 '이것 아니면 저것'의 의미가 있다. A와 B라는 입력 변수가 있고 Z라는 출력 변수가 있을 때, A와 B 중 어느 하나라도 참이면 참인 것이다. 마치 산수의 더하기와 유사한 연산이다. 변수가 2개이므로 결합하기 위한 경우의 수는 4가지가 있을 것이다. 즉, '거짓(0)+거짓(0)'은 역시 거짓(0), '거짓(0)+참(1)'은 참(1), '참(1)+거짓(0)'은 참(1), 그런데 마지막 경우의 수는 산수에서의 경우와 다르다. 예외가 있다. '참(1)+참(1)'은 참(1)인 것이다. 산수에서는 '1+1=2'가 아닌가. 그러나 2진수의 세계에서는 2개의 수만 있기 때문에 2의 숫자는 배제되는 것이다. '1+1=1'이 되어야 한다. 이것만 기억하면 된다. 논리합에서의 연산자는 '+' 기호를 사용한다. 그리고 연산식은

$$Z = A + B \qquad (4.14)$$

로 약속하여 쓰고 있다. 여기서 A, B는 입력 단자 이름이고, Z는 출력 단자 이름이다.

이런 논리 연산을 정리한 것을 표 4.1에 나타내었는데, 이런 표를 진리표truth table라고 부른다.

표 4.1 논리합의 진리표

논리 입력		논리 출력
A	B	Z
거짓(0)	거짓(0)	거짓(0)
거짓(0)	참(1)	참(1)
참(1)	거짓(0)	참(1)
참(1)	참(1)	참(1)

(2) 논리곱(AND operation)

논리곱AND operation은 우리말로 '그리고' 또는 '이것과 저것이 반드시'의 의미가 있다. A와 B라는 입력 변수가 있고 Z라는 출력 변수가 있을 때, A와 B 중 모두 참일 때만 참인 것이다. 마치 산수의 곱하기와 유사한 연산이다. 4가지의 경우 수를 살펴보자. 즉, '거짓(0)×거짓(0)'은 거짓(0), '거짓(0)×참(1)'은 거짓(0), '참(1)×거짓(0)'은 거짓(0), 그런데 마지막 경우의 수도 산수에서의 경우와 같다. '참(1)×참(1)'은 참(1)인 것이다. 논리곱에서의 연산자는 '×' 혹은 '·' 기호를 사용하던가 아니면 아예 기호를 사용하지 않기도 한다. 연산식은

$$Z = A \times B = A \cdot B = AB \qquad (4.15)$$

로 약속하여 쓰고 있다. 이런 논리 연산을 표 4.2에 나타내었다.

4.2 논리곱의 진리표

논리 입력		논리 출력
A	B	Z
거짓(0)	거짓(0)	거짓(0)

(계속)

거짓(0)	참(1)	거짓(0)
참(1)	거짓(0)	거짓(0)
참(1)	참(1)	참(1)

(3) 논리 부정(NOT operation)

논리 부정NOT operation은 입력값을 부정하여 출력에 내는 논리 기능이다. 즉, 입력값에 반대되는 값을 출력으로 내는 것이다. 기본적으로 입력과 출력 변수를 각각 1개씩 갖는다. '거짓(0)'이면 참(1)이고, '참(1)'이면 거짓(0)인 것이다. 입력 변수를 A, 출력 변수를 Z라 하면 연산식은 다음과 같고, $\overline{A}$는 A의 부정을 나타낸 것이다.

$$Z = \overline{A} \qquad (4.16)$$

이것의 진리표는 다음과 같다.

표 4.3 논리 부정의 진리표

논리 입력	논리 출력
A	Z
참(1)	거짓(0)
거짓(0)	참(1)

(4) 논리 부정 게이트

부정의 연산을 수행하는 논리 회로를 NOT 게이트 또는 인버터inverter라고 하였다. 앞에서 살펴본 CMOS는 NOT 게이트를 아주 쉽게 만들 수 있으므로 반도체 설계자는 이 NOT 게이트를 기본으로 하여 집적 회로를 설계한다.

그림 4.60에 다시 인버터 회로를 나타내었다. 입력 단자를 A, 출력 단자를 Z라 하고 전원 전압을 V_{DD}, 접지 단자를 V_{SS}라고 정하였다. 그림

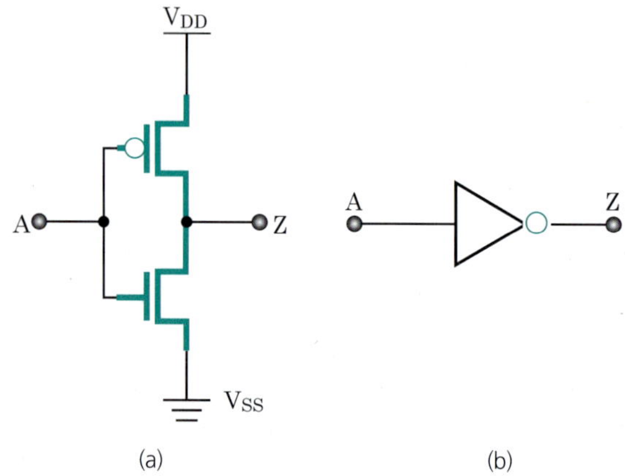

그림 4.60 CMOS NOT 게이트의 (a) 회로 (b) 기호

(a)에서 위의 소자가 pMOS, 아래 소자가 nMOS인데, 두 소자의 게이트를 묶어 입력 단자 A와 연결하고, 두 소자의 드레인을 묶어 출력 단자 Z에 연결하였다.

그림 4.60의 인버터의 기능을 살펴보기 위하여 그림 4.61에 다시 나타내었다. 그런데 여기서는 출력단에 커패시터가 하나씩 붙어 있다. 커패시터는 충전과 방전의 기능이 있다고 하였다. 입력과 출력의 신호가 반전되는 역할을 커패시터가 담당하고 있다. 물론 이것도 pMOS와 nMOS가 서로 도와주니까 가능한 것이다.

그림 4.61 (a)와 같이 입력 단자에 논리 '0'이 공급된다고 하자. 그러면 nMOS는 동작하지 못하고, pMOS만 동작하게 될 것이다. 왜냐하면 pMOS의 게이트 전압이 0[V], 즉 논리 '0'일 때 채널이 형성되어 소스에 있는 전원 전압 V_{DD}에서 만들어진 전류가 채널을 통하여 출력단에 있는 커패시터에 2.5[V]까지 충전되므로 논리 '1'이 출력에 형성된 것이므로 '1'상태가 전달된 것이다. 그러므로 입력의 논리 '0'이 출력에서 논리 '1'로 반전된 것이다.

그림 4.61 (b)를 보자. 입력에 논리 '1'을 공급하였다. 논리 '1'을 공급하였다는 것은 2.5[V]를 공급하여 주면 된다. 게이트 전압이 2.5[V]이므로 pMOS는 동작하지 못할 것이다. 그러므로 전원 전압 V_{DD}에서 생긴 전

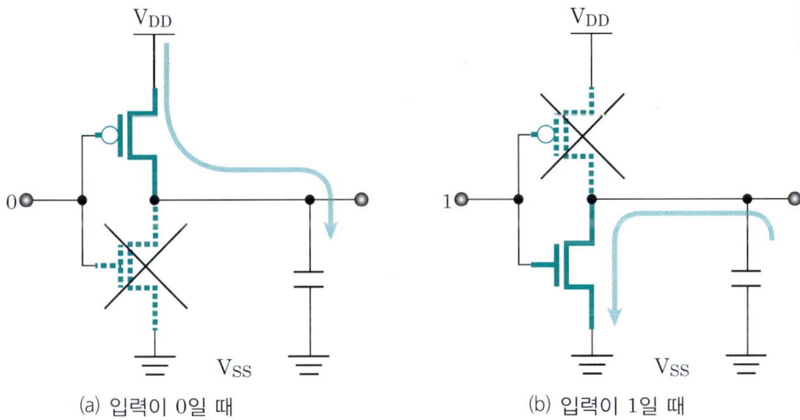

그림 4.61 **CMOS NOT 게이트**의 (a) X='0' (b) X='1'

류는 pMOS를 경유하여 더 이상 커패시터로 흐를 수 없어 충전 작용은 없어진 것이다. 반면에 nMOS는 살아 있다. 그래서 이미 출력단의 커패시터에 충전되어 있던 2.5[V]가 살아 있는 nMOS를 통하여 접지로 방전하는 것이다. 이러면 출력단의 커패시터에는 전하가 텅 비어 있어 거의 0[V]로 되니까 논리 '0'상태가 되므로 입력의 논리 '1'이 출력의 논리 '0'으로 반전되는 것이다.

(5) NAND 게이트의 동작

NAND 게이트란 AND 게이트와 NOT 게이트를 합한 게이트이다. 그러니까 논리곱을 부정하는 기능을 갖는 논리 회로이다. 그림 4.62에서는

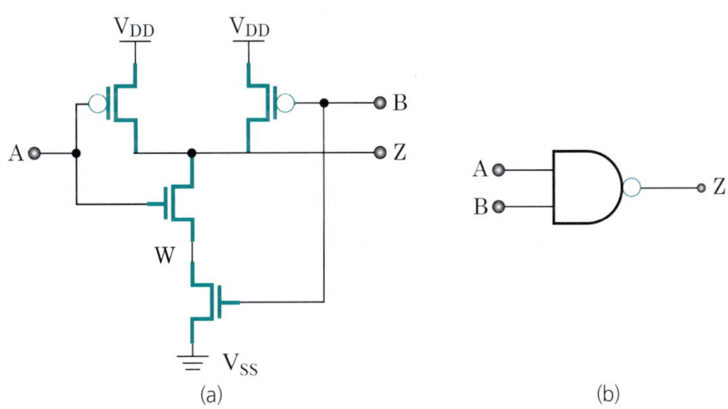

그림 4.62 **CMOS NAND 게이트**의 (a) 회로도 (b) 기호

두 개의 입력을 갖는 NAND 게이트 회로와 기호를 보여 주고 있다. 그림 (a)에서 보면 nMOS와 pMOS 각 한 쌍을 사용하여 CMOS 두 개를 배선하고 입력 단자 A와 B, 출력 단자 Z, 전원 전압 V_{DD}, 접지 V_{SS}로 구성하였다. 이렇게 하면 논리곱인 AND의 출력을 반전시키는 출력을 얻을 수 있다.

그림 4.63에서는 2-입력 NAND 게이트에 대한 동작을 나타낸 것이다. 입력이 2개이므로 결합 가능한 경우의 수는 4가지일 것이다. 앞에서 살펴보았던 인버터의 동작을 기억하면서 살펴보면 표 4.4의 진리표에서 보여 주는 논리적 기능을 이해할 것이다. 회로에서 Mp는 pMOS, Mn은 nMOS를 각각 나타낸다.

그림 4.63 **CMOS NAND 게이트**의 4가지 입력에 대한 동작

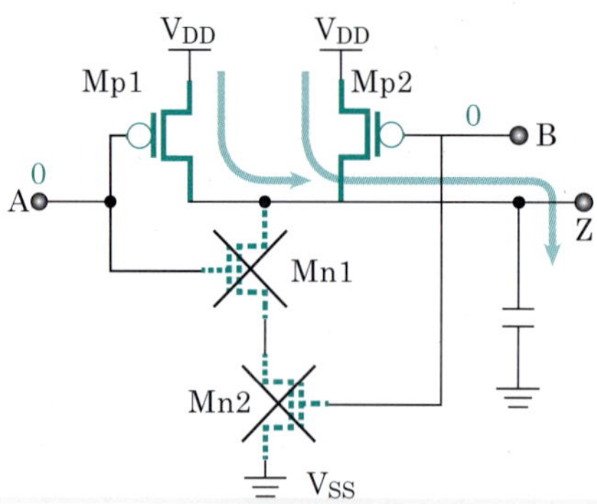

(a) A=0, B=0일 때

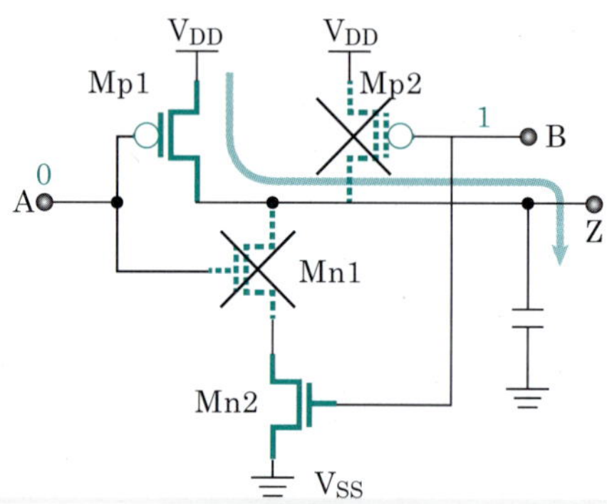

(b) A=0, B=1일 때

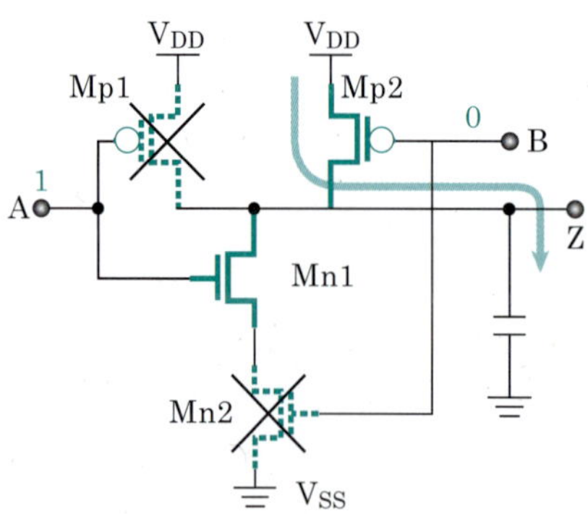

(c) A=1, B=0일 때

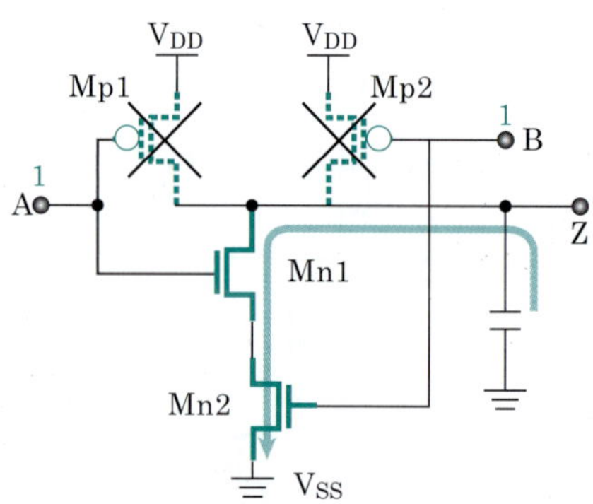

(d) A=1, B=1일 때

표 4.4 NAND 게이트의 진리표

논리 입력		AND 출력	NAND 출력
A	B		Z
거짓(0)	거짓(0)	거짓(0)	참(1)
거짓(0)	참(1)	거짓(0)	참(1)
참(1)	거짓(0)	거짓(0)	참(1)
참(1)	참(1)	참(1)	거짓(0)

(6) NOR 게이트의 동작

NOR 게이트란 OR 게이트와 NOT 게이트를 합한 게이트이다. 그러니까 논리합을 부정하는 기능의 논리 회로이다. 그림 4.64에서는 두 개의 입력을 갖는 NOR 게이트 회로와 기호를 보여 주고 있다. 그림 (a)에서 보면 nMOS와 pMOS 각 한 쌍을 사용하여 CMOS 두 개를 배선하고 입력 단자 A와 B, 출력 단자 Z, 전원 전압 V_{DD}, 접지 V_{SS}로 구성하였다. 이렇게 하면 논리합인 OR의 출력을 반전시키는 출력을 얻을 수 있다.

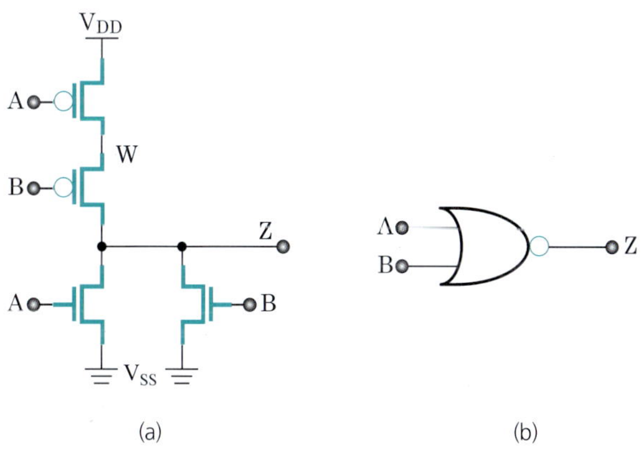

그림 4.64 CMOS NOR 게이트의 (a) 회로도 (b) 기호

그림 4.65에서는 2-입력 NOR 게이트에 대한 동작을 나타낸 것이다. 입력이 2개이므로 결합 가능한 경우의 수는 4가지일 것이다. 앞서 살펴

보았던 인버터의 동작을 기억하면서 살펴보면 표 4.5의 진리표에서 보여 주는 논리적 기능을 이해할 것이다. 회로에서 Mp는 pMOS, Mn은 nMOS를 각각 나타낸다.

그림 4.65 **CMOS NOR 게이트**의 4 가지 입력에 대한 동작

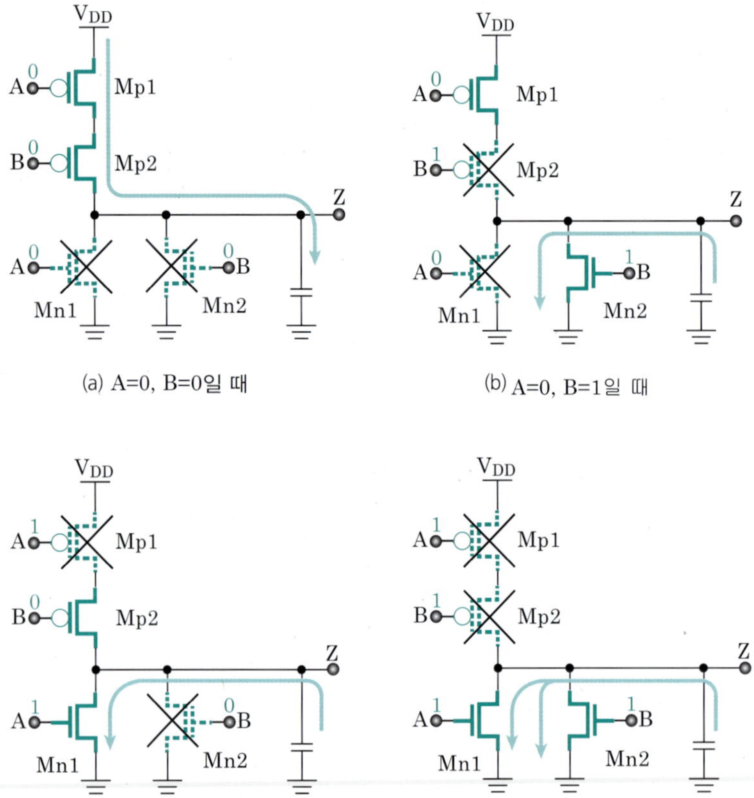

(a) A=0, B=0일 때

(b) A=0, B=1일 때

(c) A=1, B=0일 때

(d) A=1, B=1일 때

표 4.5 NOR 게이트의 진리표

논리 입력		OR 출력	NOR 출력
A	B		Z
거짓(0)	거짓(0)	거짓(0)	참(1)
거짓(0)	참(1)	참(1)	거짓(0)
참(1)	거짓(0)	참(1)	거짓(0)
참(1)	참(1)	참(1)	거짓(0)

4 레이아웃(layout) 설계

1 건물을 짓는다

지금은 50층 이상의 초고층 건물들이 즐비하게 지어지고 있다. 그러나 1960년대만 하더라도 5층 건물도 높은 건축물에 속해 있던 시절이었다.

필자의 어린 시절에 우연히 건축 공사장에 갔는데, 공사 감독관인 듯한 사람이 파란색의 커다란 종이에 그려져 있는 복잡한 도면과 깨알같이 써 놓은 수치를 꼼꼼히 들여다보는 모습을 본 일이 있다. 지금 와서 생각하면 건축물의 청사진 도면이라 생각했을 텐데……. 그 청사진 도면에는 각 층에 설치해야 할 여러 가지 요소들이 적혀 있었을 것이다. 요즈음에도 그렇게 하는지 모르겠으나, 여하튼 건물을 짓기 위해서는 설계 도면이 반드시 있어야 할 것이다.

설계 도면을 만들 때는 오차 범위도 감안하여 설계해야 할 것이다. 그리고 각각의 층은 용도도 다를 수 있고, 설치 요소도 다를 수 있다.

마찬가지로 반도체를 만든다는 것도 결국은 여러 개의 층을 쌓아올리는 것과 유사하다. 물론 각각의 층은 용도도 다르고 성질도 다르다. 반도체 설계에서 최종 결과는 설계 도면이다.

설계 도면을 레이아웃layout이라고도 한다. **레이아웃**이란 반도체를 만드는 데 필요한 모든 정보가 담겨져 있는 일종의 반도체의 데이터베이스data base이다. **데이터베이스**란 여러 사람이 공유하여 사용할 목적으로 통합하여 관리되는 데이터의 집합을 말하며, 데이터의 중복을 피하고 구조화하여 검색과 갱신의 효율을 높이기 위하여 구축한다.

2 레이아웃 설계 규칙

반도체의 레이아웃은 여러 층으로 구분된 기하학적 도면으로 표현하는데, 각 층의 패턴은 각 공정 단계에서의 공정 영역을 의미한다. 보통 CAD 프로그램을 이용하여 각 층을 색깔 또는 다각형의 형태로 구별하여 도면을 그리게 된다.

여기서 반도체를 잘 만들기 위해서 일련의 규칙을 만들어 놓고 그 규칙대로 설계하여 공정을 진행해야 오류를 범하지 않으면서 동작이 잘 되는 좋은 제품을 만들 수 있을 것이다. 이것을 **레이아웃 설계 규칙**layout design rule이라고 하는데, 이는 제조 공정 과정에서 회로를 구성하는 요소들의 기하학적 형태를 규정하는 일련의 규칙이다. 집적 회로 공정에 쓰일 마스크 패턴을 만들기 위한 규칙인 것이다. 이 규칙들은 집적 회로의 설계자와 공정 진행자와의 교량적 역할을 하기 때문에 설계자는 설계 규칙을 철저히 준수하여야 한다. 설계 규칙의 주요 목적은 제작할 집적 회로의 신뢰도를 손상시키지 않고, 수율을 극대화할 수 있는 칩을 만들기 위함이다.

레이아웃 도면은 마스크 패턴으로 변환되는데, 한 장의 도면은 하나의 마스크 패턴으로 된다. 집적 회로를 만든다는 것은 빛과 마스크를 이용하여 설계된 패턴을 광사진 식각 공정photolithography에 의하여 웨이퍼 위에 있는 감광막PR에 전달하는 것이다.

여기서 빛을 사용한다는 것에 주목해 보자. 마스크 패턴의 크기와 형태가 완벽하게 감광막으로 옮겨지지 않는다. 왜 그럴까? 빛의 회절 현상 때문이다. 설계자는 광의 회절 현상을 고려하여 어느 정도 여유를 두고 설계해야 한다. 그렇다고 마냥 여유를 부리면 어떻게 될까? 이윤이 남지 않을 것이다. 충분한 여유를 두다 보면 면적이 많이 소요될 것이다. 요즈음의 집적 회로는 고집적이 생명이다. 수율을 높여야 하기 때문이다. 또한 광사진 식각 공정을 수행하면서 마스크 패턴과 웨이퍼가 정교하게 정렬되어야 하는데, 정렬오차가 발생하면 큰일이다. 동작이 되지 않거나 동작이 되더라도 신뢰성이 떨어지는 집적 회로가 만들어질 것이다.

이러한 여러 가지 변동 상황에서도 집적 회로가 동작할 수 있도록 선의 폭line width, 간격line space, 공정에서 생길 수 있는 오차, 정렬오차 등을 고려하여 설계 규칙을 규정하고 이 규칙에 따라 레이아웃을 하도록 하는 것이다.

최우선적으로 고려해야 할 설계 규칙은 **최소 선폭**minimum line width과 **최소 간격**minimum space이다. 선의 폭이 너무 좁게 되면 도선이 끊어질 가능성이 있고, 도선과 도선이 너무 접근하면 두 도선이 접촉하여 원하지 않는 전기적 작용이나 차단 현상이 일어나 회로의 기능이 손상될 가능성이 있다. 그러므로 이 규칙을 우선적으로 고려해야 한다.

디자인 설계 규칙은 수백 개가 있다. 설계 규칙의 구체적인 수치는 회사마다 다르다. 또 공정 방식에 따라서도 다르며 이것은 회사의 기밀 사항에 속한다.

앞에서 쌍우물 CMOS를 제작해 보았다. 그때의 그림을 기억해 보자. 다음 그림은 4.11 (a)에서 가져온 것인데, 다시 한 번 보자. 이때는 쌍우물층, 2개의 금속층, 액티브층, 폴리층, 컨택층, 비아층 등이 있었다. 각 층의 선폭, 선과 선 사이의 간격, 영역과 영역 사이의 간격 등을 규정해야 한다. 이해의 폭을 넓히기 위하여 각각의 층을 색깔로 구분하였다.

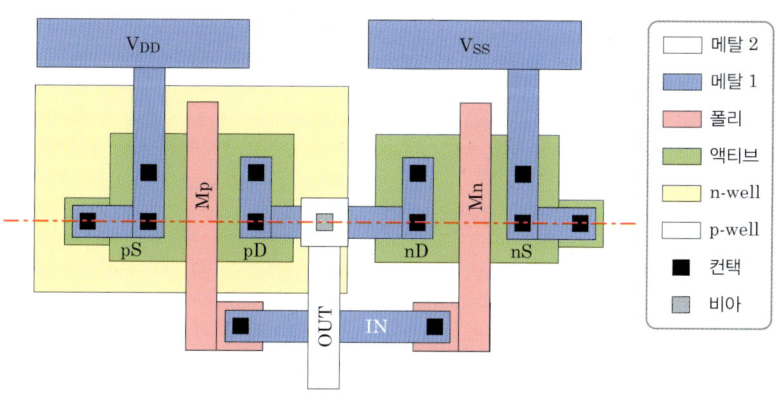

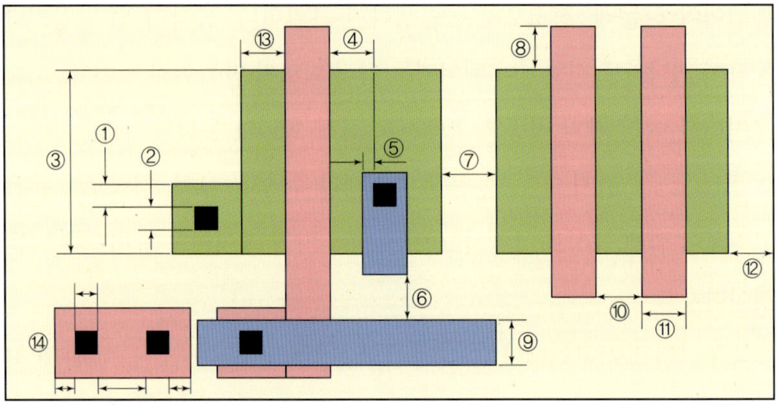

그림 4.66 n-well CMOS의 설계 도면의 예

그림 4.66에서는 하나의 예로 설계 규칙을 나타낸 것이다. 액티브의 폭, 금속-1의 폭, 이것과 컨택과의 겹치는 영역의 크기 등을 최소로 해야 하는 것은 최소 간격, 최대로 해도 되는 경우는 최대 간격으로 규정하여 놓고, 이 규정을 지키면서 레이아웃을 하는 것이다. 그림에서는 극히 일부분만을 예로 나타낸 것이다.

표 4.6 설계 규칙의 예

번호	마스크	규칙의 내용	최소 간격	최대 간격
①	Active	Active overlap to contact, Diffusion Size, Spacing	O	
②	Contact	Contact size,, Contact-Diffusion spacing, Overlap in Poly	O	O
③	Active	Active width	O	O
④	Poly	Poly to contact space, Poly Size	O	
⑤	Metal 1	Metal 1 overlap to contact, Minimum Size	O	
⑥	Metal 1	Metal 1 to metal 1 space, Minimum Spacing	O	
⑦	Active	Active to active space	O	
⑧	Poly	Poly extension to active	O	
⑨	Metal 1	Metal 1 width	O	O
⑩	Poly	Poly to poly space	O	
⑪	Poly	Poly width	O	O
⑫	n-well	n-well overlap to active	O	
⑬	n^+/p^+	Source/ Drain width	O	
⑭	Via	Metal 1/ Via overlap, Metal 2/Via overlap	O	

3 NOT 게이트의 레이아웃

그림 4.67에서는 n-well CMOS 인버터의 회로와 그 레이아웃 도면을 보여 주고 있다. 노란색 부분이 n-well 영역이고, n-well 속에 있는 것이 pMOS이므로 아래쪽의 것이 nMOS이다. 인버터의 입력 A가 금속 1과 컨택을 통하여 두 소자의 게이트 물질인 폴리실리콘과 접촉하고 있다. 두 소자의 드레인은 금속 1과 컨택을 통하여 출력 단자 Z에 연결되어 있다. pMOS의 소스는 전원 전압 V_{DD}, nMOS의 소스는 접지 V_{SS}에 각각 접속하고 있다.

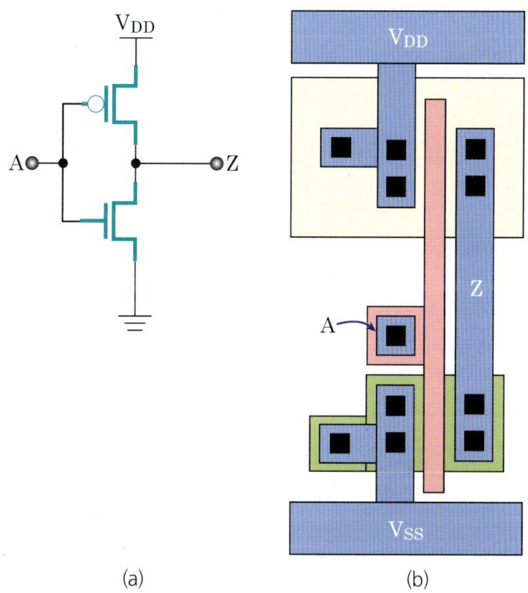

그림 4.67 n-well CMOS NOT 게이트의 (a) 회로 (b) 레이아웃

4 NAND 게이트의 레이아웃

그림 4.68은 n-well CMOS NAND 게이트의 회로도와 레이아웃이다.

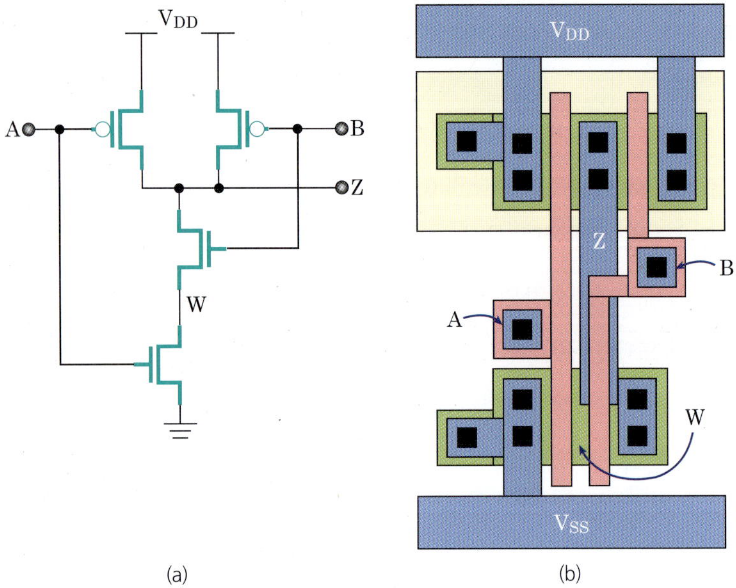

그림 4.68 n-well CMOS NAND 게이트의 (a) 회로 (b) 레이아웃

5 NOR 게이트의 레이아웃

그림 4.69에 3-입력의 n-well CMOS NOR 게이트의 회로와 레이아웃을 나타내었다.

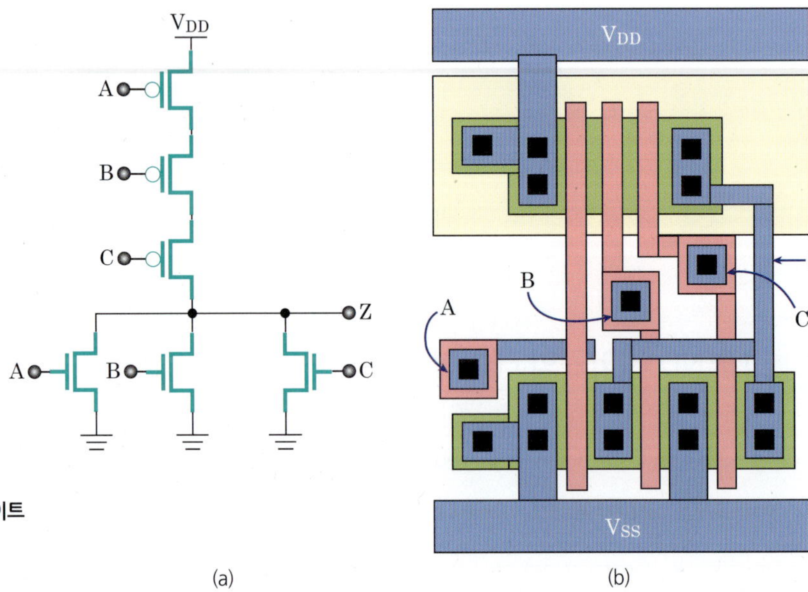

그림 4.69 n-well CMOS NOR 게이트의 (a) 회로 (b) 레이아웃

5 반도체 전공정(front-end)

1 반도체 제조 공정의 흐름

앞 절에서 쌍우물twin-well을 사용하고 두 개의 금속층(Metal-1과 Metal-2) 기술을 이용하여 CMOS 1개가 만들어지는 과정을 순서대로 살펴보았다. 그런데 의문이 남는다. 각종 소자를 집적시킨 수십억 개의 회로를 어떻게 손톱만 한 반도체에 넣을 수 있을까? 이것을 어떻게 만들까?

지금부터는 반도체 제조 공정을 알아보자.

그림 4.70에서는 반도체를 만드는 전체 흐름을 보여 주고 있다. 그림에서는 반도체의 설계 단계, 전(前)공정의 단계, 후(後)공정의 단계를 거친 후, IC로 출하하는 것이다. 설계의 최종 결과는 레이아웃 도면이다. 설계 단계에서는 시스템 설계, 논리 설계, 레이아웃 설계 등이 수행된다. 전공정은 웨이퍼를 가공하여 칩으로 만드는 공정이고, 후공정은 칩을 보호하기 위하여 패키지하는 공정이다.

그림에서와 같이 반도체 공정은 크게 전공정과 후공정으로 나누어진다. 영어로 전공정을 프론트 엔드front end, 후공정을 백 엔드back end라고 부르기도 한다. 그리고 다음 절에서 살펴볼 후공정은 **패키징**packing **공정**이라고도 부르고 있다. 그림 4.71에서 전공정과 후공정의 사진을 보여 주고 있는데, 그림 (a)와 같이 전공정은 모래 등에서 채취한 실리콘을 고순도화하여 원통형 실리콘 덩어리, 즉 **잉곳**ingot을 만들고, (b)와 같이 잉곳을 절단하여 둥근 원판으로 가공한 것을 **웨이퍼**wafer라고 한다. 이 웨이퍼 위에 앞 절에서 살펴본 CMOS를 수십 억 개로 배치하여 제작한 것을 **다이**die라고 한다. 여기까지를 일반적으로 전공정이라고 한다.

잉곳(ingot)
금속 또는 합금을 한 번 녹인 다음 주형에 흘려 넣어 굳힌 것을 잉곳이라고 한다. 잉곳 케이스라고 하는 비교적 간단한 모양의 주형을 쓰며, 주괴라고도 한다.

이런 다이를 웨이퍼에 여러 개 만들어 이것을 한 개씩 잘라서 패키징한 것이 IC이며, 이것을 만드는 공정을 **후공정**이라 부르고 있다.

그림 4.70 **반도체 제조 과정의 흐름도**

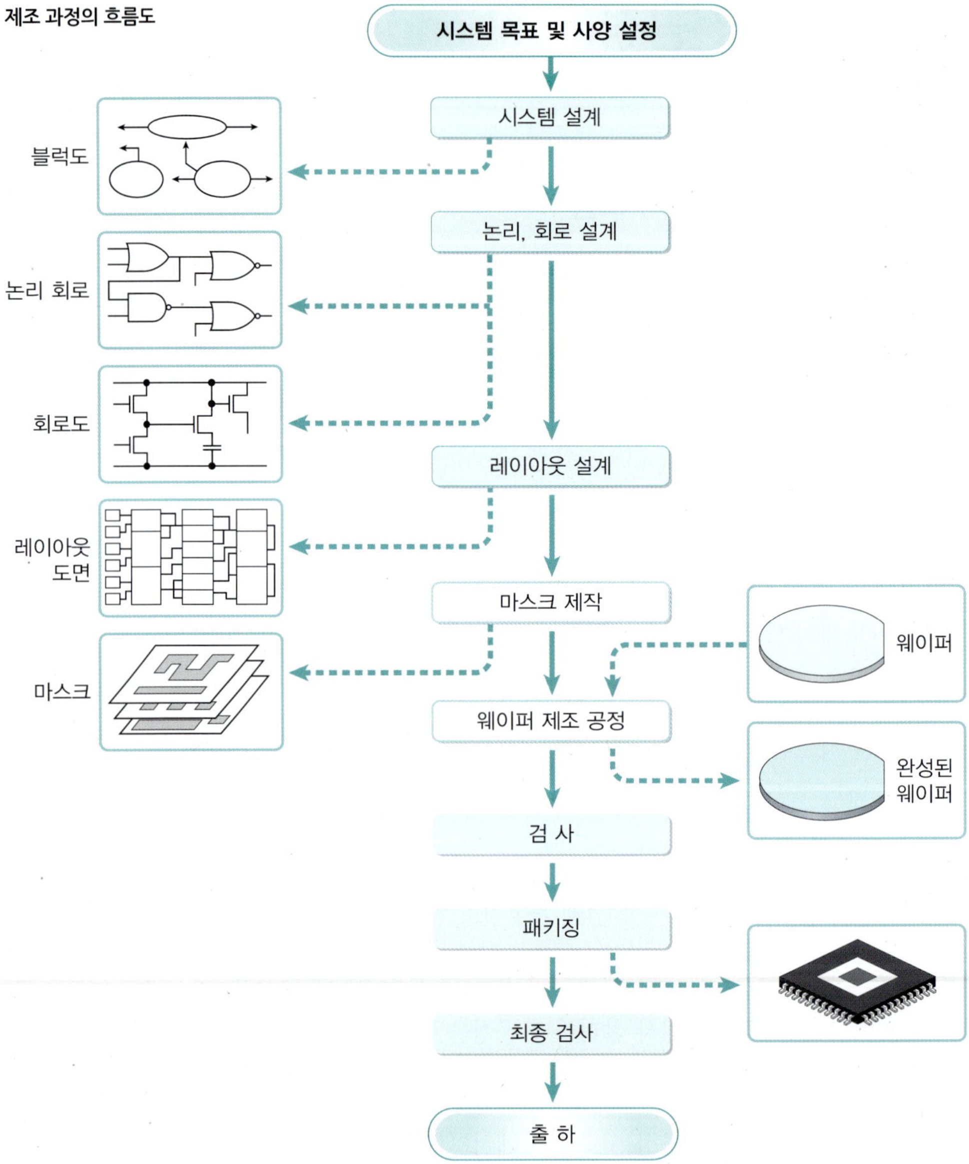

그림 4.71 (c)에서 보는 바와 같이 웨이퍼를 가공하여 까맣고 손톱만한 덩어리에 지네와 같은 다리가 붙은 반도체를 만드는 일이 후공정이다.

전공정은 후공정에 비해 대규모의 장비 투자와 큰 공장을 필요로 한다. 그래서 투자 여력이 있는 대기업만이 진출하고 있다. 반도체를 만드는 이러한 제조 설비를 갖춘 공장, 즉 전공정을 수행하는 웨이퍼 가공 공

그림 4.71 반도체 전공정과 후공정

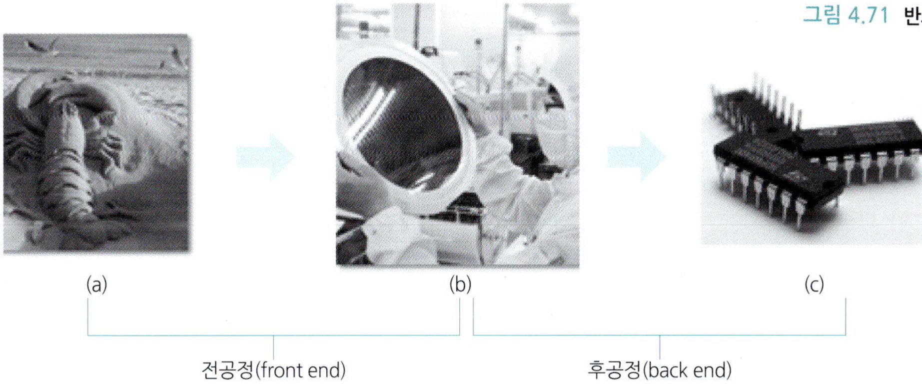

장을 팹(Fab fabrication facility)이라고도 한다. **팹**이란 fabrication facility 혹은 fabrication laboratory 의 준말로 제조 공정을 위한 시설 또는 공장을 말한다.

반도체 회사는 제조 공장을 직접 건설하고 운영할 수도 있으나, 때로는 제조는 다른 곳에서 수행하고 칩의 설계만 수행하는 경우도 있다. 반도체 생산을 위한 팹은 먼지와 소음, 자장 등으로부터 완벽하게 보호되어야 한다. 그래서 청정실이 필요한 것이다. 전공정, 후공정 모두 반도체의 속성상 매우 숙달된 기술과 정교한 장비의 운영을 통하여 진행되며, 전공정이 후공정에 비하여 기술적 난이도 및 절차가 매우 복잡하다.

2 반도체 전공정

앞 절에서 살펴보았듯이 CMOS의 공정은 여러 단계를 거쳐 완성된다. 여기서는 전공정을 크게 8가지 핵심 공정으로 나누어 각 공정을 살펴보도록 하자.

그림 4.72에서 ① 웨이퍼 가공 공정 ② 회로 설계 공정 ③ 산화 공정 ④ 마스크 공정 ⑤ 식각 공정 ⑥ 증착 공정 ⑦ 금속 배선 공정 ⑧ 검사 공정 등의 주요 과정을 보여 주고 있다.

그림 4.72 **반도체 소자의 전공정 순서**

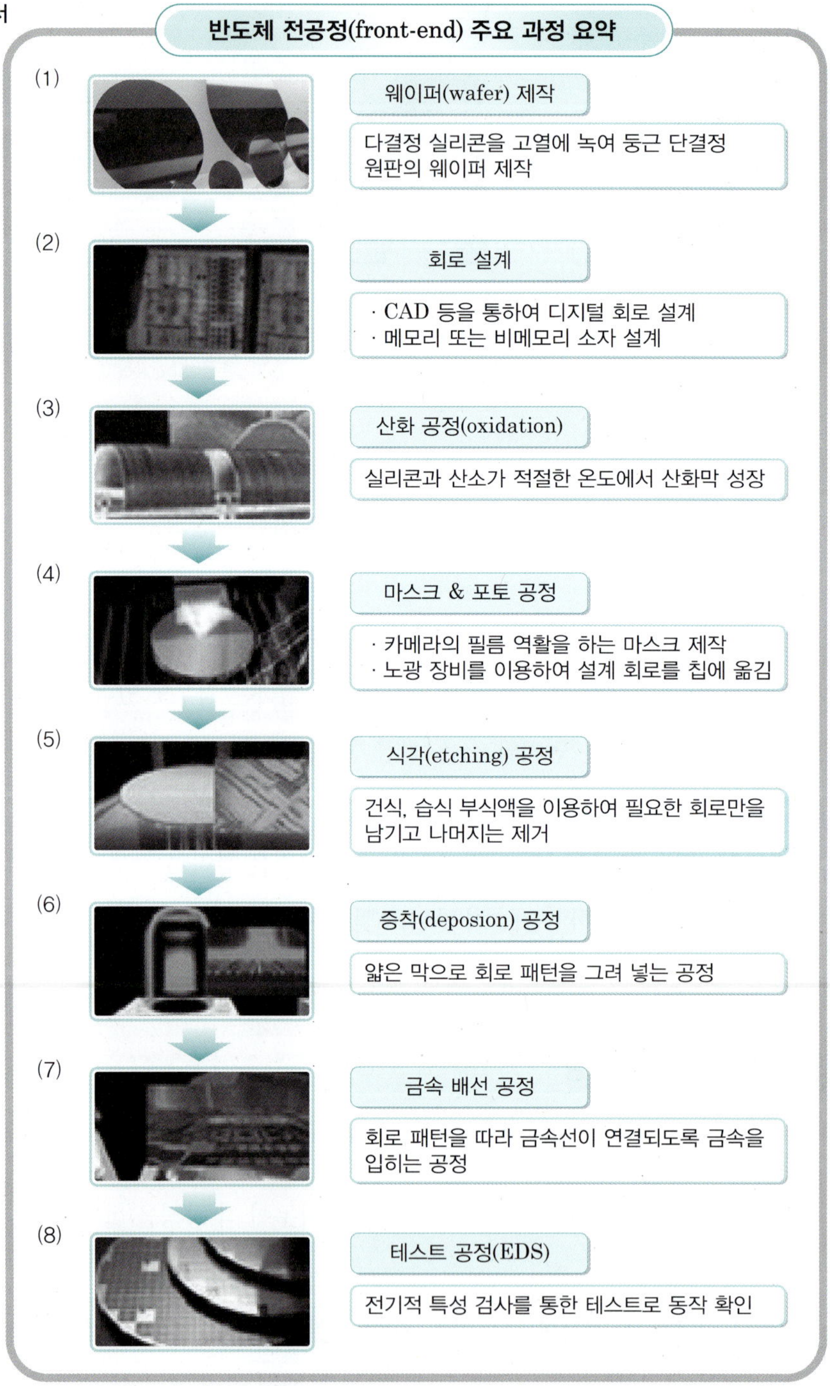

(1) 웨이퍼의 제조

사방에 널린 모래에서 반짝거리는 둥근 원판인 웨이퍼가 어떻게 만들어질까?

간단히 요약하면 모래를 고열로 녹여 불순물을 제거하고 고순도 규소봉을 만든다. 앞에서 잠깐 소개하였듯이 이를 잉곳ingot이라고 하였다. 그림 4.73에서 잉곳의 제조 과정을 보여 주고 있다. 모래 등에서 채취한 다결정 실리콘은 단결정 성장로에서 순도가 높은 결정을 만든다. 이렇게 만들어진 잉곳을 다이아몬드 톱으로 감자 칩chip처럼 균일한 두께로 얇게 잘라 내어 평면의 둥근 원판으로 가공한다. 그리고 잘라진 한 면을 거울처럼 반짝거리게 연마하면 웨이퍼가 완성된다. 이를 그림 4.74에서 나타내었다.

그림 4.73 웨이퍼가 만들어지는 과정

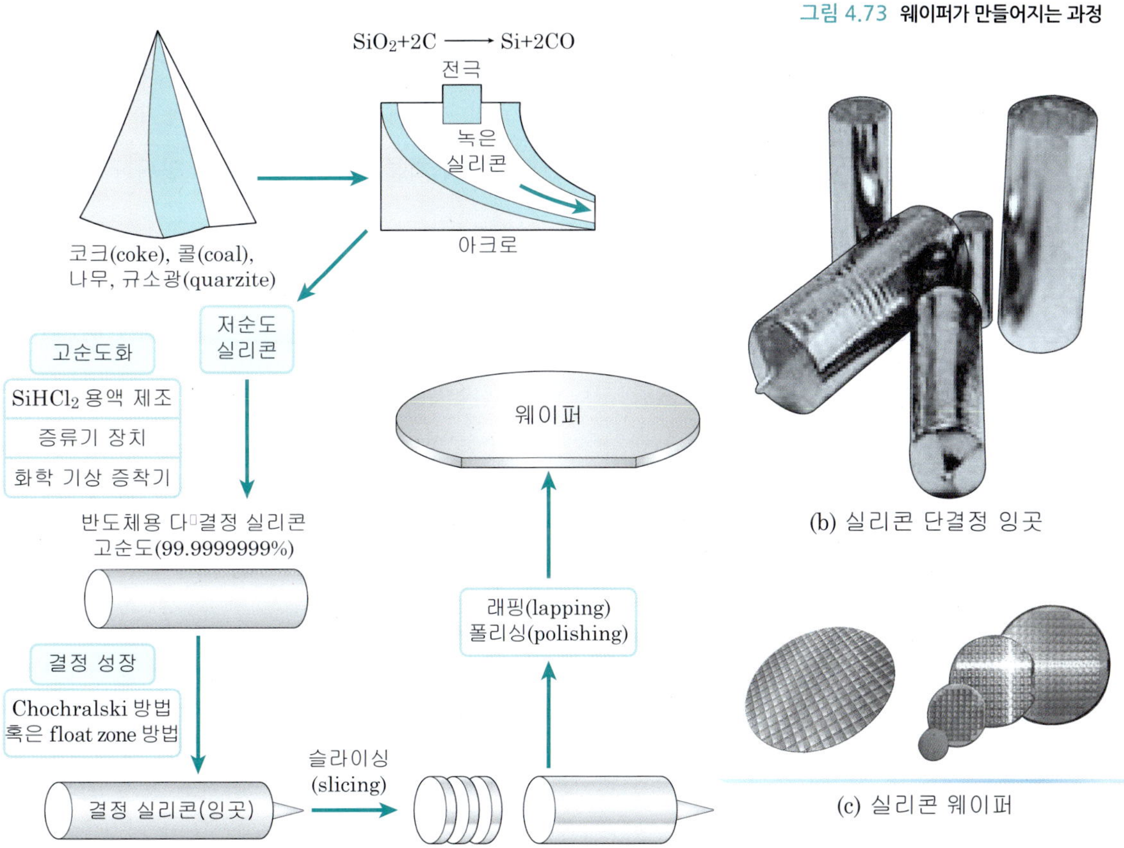

(a) 제조 흐름도

(b) 실리콘 단결정 잉곳

(c) 실리콘 웨이퍼

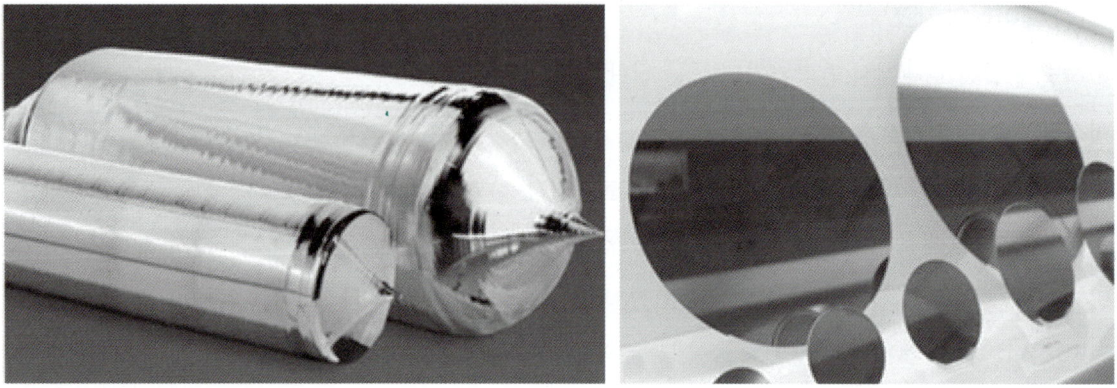

(a) (b)

그림 4.74 (a) 잉곳과 (b) 웨이퍼

이렇게 절단된 둥근 원판은 잉곳의 최초 지름에 따라 결정되는데, 최근 12인치, 즉 300[mm]와 18인치, 즉 450[mm]의 웨이퍼가 만들어져 사용되고 있다. 아주 옛날에는 3인치의 것이 사용되어 수율이 상당히 낮았다. 웨이퍼 원판의 지름에 따라 얻어지는 반도체 칩의 수는 당연히 다를 것이다. 지름이 클수록 원의 면적이 넓으니 당연히 칩의 개수가 많아 수율이 높아질 것이다. 웨이퍼의 지름은 반도체 수율과 밀접한 관련이 있어 생산성 측면에서 중요하다.

여기서 잠시 웨이퍼wafer라는 이름의 유래를 살펴보고 가자. 슈퍼마켓에서 웨하스라는 과자를 본 일이 있을 것이다. 이 과자의 특징은 얇은 과자 위에 크림, 크림 위에 과자의 층으로 만들어져 있고 윗면을 보면 칸막이 형태로 되어 있다. 우리가 앞에서 살펴보았듯이 이것은 층층에 어떤 물질을 쌓아올렸다는 측면에서 반도체와 닮아 있다. 이 과자의 영어 이름은 'wafers'라고 표기하는 것도 이와 무관하지 않다.

그렇다면 웨이퍼를 과자에서는 왜 웨하스라고 할까? 이것은 일본식 발음에서 온 것이다. 일본인은 웨이퍼스라는 말을 웨하스라고 읽는다. 지금도 일본인은 웨이퍼를 웨하스라고 발음하는 경우가 있다. 감자를 얇게 썰어 구운 과자를 '포테이토 칩'이라 하는데 '반도체 칩'도 같은 표현이다. 웨이퍼와 웨하스의 비교를 그림 4.75에서 보여 주고 있다.

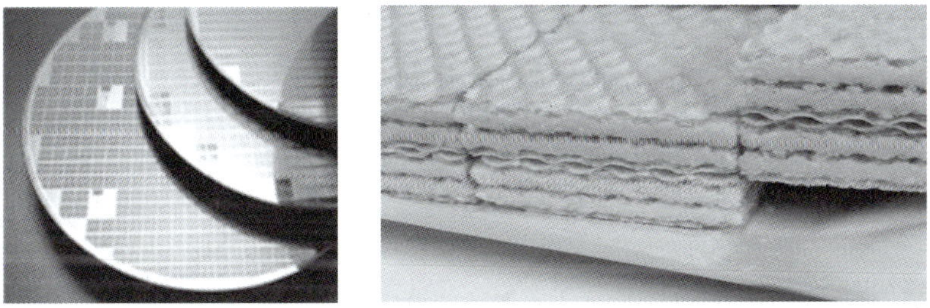

(a) (b)

그림 4.75 (a) 웨이퍼 (b) 웨하스

(2) 회로 설계

회로 설계는 반도체의 밑그림을 그리는 것, 즉 회로를 디자인하는 것이다. 전술한 각 소자, 즉 트랜지스터, 저항, 커패시터 등을 CAD 프로그램 등을 이용하여 원하는 용도로 설계하는 것인데, 이때 설계에 따라 정보를 저장할 목적으로 사용하는 메모리 반도체와 각종 기기, 시스템을 제어하는 비메모리 반도체 등으로 나뉘게 된다. 이러한 회로 설계는 앞에서 살펴본 웨이퍼의 제작과 같이 반도체를 만들기 위한 준비 작업이라고 볼 수 있다. 회로의 설계는 여러 단계를 거쳐 최종적으로 레이아웃 도면의 결과를 얻는다.

앞에서 살펴본 것처럼 반도체는 회로 기술이다. 초미세 회로 설계 기술이 중요하다. 더 작은 회로선 폭을 얼마나 축소하느냐에 따라 반도체

그림 4.76 **컴퓨터에서 설계한 회로 도면**

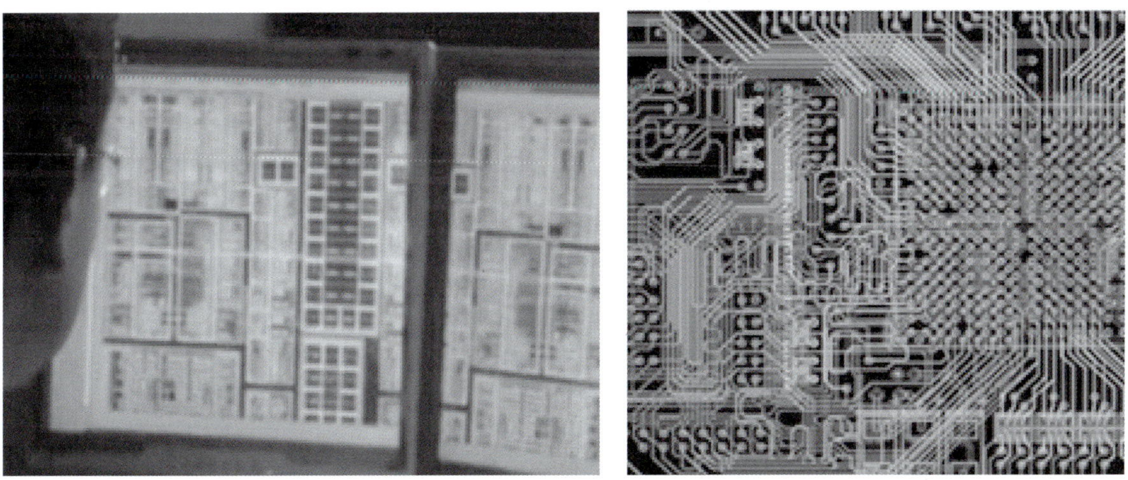

용량이 증가하고 원가는 떨어진다. 세계의 반도체 제조 기업들은 우위를 점하기 위하여 무한한 미세 공정에 대한 기술 개발의 경쟁을 벌였고, 이러한 미세 공정의 개발에 힘입어 최근 회로의 선폭이 10[nm]까지 접근하였다.

나노nano는 얼마나 작은 것일까? 기원전 4세기경 고대 그리스의 철학자 데모크리토스는 물질을 한없이 쪼개면 원자로 나누어진다는 사실을 알아냈다. 그로부터 17세기에 걸친 인류 역사를 거슬러온 21세기 현대 과학은 원자들을 쪼개기도 하고 붙일 수도 있게 되었다. 나노 시대에 접어든 것이다. 1[nm]는 머리카락의 10만분의 1이다. 사람의 머리카락은 정도의 차이는 있으나, 대략 100[lm], 즉 0.1[mm]이다. 10만분의 1이니 얼마나 작은 것인가? 나노는 10^{-9}(10억분의 1)배를 뜻하는 접두어로, 고대 그리스에서 난쟁이를 뜻하는 나노스(nanos)란 말에서 유래된 것이다. 이보다 큰 것은 마이크로미터(lm)가 있고, 작은 단위로 피코pico, 펨토pamto, 아토atto 등이 있다.

적요	cm	mm	lm	nm	pm	fm	am
단위	센티미터	밀리미터	마이크로미터	나노미터	피코미터	펨토미터	아토미터
미터 환산	1/100	1/1,000	1/100만	1/10억	1/1조	1/1,000조	1/100경

※ 1나노미터는 머리카락의 10만분의 1

참고로 전 세계 반도체 업계는 미세 공정 전환을 통해 웨이퍼 1장당 데이터 용량을 기준으로 생산량을 매년 30~40% 이상 늘려왔는데, 이러한 미세 공정은 10[nm] 대에서 한계에 직면하고 있다. 이것은 회로 사이의 간격이 너무 좁아져 전자가 누설되는 간섭 현상이 심화되고 있기 때문이다. 이에 대한 대안으로 나온 것이 최근 언론에 자주 등장하는 3차원 수직 구조 낸드NAND 기술이다.

3D 낸드는 단층으로 배열된 셀을 3차원 수직으로 적층하는 기술로, 쉽게 설명하여 평지의 주차장을 주차 타워로 만들어 놓은 것과 같은 이치

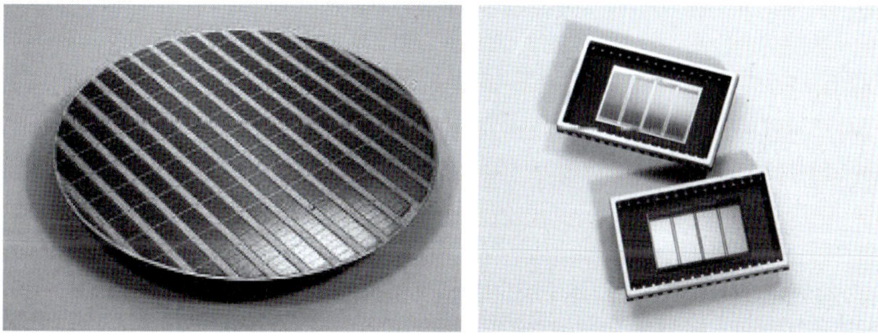

(a) (b)

그림 4.77 **3차원 낸드 플래시 메모리**
(a) 300 mm 웨이퍼 (b) 이를 활용해서 만든 낸드 플래시 메모리 반도체

이다. 그만큼 용량도 증가하지만 속도는 2배 이상, 소비 전력은 절반, 수명은 최소 2배에서 최대 10배 이상으로 대폭 향상시킬 수 있는 기술이다.

(3) 산화 공정

산화 공정은 반짝거리는 둥근 웨이퍼 표면에 산화제를 고온(800~1,200℃)에서 수증기처럼 뿌리는 공정이다. 이때 얇은 산화막(SiO_2)이 만들어지는데, 산화막은 공정에서 발생하는 오염 물질로부터 실리콘 표면을 보호할 뿐 아니라 이온 주입을 할 때 주입된 불순물이 웨이퍼 표면에 도달하는 것을 막고, 웨이퍼 위의 배선이 합선되지 않도록 분리해 주는 절연막 역할, CMOS의 제조 공정에 보았듯이 게이트 밑의 산화막 등의 중요한 역할을 한다.

그림 4.78 (b)는 산화막이 형성되는 과정을 보여 주고 있다. 또한 앞에서 살펴보았듯이 초기의 웨이퍼는 전기가 통하지 않는 순수한 상태이므로 반도체의 성질을 갖도록 웨이퍼의 표면에 여러 가지 물질을 형성시킨 후, 설계된 형태로 깎아 내고 다시 물질을 입혀 또 깎아 내는 공정이 반복적으로 필요한데, 이 모든 공정의 기초가 산화 공정이다.

그림 4.78 **산화막**의 (a) 개념 (b) 형성 과정

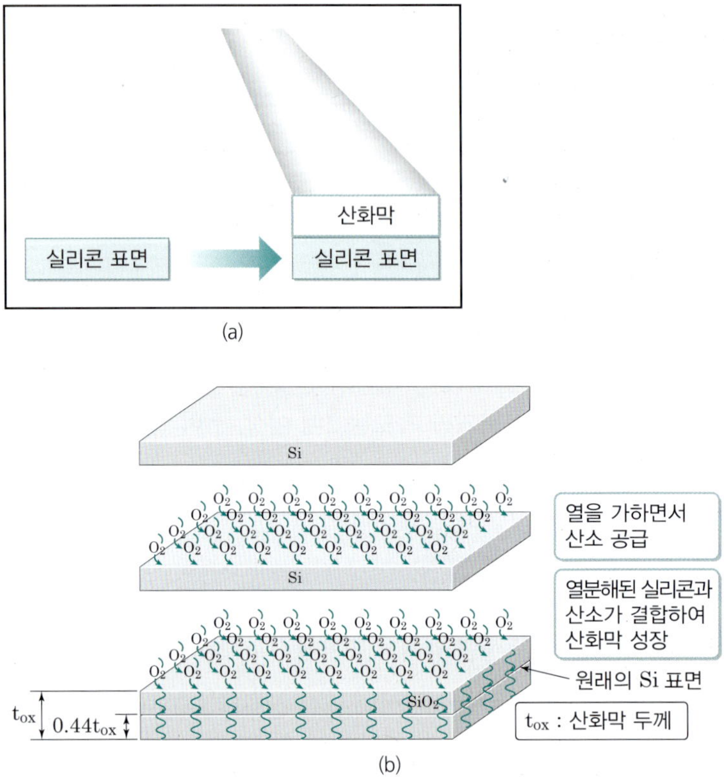

(4) 마스크 공정

마스크 공정은 반도체 공정의 원리를 이해하는 데 중요한 공정 기술로, 이 공정은 마스크 제작과 포토 공정으로 나누어지지만 마스크는 포토 공정에 쓰이는 재료이므로 하나의 공정으로 묶어서 볼 수 있다.

우선 마스크의 제작 공정을 살펴보자. 그림 4.79는 마스크의 제조 과정을 나타내었는데, 얇은 유리판 위에 투명 영역과 불투명 영역으로 나누어 빛이 통과하거나 통과하지 못하는 영역으로 구분된다.

포토 공정이 중요한 것은 반도체의 핵심인 집적 회로(IC)를 웨이퍼 칩 속에 넣는 기술이기 때문이다. 그것도 10억 개 이상의 회로를 바둑판 또는 웨하스 모양의 '칩' 또는 '다이'를 만들어 그 안에 촘촘히 집어넣는 것이기 때문이다. 이 공정은 우리가 흔히 알고 있는 필름 카메라로 사진을 찍어 현상하는 방법과 유사하여 '포토photo 공정' 이라고도 하는데 어떻

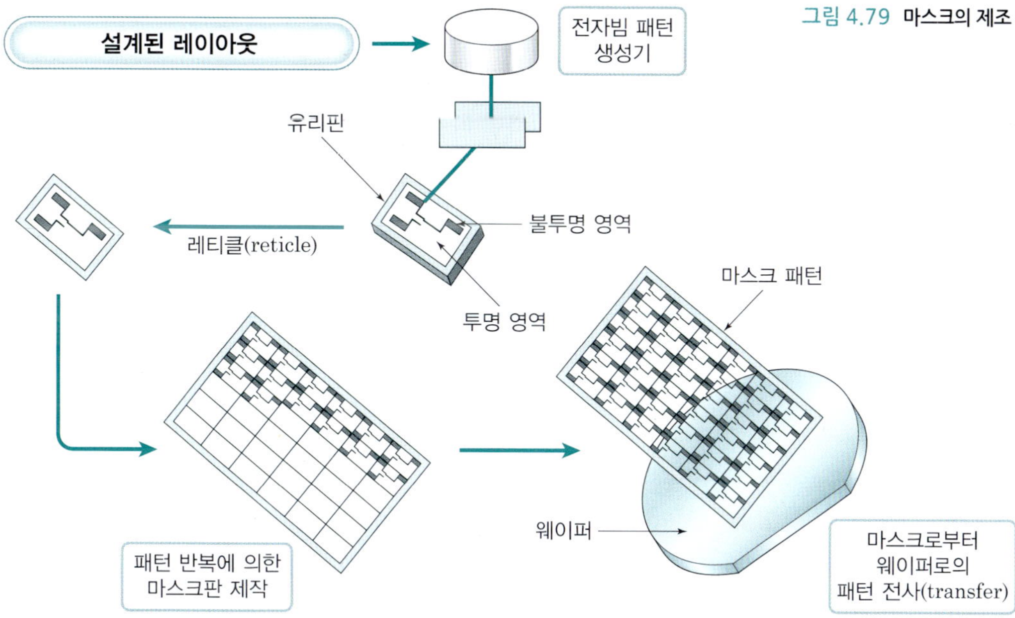

그림 4.79 **마스크의 제조 과정**

게 비슷한지 한번 살펴보자.

그림 4.80 (a)에서와 같이 인쇄할 회로의 필름 구실을 하는 것이 마스크이며, 마스크는 순도가 매우 높은 유리판을 가공해 준비하고, 그림 (b)에서 보는 바와 같이 웨이퍼에 그려 넣을 회로를 전자빔 설비를 이용해 마스크 유리판 곳곳에 적당한 크기로 여러 개를 그려 넣은 것이다. 이렇게 만든 마스크는 사진을 인화하는 데 필요한 원판의 구실을 하게 된다.

(a)

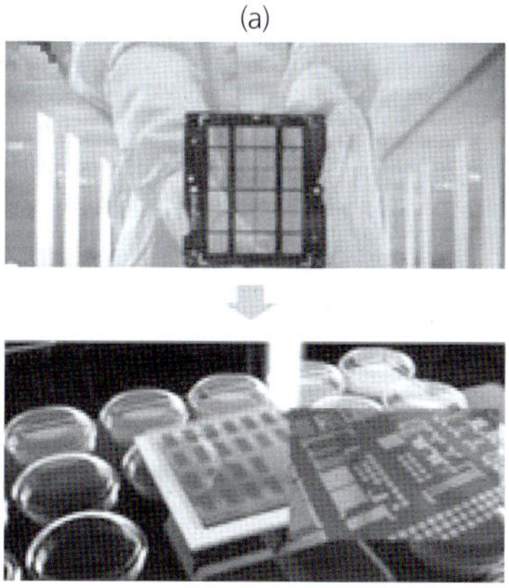

(b)

(c)

그림 4.80 (a) 마스크와 (b) 사진 식각 (c) 거꾸로 된 망원경

포토 공정은 포토리소그래피photolithography의 줄인 말로, photolithography는 우리말로 '사진 식각'이란 말인데 회로 형성을 위한 미세 가공 기술로 이해하면 된다. 다시 말하면 마스크 상의 패턴을 감광막이 도포된 기판 위에 자외선을 쬐고 화학 처리 과정을 거쳐 패턴을 옮기는 공정이다. 이때 사용하는 장비를 **노광 장비**stepper라고 한다.

마스크나 포토 공정에서 회로를 축소하는 것은 쉽게 망원경을 연상하면 된다. 그림 (c)와 같이 망원경을 거꾸로 본다고 생각해 보자. 코끼리만한 것이 개미처럼 보일 것이다. 같은 방법으로 망원경 수백, 수천 대를 거꾸로 연결하여 본다면 어떨까? 더 이상 보이지 않는 미세한 상태가 될 것이다. 이것이 사진 식각의 기본 원리이다.

앞에서 포토 공정은 사진(흑백)을 인화하는 것과 같다고 했는데, 마찬가지로 웨이퍼를 인화지처럼 만들기 위하여 빛에 민감히 반응하는 감광액을 웨이퍼에 균일하게 발라 주어야 한다. 감광액을 바르면 표면에 빛이 어떻게 반응하는가에 따라 양성(positive) 혹은 음성(negative)으로 분류되는데, 양성형 감광액의 경우 현상 공정을 통해 노광된 영역이 제거되고, 음성형 감광액의 경우 노광된 영역만 남게 되어 원하는 패턴을 그릴 수 있게 되는 것이다.

그림 4.81에서는 음성형과 양성형 감광막의 특징을 보여 주고 있다.

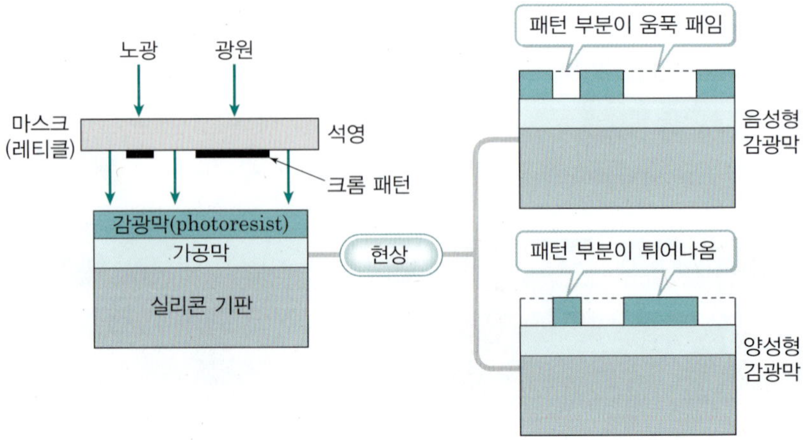

그림 4.81 감광막의 특징

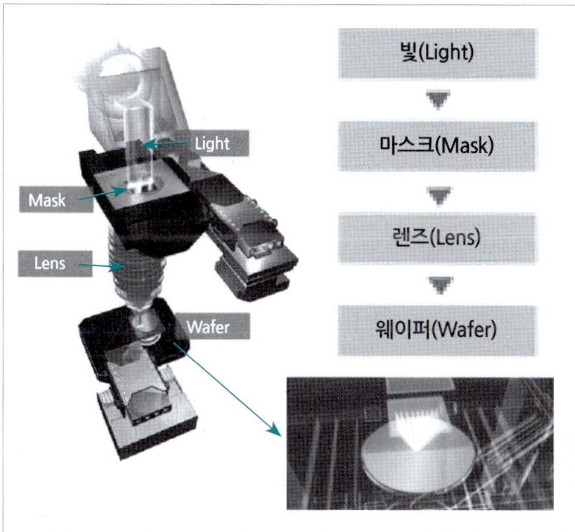

(a)

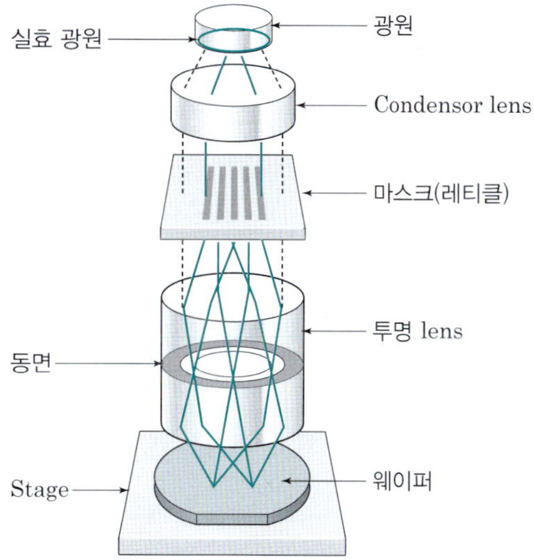

(b)

그림 4.82 **포토리소그래피**의 (a) 노광 (b) stepper

신뢰성 있는 미세한 회로의 패턴을 얻기 위하여 감광막이 얇고 균일해야 하며, 자외선에 대한 감도가 높은 재료를 사용하는 것이 중요하다.

웨이퍼가 인화지와 비슷한 상태가 되었다면, 노광 장비를 사용하여 회로 패턴이 담긴 마스크에 빛을 통과시켜 웨이퍼에 회로를 그려 넣게 되는데, 이 과정을 **노광**stepper exposure이라고 한다. 노광이란 빛에 노출시킨다는 말이다. 그림 4.82에서 보여 주고 있는 것과 같이 우선 마스크를 웨이퍼 위에 위치하고 마스크에 있는 각각의 회로를 빛(UV)으로 쪼여 주

그림 4.83 **포토리소그래피 공정 과정**

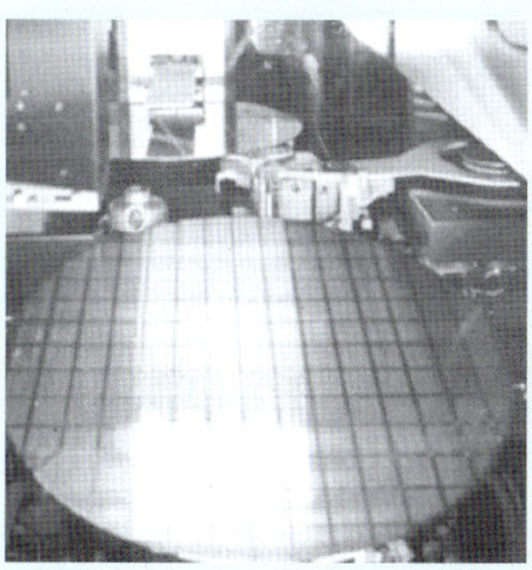

감광액 도포

먼저 웨이퍼에 빛에 민감한 감광 물질(포토레지스트, Photo Resist)을 고르게 발라 웨이퍼 표면을 마치 인화지 같은 상태로 만든다.

노광(포토 공정)

웨이퍼 위에 마스크를 놓고 노광 장비(Stepper Exposure)로 빛(UV)을 쪼여 주면 회로 패턴을 통과한 빛이 웨이퍼에 회로 패턴을 그대로 옮김다.

현상

웨이퍼에 현상액을 뿌려 노광된 영역과 노광되지 않은 영역을 선택적으로 제거해 회로 패턴을 형성하는 공정이다.

면, 회로 패턴을 통과한 빛이 웨이퍼에 손톱만 한 네모난 구역을 만들고 그 안으로 회로가 옮겨지게 되는 것이다. 이렇게 수많은 반복 과정을 거쳐 웨이퍼 한 장에 바둑판 모양의 수백, 수천 개의 칩이 만들어지는 것이다. 마지막으로 웨이퍼에 화학 용액을 뿌리거나 플라스마를 이용하여 노광된 영역은 버려지고 노광되지 않은 영역을 남겨 선택적으로 최종의 회로 패턴을 얻는다.

(5) 식각(etching) 공정

식각이란 화학 약품을 이용하여 표면을 부식시키는 것을 말한다. 지금까지의 공정을 통하여 웨이퍼는 수백, 수천 개의 칩이 바둑판으로 쭉 배열된 상태가 되었고, 또 칩 하나하나를 보면 각각의 회로가 평면에 그려진 그림과 같다. 그림 4.84에서는 식각 공정의 예를 보여 주고 있다.

반도체 식각이란 웨이퍼 표면에 액체 혹은 기체의 부식액etchant을 이용해 필요한 회로만을 남기고 나머지는 제거하는 작업이다. 즉, 노광을 통해 선택되지 않은 표면을 제거하고 반도체 회로만을 남기는 공정으로, 어렸을 적 미술 시간에 한 번쯤 해 봤을 판화를 연상하면 된다. 중학교 시절의 미술 시간에 판화를 찍어 본 경험을 기억하고 있을 것이다. 다색 판화의 경우 여러 가지의 색을 이용하여 다양한 색의 판화를 얻을 수 있다. 반도체 만드는 것도 판화와 같은 원리로 제조하는 것이다.

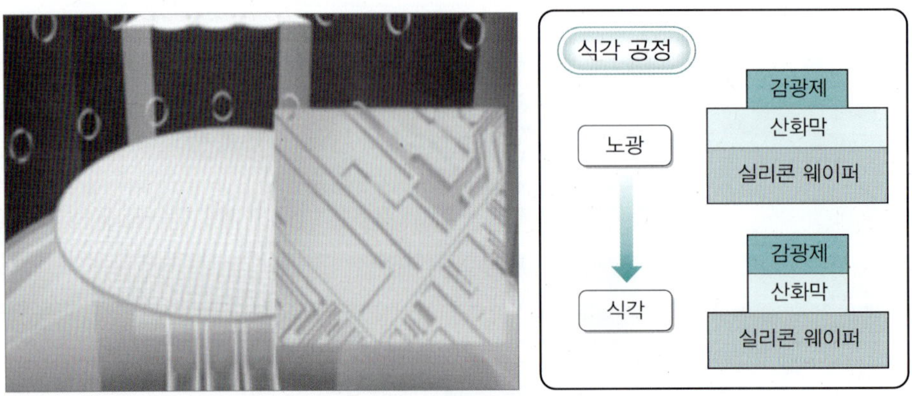

그림 4.84 식각 공정

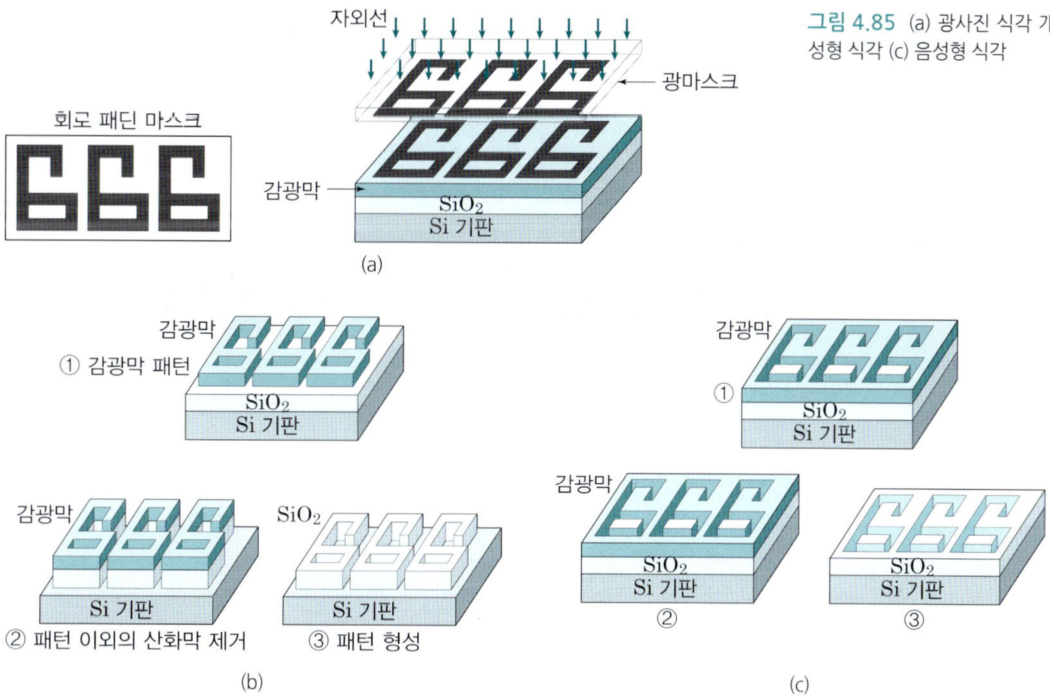

그림 4.85 (a) 광사진 식각 개념 (b) 양성형 식각 (c) 음성형 식각

그림 4.85에서는 양성형과 음성형 패턴을 식각한 결과를 보여 주고 있다.

(6) 증착(deposition) 공정

사람의 손톱만 한 작고 얇은 반도체 칩을 수직으로 잘라 고배율 현미경을 통해 들여다보면, 상상할 수 없을 만큼 미세하고 수많은 층layer이 마치 고층 빌딩처럼 높게 쌓여 있는 것을 발견할 수 있다. 이러한 구조를 형성하기 위해서는 웨이퍼 위에 단계적으로 얇은 막을 입히고 회로 패턴을 그려 넣는 작업을 반복하게 되는데, 이런 공정을 증착deposition이라고 한다. **증착**이란 어떤 막을 쌓아올릴 때 그 막을 구성하는 원자를 포함한 가스가 반응실로 들어가 다른 가스와 화학적으로 반응하여 새로운 층이 발생하는 공정이다. 여기서 화학 반응을 일으키기 위하여 열, 플라스마, 자외선 등의 에너지가 필요하다. 웨이퍼 위에 곱게 겹겹이 화장을 하는 것이다. 여기에서 얇은 막을 박막thin film이라고도 하는데, 기계 가공으로는 실현 불가능

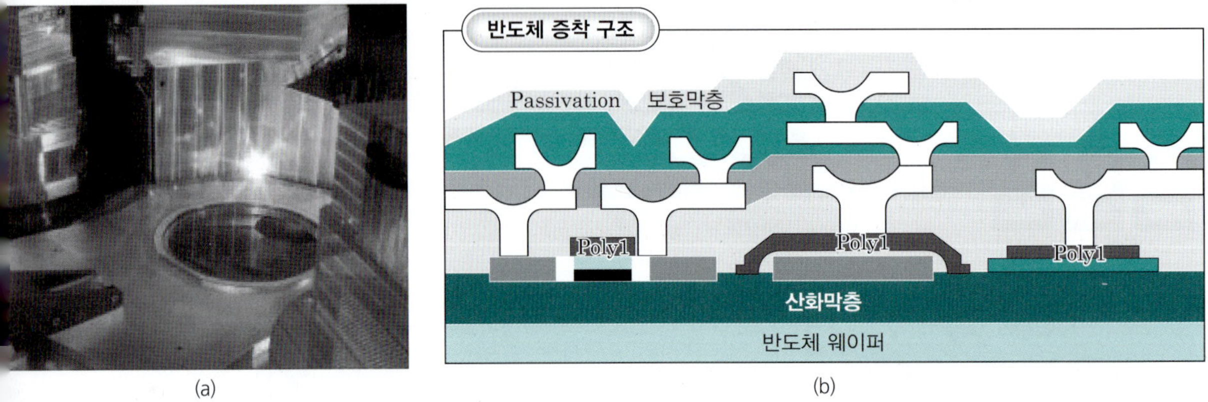

그림 4.86 (a) 증착 공정 (b) 증착 공정의 예

한 두께인 1마이크로미터(lm, 100만분의 1미터) 이하의 막을 의미한다.

예를 들어, 통상의 웨이퍼에 1마이크로미터의 박막을 씌운다고 가정해 보면 이는 곧 반경 100[m] 크기의 대운동장에 모래를 1[mm] 이하의 두께로 균일하게 쌓는 것과 같은 수준이라 생각하면 될 것이다.

증착 공정을 통해 형성된 박막은 회로들 간 전기적인 신호를 연결해 주는 역할을 하게 되는데, 반도체가 전기적인 성질을 가지게 되려면 증착막에 이온을 주입하는 공정이 수반되어야 한다. 앞에서 살펴본 대로 **이온 주입 공정**ion implantation은 반도체에 전기적 성질을 띠는 입자를 회로 패턴과 연결된 부분에 주입시키는 공정이다.

(7) 금속 배선(metal interconnect)

이제 증착 공정을 통하여 각각의 회로 소자는 전도 특성을 가지게 되었다. 그야말로 '반(半)도체'가 된 것이다. 하지만 소자들을 동작시키기 위해서는 회로 패턴을 따라 전자가 이동할 수 있는 길, 즉 금속선metal line으로 소자와 소자 사이를 이어 주는 과정을 거쳐야 하는데 이를 **금속 배선 공정**이라고 한다.

배선에 사용되는 금속 재료의 조건은 반도체와의 부착성이 쉽고, 강도가 높으며 전기 저항이 낮고, 열적 화학적 안정성이 우수하여 신뢰성이 높고, 수명이 길며 값이 싸야 한다. 최근에 금속은 선노성이 매우 높은 알

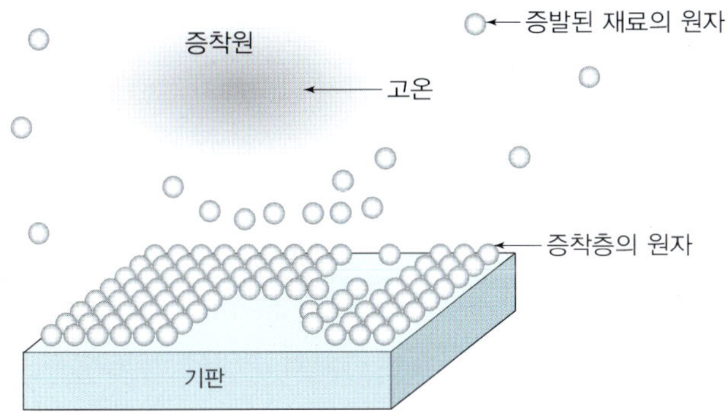

그림 4.87 **금속 배선의 개념**

루미늄, 구리, 텅스텐 등을 주로 사용한다. 이것은 개별 소자의 공정이 끝나면 이들을 상호 접속하여 원하는 회로 기능을 얻을 수 있도록 서로 연결해 주는 공정이다. 그림 4.87에서는 증착하고자 하는 금속을 분해하여 생긴 금속 원자가 회로의 필요한 부분에만 증착될 수 있게 하는 것을 보여 주고 있다.

(8) EDS(Electrical Die Sorting)

이제 기본 공정이 마무리되었다. 각각의 칩들이 원하는 품질 수준에 도달하는지를 체크하는 EDS 테스트 과정을 거쳐야 한다. 수율yield이란 단어는 수익 또는 수익률을 뜻한다. 투입량 대비 완성품 비율이다. 수율이 높다는 것은 그 만큼 생산성이 높다는 것을 의미한다.

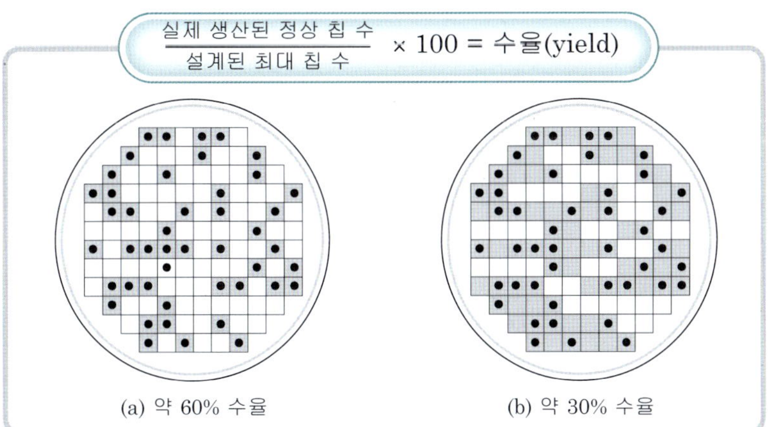

그림 4.88 **수율**

모든 제조업이 수율 높이기에 목숨을 거는데 반도체에서의 수율은 매우 중요하다. 200여 공정을 거친 반도체가 불량으로 판명 난다면 엄청난 손해가 아닐 수 없다. 또 이러한 제품이 시장에 나가서는 안 된다. 신뢰성이 떨어지면 제조 회사의 이미지가 크게 손상되기 때문이다.

웨이퍼 수율이란 웨이퍼 한 장에 설계된 최대 칩의 개수와 실제 생산된 정상 칩의 개수를 백분율로 계산한 것이다. 주로 전기적 신호를 통해 웨이퍼 상의 각각의 칩들이 정상인지 아닌지를 판정하는 EDSElectrical Die Sorting 검사는 전기적 특성 검사를 통해 웨이퍼 상태인 각각의 칩들이 원하는 품질 수준에 도달하는 지를 체크하는 것에서 시작된다.

그 후, 양품이 될 가능 여부를 판단하여 수선이 가능한 칩은 다시 양품으로 만들고, 불가능한 칩은 잉크inking 표시를 통해 불량으로 판정하고, 다음 공정에서 더 이상 작업을 진행하지 않도록 한다. 이뿐만 아니라, EDS Test가 중요한 것은 웨이퍼 제조 공정상의 문제점이나 설계상의 문제점을 조기에 발견하여 공정 및 설계팀에 피드백을 해 줄 수 있어 수율 향상에 크게 기여하게 된다.

그림 4.89 **EDS 검사 후의 웨이퍼**

웨이퍼에 각각의 칩을 **다이**Die라고도 표현하는데, 불량으로 판명되어 표시된 다이를 **잉크 다이**ink die라 하고 잉크 다이는 B급 제품으로 시장에 출시되기도 한다.

6 반도체 후공정(back-end)

웨이퍼 한 장에는 동일한 전기 회로가 인쇄된 무수한 칩이 담겨 있다. 칩 자체만으로는 외부로부터 전기를 공급받을 수 없으며, 또한 칩은 미

그림 4.90 반도체의 후공정

세한 회로를 담고 있어 외부 충격에 쉽게 손상될 수도 있다.

따라서 칩에 전기적인 연결을 해 주거나 고온, 불순물 및 외부의 물리적 충격에 견딜 수 있도록 보호막이 필요한데, 이 과정을 **후공정**Back-end이라고 한다. 이러한 일련의 과정이 칩을 마치 포장하는 것과 같다 하여 **패키징**packaging 공정이라고도 한다.

1 라미네이션(lamination) 공정

'lamination'의 의미는 얇은 판으로 하는 일 혹은 적층이다. 전공정을 마친 웨이퍼는 그 뒷면을 갈아 원하는 두께로 만들어야 한다. 이때 웨이퍼의 윗면, 즉 반도체 회로의 패턴이 형성된 면에 물리적, 화학적 손상이 있을 수 있는데, 이를 방지하기 위하여 보호 테이프를 붙이는 공정을 **라미네이션**lamination 공정이라고 한다.

2 웨이퍼 뒷면 연마(back-side grinding) 공정

연마back-side grinding란 갈아 낸다는 뜻이다. 영어의 'back grinding'은 '뒷면 갈기'의 뜻이다. 제품별로 주어진 규격에 따라 패키지의 높이를 맞추기 위해 웨이퍼의 뒷면을 원하는 목표만큼의 두께로 갈아 내어야 한다.

가는 순서는 먼저, 거친 갈기rough grinding를 한 다음 미세 갈기fine grinding, 초미세 갈기super fine grinding를 거친다. 이 공정으로 웨이퍼의 거칠기를 제거하여 평탄성을 좋게 하고, 스트레스층을 없애 웨이퍼의 강도를 높일 수 있다. 입고된 웨이퍼는 간단한 검사를 마치고 웨이퍼 뒷면을 얇게 갈아 내는 작업을 하게 된다. 왜냐하면 정보 기기에 장착할 패키지의 종류에 따라 제조된 칩의 높이가 다르게 패키징해야 하기 때문에 원하는 정밀한 두께가 되도록 뒷면을 갈아 내야 한다.

갈아 내는 기술은 중요한 후공정 중의 하나인데, 신문보다 얇은 두께로 웨이퍼의 균열crack이나 깨지지 않게 갈아 내는 것은 수많은 경험과 오랜 숙련에 의하여 이루어질 수 있다. 높은 수율도 유지하며 누가 더 얇게 갈아 내느냐에 따라 고용량 제품을 생산할 수도 있다.

3 웨이퍼 절단(sawing) 공정

이 공정은 전공정이 완료된 후, 절단선scribe line을 따라서 다이아몬드 톱diamond blade으로 절삭하면서 개별 반도체의 칩으로 분리하는 공정이다. 가공된 웨이퍼를 절단하는 작업이다. 웨이퍼에는 수많은 칩들이 바둑판 모양으로 촘촘히 들어 있고 각 칩은 경계선이라 하는 scribe line을 통하여 개개의 칩들로 분리하게 되는데, 이 과정이 절단, 즉 sawing 작업이다. 절단 공정에 사용하는 톱은 다이아몬드 재질로 매우 강도가 강하다. 절단 과정 중에 칩에 균열 혹은 깨지는 것을 방지하기 위하여 물을 뿌려 주며 진행한다.

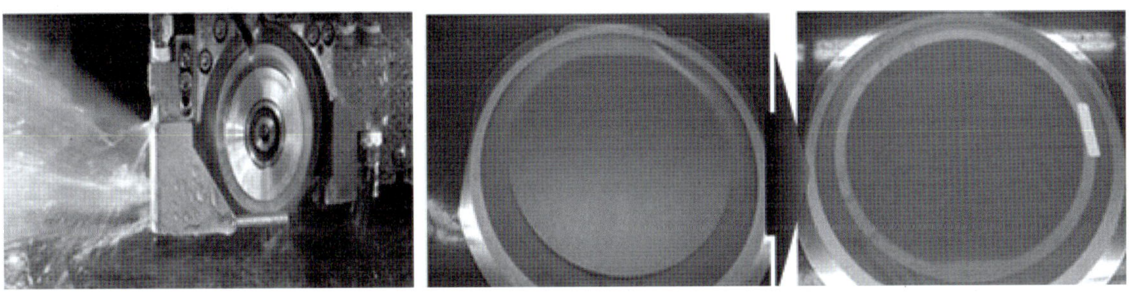

(a) (b) (c)

그림 4.91 **웨이퍼의 절단** (a) 절단기 (b) 공정 전 (c) 공정 후

4 칩 마운트(chip mount) 공정

절단된 칩들은 매우 얇고, 깨지기 쉬운 상태로 되어 있어서 이를 지지할 받침대 역할을 하는 프레임이 필요하다. 또한 칩들을 작동시키기 위

그림 4.92 **칩 마운트 공정**

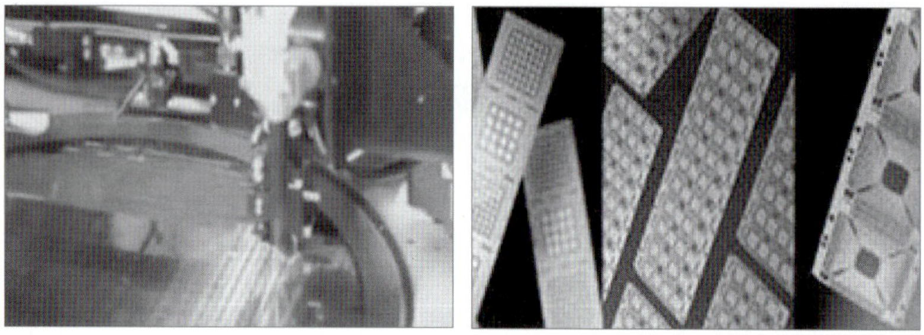

하여 외부와의 전기적 연결도 필요하다. **칩 마운트**chip mount 공정은 각각의 칩들을 웨이퍼에서 떼어 내어 리드 프레임lead frame 또는 PCBPrinted Circuit Board 위에 옮겨 붙이는 작업을 말한다.

5 선 접합 (wire bonding) 공정

선 접합wire bonding 공정은 앞서의 칩 마운트 공정으로 옮겨진 반도체 칩의 접착점과 리드 프레임의 접착점 간의 전기적 연결을 위하여 가는 금선을 연결하는 공정이다. 선 접합 공정은 그림 4.93 (b)의 확대된 선 접합과 같이 수 마이크로미터(lm)의 미세한 공정으로, 오차가 조금만 있어도 칩 불량의 원인이 된다. 칩의 용도 및 실장 면적을 감소하기 위하여 칩과 리드 프레임, 각 전극을 전선이 아닌 작은 구슬solder ball을 이용하여 연결하는 방식도 있다. 그림 4.93 (a)는 와이어 본딩 작업 과정, (b)는 완성된 본딩, (c)는 솔더 볼을 이용한 완성한 본딩을 각각 보여 주고 있다.

그림 4.93 **선 접합** (a) 접합 공정 (b) 완성된 접합 (c) 솔더 볼 공정

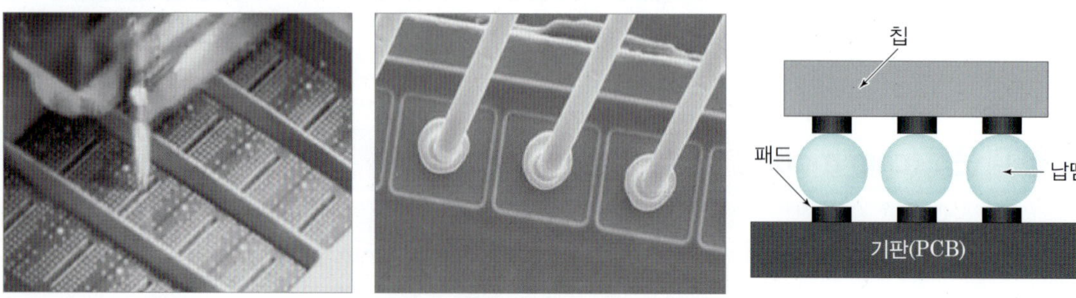

(a) (b) (c)

6 몰딩(encapsulation) 공정

반도체가 드디어 옷을 입었다. 가공된 웨이퍼는 후면을 연마하고, 각각의 칩을 잘라 내서, 받침대인 리드 프레임에 올리고, 금선으로 연결하였다. 이제는 외형 만들기이다. 앞에서 언급한 '손톱만 한 플라스틱 조각'이 만들어진 것이다. 이 공정을 **몰딩**Encapsulation 공정이라 하며, 수지에 고온의 열을 가해 원하는 모양을 만든다. 그림 4.94에 몰딩될 부분을 표시하였다.

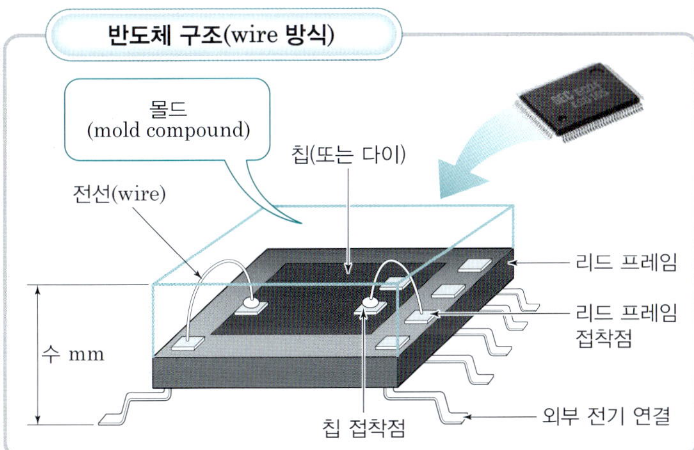

그림 4.94 몰딩의 요소

7 레이저 마킹(laser marking) 공정

몰딩된 표면에 제품명이나 고유 번호, 제조 회사의 마크 등을 인쇄함으로써 일상에서 만나는 반도체의 모습이 완성된 것이다. 이때 마킹은 인쇄가 아니라 CAD 프로그램 등을 통하여 만들어진 데이터를 레이저로 각인하여 인쇄하는 것이다.

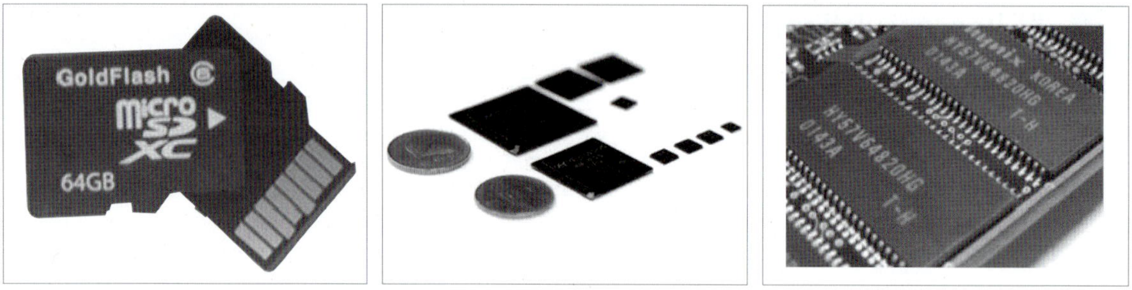

그림 4.95 **마킹의 결과**

8 패키지 테스트(package test) 공정

그림 4.96 **패키지 테스트 장비**

패키징 공정이 완료되면, 최종 관문이라 불리는 **패키지 테스트**package test를 하게 된다. 이 테스트는 완제품 형태를 갖춘 후, 검사가 진행되기 때문에 최종 검사final test라고도 한다. 패키지 테스트는 직접 소비자에게 판매되거나 정보 기기의 부품으로 장착되기 전의 마지막 점검 단계로, 보다 엄격한 조건에서의 테스트가 이루어진다. 특히 극한 조건, 고전압, 고온, 강한 신호 등의 강한 스트레스 환경에 노출하여 제품의 내구성을 판단하는 번-인burn-in 테스트를 필수로 진행하게 된다. 또한 테스트 중 발생하는 데이터를 수집·분석하여 그 결과를 제조 공정이나 조립 공정에 반영하여 제품의 질을 개선하는 중요한 역할을 하기도 한다.

7 반도체 패키지

1 패키지의 종류

그림 4.94에서는 반도체 몰딩 구조를 보았는데, 기판에 장착된 단면 구조를 그림 4.97에서 다시 나타내었다. **리드 프레임**lead frame의 형태에 따라 패키지를 분류할 수 있는데, 여기서 리드 프레임은 반도체 칩과 외부 회로를 연결하는 전선과 패키지를 PCB 기판에 고정시키는 버팀대 역할을 하는 금속선을 말한다. 가는 전선으로 칩과 기판 사이에 전기 신호를 전달하고 외부의 습기, 충격으로부터 칩을 보호하면서 고정시키는 골격의 역할도 하고 있다.

패키지의 종류로는 핀pin의 장착 형태에 따라 삽입 장착형through-hole mounted package과 표면 장착형surface mounted package으로 구분된다.

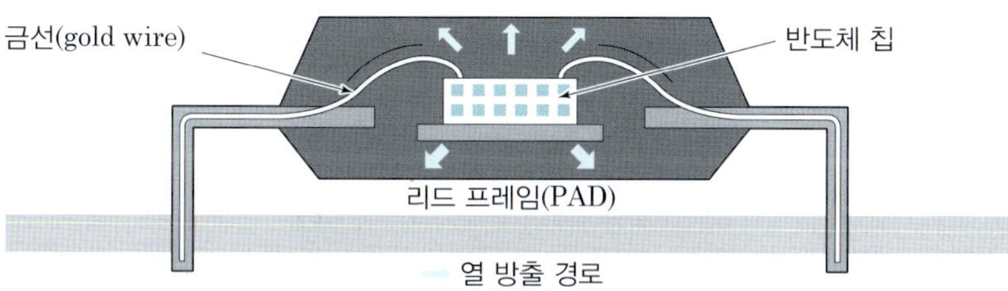

그림 4.97 리드 프레임의 역할

(1) DIP

DIPDual Inline Package는 그림 4.98에 나타낸 것과 같이 패키지의 양편으로 리드lead가 배치된 것으로, 가장 기본적인 형태의 구조를 갖는다. PCB의 홀을 통하여 실장되는 삽입 장착형의 패키지로 리드의 간격은 2.54[mm]이고, 비교적 적은 수의 핀이 있는 형태이다.

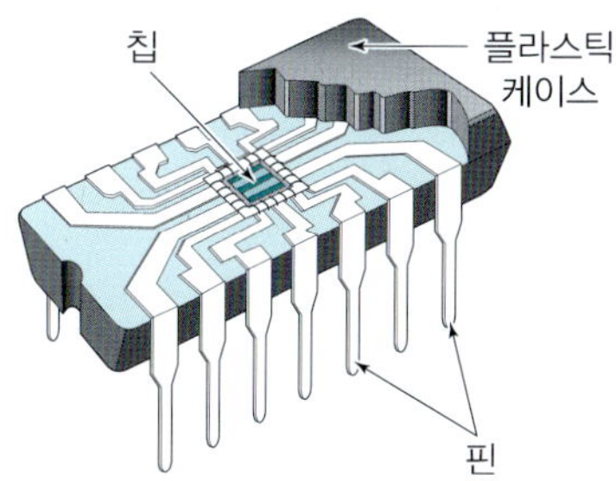

그림 4.98 DIP

(2) ZIP

ZIPZigzag Inline Package는 리드가 패키지의 한쪽 방향으로만 배치된 형태로, 리드의 간격을 1.27[mm]로 하여 패키지면에서 교대로 구부려 리드 간격이 2.54[mm]가 되도록 하는 패키지이다.

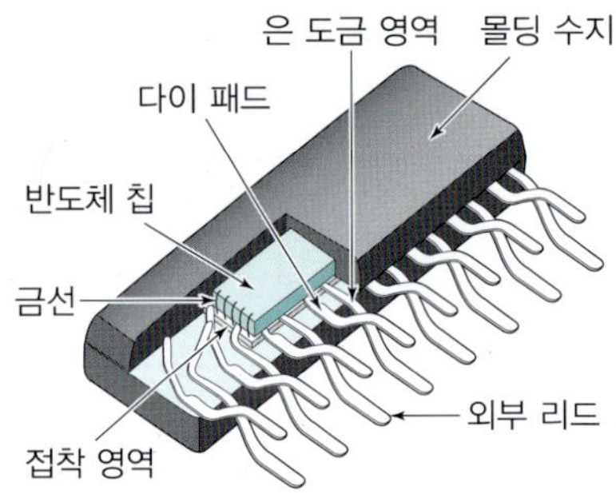

그림 4.99 ZIP

(3) SOP와 TSOP

SOPSmall Outline Package는 패키지의 양쪽으로 리드가 배치되어 있으며 갈매기 날개 모양으로 성형한 표면 장착형 패키지로, 리드 간격은 1.27[mm]이다. 이를 그림 4.100 (a)에서 보여 주고 있다. TSOPThin SOP는 그림 4.100 (b)에 나타내었는데, 장착 면적을 줄이기 위하여 SOP의 두께를 1[mm]로 하고 리드 간격을 줄인 형태이다. 이 방식은 TSOP_I과 TSOP_II 방식으로 나뉘는데, TSOP_I 방식은 패키지의 짧은 모서리로 리드를 배치한 것으로, 리드 간격은 1.27[mm], 0.8[mm], 0.65[mm] 등이 있으며 노트북 등에 사용되고 있다. TSOP_II 방식은 패키지의 긴 모서

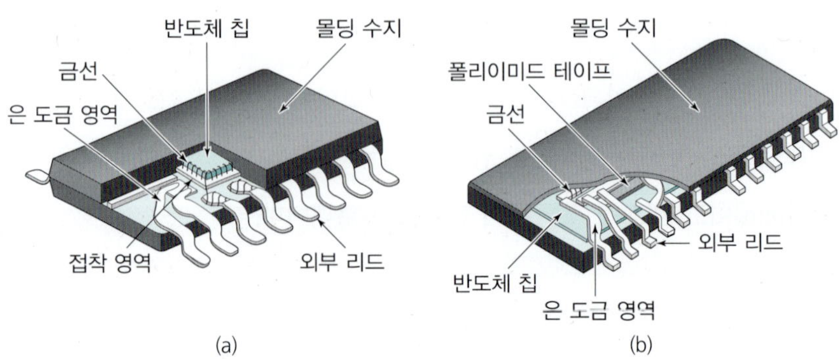

그림 4.100 (a) SOP (b) TSOP

리로 갈매기 날개 모양의 리드를 0.5[mm] 간격으로 배치한 모양의 패키지로 표면 장착형이다.

(4) SOJ

SOJ Small Outline J-Leaded Package는 리드의 모양이 영문자 'J'와 유사하다고 하여 붙여진 이름의 패키지로, 리드 간격은 1.27[mm]이며 주로 DRAM에 적용한다. 그림 4.104에서 보여 주고 있다.

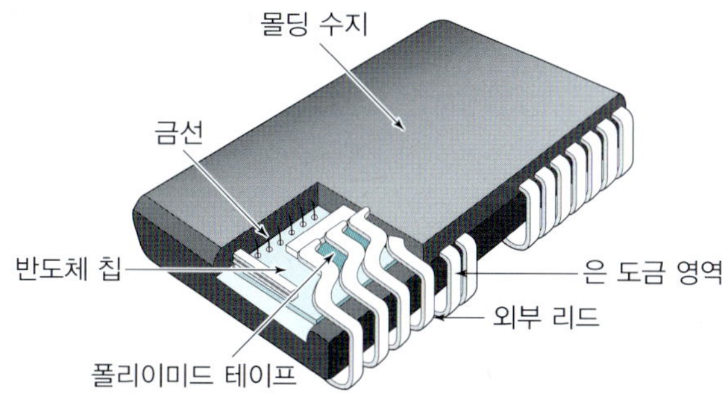

그림 4.101 SOJ

(5) LOC

LOC Lead On Chip는 고집적화에 따라 집적 회로 칩의 면적이 늘어나는 추세에 있는데, 칩의 크기가 커져도 패키지의 크기를 키우지 않은 형태를 말한다. 패키지 안쪽이 있는 리드에 양면 접착테이프을 이용하여 내부 리드의 밑면에 칩을 붙이는 구조의 패키지이다. 그림 4.102에서 보여 주고 있다.

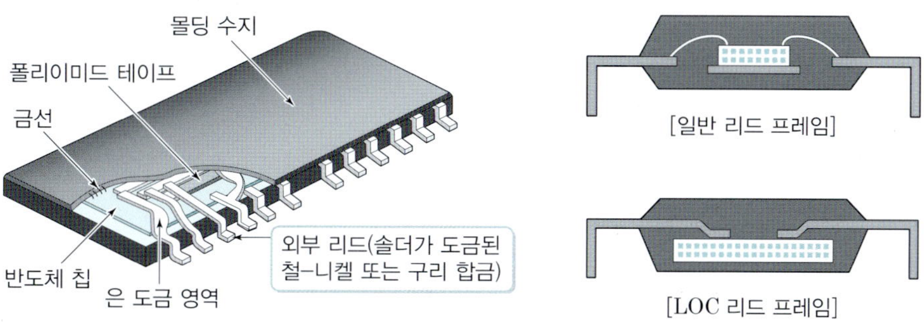

그림 4.102 LOC

(6) QFP와 TQFP

그림 4.103에 나타낸 것처럼 QFPQuad Flat Package는 패키지의 네 모서리에 갈매기 날개 모양의 리드를 배치한 것으로, 사방형 패키지로 많은 리드의 수가 필요한 집적 회로에 적용하는 것이다. 리드 간격은 1.0 ~ 0.3[mm]까지 다양하며, 핀의 수는 0.65[mm]의 경우 232핀, 0.5[mm]는 304핀까지 제작되고 있다. 한편, 패키지의 두께에 따라 여러 종류가 있는데, TQFPThin QFP는 패키지를 PCB에 장착할 경우 장착의 높이가 1.27[mm] 이하이고 패키지의 두께가 1.0[mm] 이하로 얇게 만든 QFP를 말한다. 리드 간격은 0.8[mm]에서 0.5[mm]까지 있으며, 핀의 수는 44~256[개]가 있다.

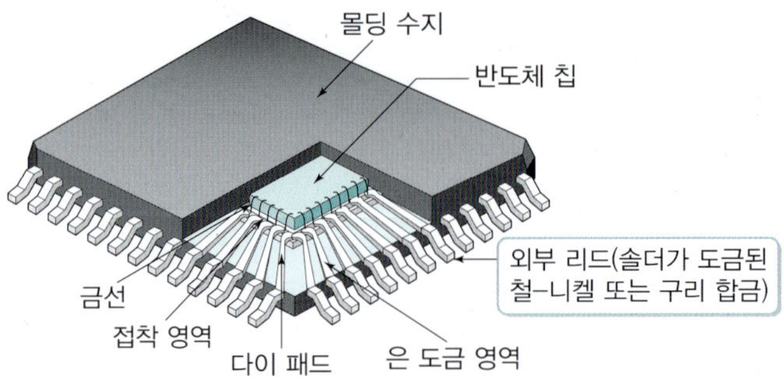

그림 4.103 QFP

(7) LGA

LGALand Grid Array는 PCB에 패키지를 장착할 때 공간을 줄이기 위하여 개발된 것으로, 적층된 반도체 기판을 사용하고 솔더 볼solder ball이 없으며 반도체 기판의 패드pad를 외부로 노출시킨 형태의 패기지이다.

(8) BGA와 FBGA

BGABall Grid Array는 리드가 핀의 형태가 아니고 솔더 볼을 사용하는 것으로, PCB 위에 모든 부품을 장착한 후 솔더 볼을 붙일 수 있다. 한편, FBGAFine pitch Ball Grid Array는 솔더 볼의 간격을 1[mm]이하로 기존의

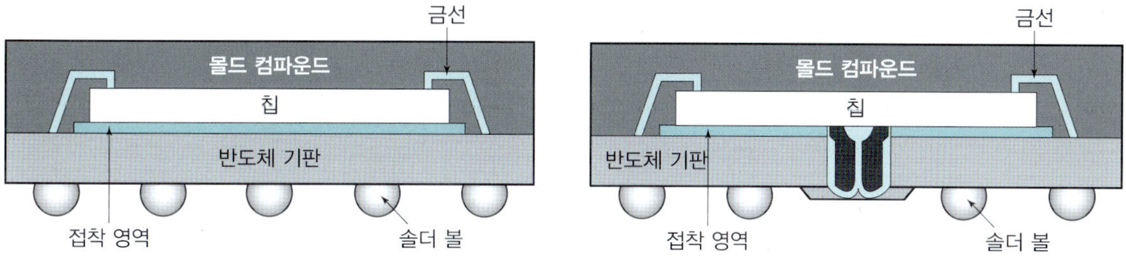

(a) (b)

그림 4.104 **FBGA**
(a) Face-up (b) Face-down

TSOP보다 짧게 한 것으로, 기존 대비 제조 공정이 간단하여 제조비용을 낮출 수 있고, 열과 전기적 특성이 우수하며 얇고 가벼운 특징이 있다.

(9) 다이 적층 BGA(Die Stack BGA)

다이 적층 BGA는 기존 BGA 구조와 제조 공정을 이용하여 하나의 다이 위에 동종(同種) 또는 이종(異種)의 다이를 추가로 장착할 수 있는 패키지이다. 이 기술은 PCB의 면적을 효율적으로 사용할 수 있고, 크기와 무게 등을 함께 줄일 수 있어서 비용 절감을 할 수 있으며, 메모리의 경우 저장 용량을 증가시키고 크기도 줄일 수 있는 장점을 가지고 있다. 대표적인 다이 적층 BGA로는 MCP Multi Chip Package를 들 수 있는데, 이것은 동일 칩 또는 다른 칩을 2개 이상 적층하는 패키지의 형태이다.

예를 들어 그림 4.105에서 보여 주는 패키지와 같이 NAND 플래시 위에 컨트롤러 controller를 MCP의 형태로 적층하면 NAND 플래시의 기능을 수행하면서 다른 기능의 작용도 수행할 수 있도록 하는 패키지이다. 이것은 겉으로 보기에는 한 개의 반도체처럼 보이지만 그 안에는 여러 개의 칩이 들어 있다. 개별 반도체를 평면적으로 여러 개 장착하는 것과는 달리 모두 위로 쌓아올려 칩의 탑재 공간을 줄이는 형태로 주어진 공간에 많은 기능의 칩을 탑재할 수 있으므로 스마트 폰, 태블릿 PC 등의 정보 기기에 사용된다.

그림 4.105 MCP

2 선행 패키지 기술

(1) 플립 칩 패키지

플립 칩flip chip **패키지 기술**은 1960년대에 미국 IBM이 개발한 것으로, 반도체 칩에 범프bump를 붙인 후 패키징하는 것이 아니라 PCB기판에 바로 장착하는 형태의 것을 말하는데, 밀도를 높일 수 있는 방식이다. 칩에 형성된 범프가 뒤집혀 장착되기 때문에 플립 칩이라고 명명하고 있다. flip이란 '뒤집다'라는 의미이다. 다시 말하면, 반도체 칩을 회로 기판에 장착할 때 리드와 같은 연결 구조나 BGA와 같은 중간 연결체를 사용하지 않고, 칩 아래에 있는 전극 패턴을 이용하여 그대로 접착하는 방식

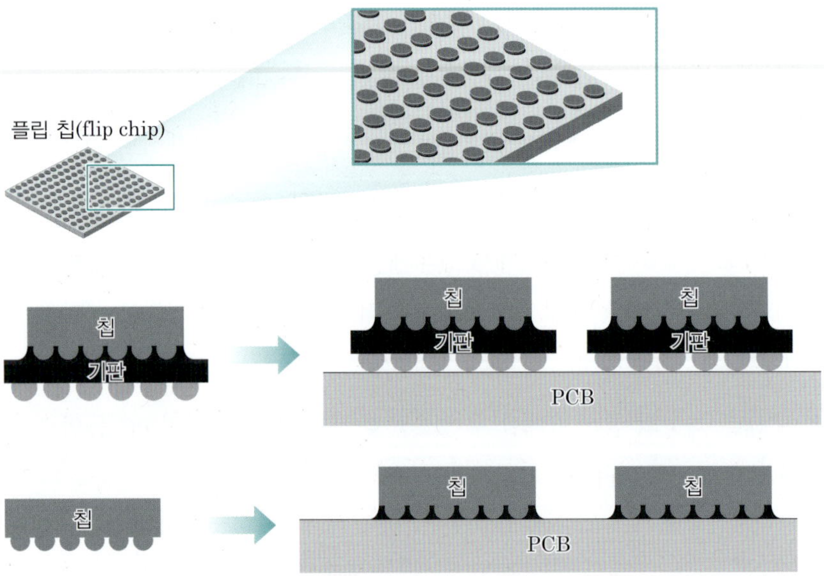

그림 4.106 Flip Chip

으로 선이 없는 패키지 기술이다.

소형, 경량화에 유리하고 전극 간 간격을 더욱 미세하게 만들 수 있다. LED의 경우에는 발광 효율을 향상시키기 위하여 이 방식을 채택하고 있다. 이것은 장착 방법에 따라 FCIPFlip Chip In Package와 FCOBFlip Chip On Board로 나누어진다. 그림 4.106에서는 이들을 보여 주고 있는데, (a)는 기판 위에 칩을 붙여서 보드에 장착하는 방식이다. 불량이 발생할 경우 수선이 용이한 반면, 전기적 특성이 다소 떨어지는 단점이 있다. (b)는 FCOB를 나타낸 것인데, 고밀도 경량화 장착이 가능하고, 전기적 특성이 우수하다. 불량이 발생할 경우 수선이 어렵다는 단점이 있다.

(2) WLCSP

기존의 패키지 방식은 웨이퍼의 전공정이 끝난 후, 칩을 다이아몬드 톱으로 잘라 개개의 칩으로 분리하여 패키지 공정을 진행한다. 그러나

그림 4.107 WLCSP

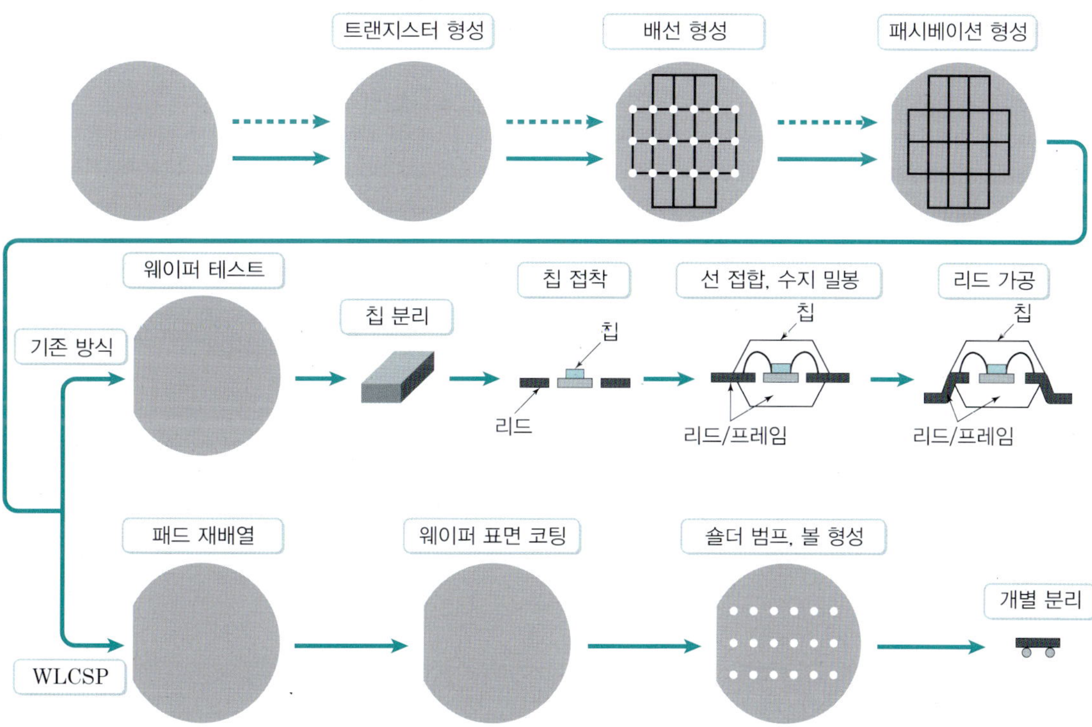

WLCSPWafer Level Chip Scale Package 방식은 전공정이 끝나는 대로 바로 웨이퍼 상태에서 일괄 공정으로 패키지 공정을 수행하는 방식으로, 신뢰성을 높일 수 있고 제조비용을 줄일 수 있다.

그림 4.107은 전공정과 후공정의 경로를 나타낸 것인데, ⓐ는 기존 방식이고, ⓑ는 WLCSP 방식의 경로이다. 요즈음의 반도체는 웨이퍼의 크기가 커지고 칩 크기를 작게 하여 수율을 높이는 추세에 있다. WLCSP 방식은 반도체 칩의 크기가 패키지와 같기 때문에 기존 패키지 형태보다 전체의 크기가 작아지는 장점이 있다.

(3) TSV

TSVThrough Si Via는 웨이퍼에 관통할 수 있는 구멍을 내어 반도체 칩과 칩 또는 웨이퍼와 웨이퍼를 접합하여 3차원으로 적층하는 구조를 갖는 패키지로, 고용량의 작은 패키지를 구현할 수 있다. 다시 말하면 칩을 일반 종이 두께의 절반보다 얇게 깎은 다음, 수백 개의 미세 구멍을 뚫어 상단과 하단의 칩을 연결하는 기술로 동작 속도가 빠르면서 소비 전력을 줄일 수 있는 방식이다. 또한 전기적 신호 전달 경로가 짧아져 속도가 빠른 반도체에 유리한 기술이다. 그림 4.108에 그 구조를 나타내었다.

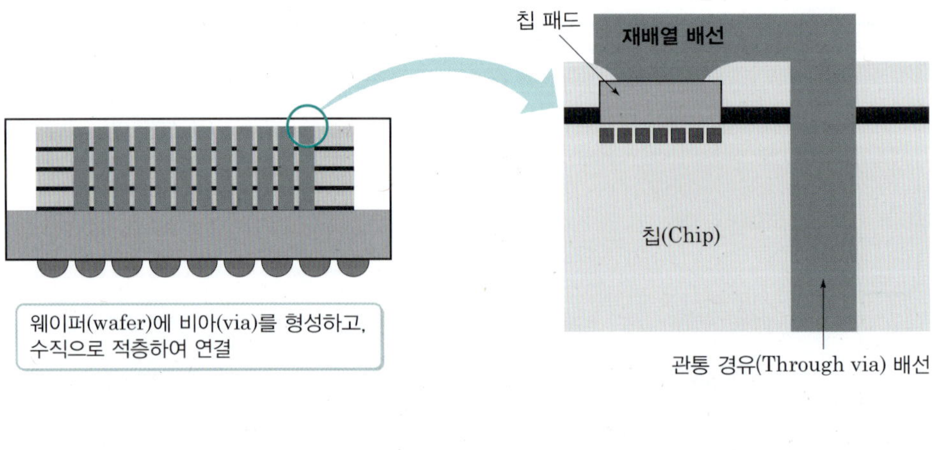

그림 4.108 TSV

04

학 · 습 · 문 · 제

01. 트랜지스터의 종류에 대하여 설명하시오.

02. MOS의 구조를 그리고 설명하시오.

03. MOSFET의 구조를 그리고 설명하시오.

04. nMOS의 구조를 그리고 설명하시오.

05. pMOS의 구조를 그리고 설명하시오.

06. CMOS의 구조를 그리고 설명하시오.

07. CMOS 구조가 인버터의 제조에 유리한 점은 무엇인가?

08. CMOS 제조 공정을 주요 단계별로 순서대로 설명하시오.

09. CMOS 제조 공정에서 n-well 마스킹과 p-well 마스킹이 필요한 이유는 무엇인가?

10. CMOS 제조 공정에서 드라이브-인(drive-in)이 필요한 이유는 무엇인가?

11. CMOS 제조 공정에서 액티브(active) 영역은 무엇인가?

12. 디지털 신호란 무엇인가?

13. 디지털 회로에서 nMOS는 어떤 역할을 하는 것인가?

14. nMOS 트랜지스터에서 SW-ON과 OFF의 동작을 설명하시오.

15. pMOS 트랜지스터에서 SW-ON과 OFF의 동작을 설명하시오.

16. 디지털 회로에서 전달 게이트란 어떤 역할을 하는 소자인가?

17. 디지털 회로에서 사용하는 인버터를 그리고 그 동작을 설명하시오.

학 · 습 · 문 · 제

18. 디지털 회로에서 사용하는 NAND 게이트를 그리고 그 동작을 설명하시오.

19. 레이아웃(layout) 설계 규칙이 필요한 이유는 무엇인가?

20. 레이아웃 설계 규칙을 설명하시오.

21. 반도체 제조에서 전(前)공정은 무엇인가?

22. 반도체 제조에서 후(後)공정은 무엇인가?

23. 반도체 제조 전공정의 주요 단계를 쓰시오.

24. 반도체 제조에서 웨이퍼가 만들어지는 과정을 설명하시오.

25. 반도체 제조에서 마스크 공정은 왜 필요한가?

26. 반도체 제조에서 감광막이 필요한 이유는 무엇인가?

27. 반도체 제조에서 금속 공정이 필요한 이유는 무엇인가?

28. 반도체 제조에서 수율(yield)이란 무엇인가?

29. 반도체를 만든 후 웨이퍼의 칩을 연마하는데, 그 이유는 무엇인가?

30. 반도체 제조의 후공정에서 리드 프레임과 패키지의 역할은 무엇인가?

31. 패키지의 종류를 열거하고, 간략히 설명하시오.

32. 플립 칩(flip chip)은 어떤 패키지를 말하는가?

33. WLCSP 패키지의 특징은 무엇인가?

34. TSV 패키지의 특징은 무엇인가?

참고 문헌

1. S. Wolf, "Silicon processing for era" Vol. 2, Lattice PRESS, 1990.

2. S. M. SZE, " Semiconductor Devices, Physics and Technology", Willey-Interscience, 1985.

3. L. A. Glasser and D. W. Dobberpuhl, " The Design and Analysis of Circuits" Addison-Wesley Publishing Company, 1985.

4. N. H. E. Weste and K. Eshraghian, "Principles of CMOS VLSI Design", Addison-Wesley Publishing Company, 1985.

5. B. G. Streetman, "Solid State Electronic Devices" Second edition, Prentice-Hall, 1980.

6. J. P. Uyemura, "Fundamentals of MOS Digital Integrated Circuits", Addison-Wesley Publishing Company, 1988.

7. 香山 普, "VLSI パッケージング 技術", 日經BP社, 1993.

8. 三菱電氣. "わかりやさしい半導體デバイス", オーム社 , 1997.

9. "カラー版 最新圖解半導體ガイド", 誠文堂新光社, 1996.

10. 內田 龍男, "圖解電子ディスプレイのすべて", 工業調查會, 2006.

11. 고광덕, "반도체 패키지", 성안당, 2013.

12. 강구창, "반도체 제대로 이해하기", 지성사, 2005.

13. 류장렬, "반도체공학", 청문각, 2015.

14. 이채윤, "황의 법칙", 머니플러스, 2006.

찾아보기

반도체 길라잡이

2015년 4월 5일 1판 1쇄 펴냄 | 2019년 8월 10일 1판 3쇄 펴냄
지은이 류장렬 | 펴낸이 류원식 | 펴낸곳 (주)교문사(청문각)

편집부장 김경수 | 본문편집 트인글터 | 표지디자인 트인글터
제작 김신형 | 홍보 김은주 | 영업 한승형 · 박현수 · 이훈섭
주소 (10881) 경기도 파주시 문발로 116(문발동 536-2)
전화 1644-0965(대표) | 팩스 070-8650-0965
등록 1968. 10. 28. 제406-2006-000035호
홈페이지 www.cheongmoon.com | E-mail genie@cheongmoon.com
ISBN 978-89-6364-226-0 (93560) | 값 18,000원

* 잘못된 책은 바꿔 드립니다.　　* 저자와의 협의 하에 인지를 생략합니다.

청문각은 ㈜교문사의 출판 브랜드입니다.